气候保护的经济学研究

王铮　吴静　朱永彬　乐群等　著

国家 863 项目（2008AA12Z204）
中国科学院创新工程方向性项目（KZCX2-YW-325）资助出版
国家自然科学基金项目（40771076）

科学出版社
北京

内 容 简 介

本书从经济学的角度系统地论述了气候保护的经济影响问题。从理论上分析了碳排放的复杂性，介绍了作者开发的基于经济动力学的碳排放预测模型，预测了我国2005～2050年的碳排放轨迹；本书还以作者提出的GDP溢出的多国气候保护政策模拟模型为基础，展开了国际减排方案的政策模拟评价；本书应用作者开发的面向气候保护的121部门的可计算一般均衡（CGE）的软件工具，分析了我国实施碳税、碳关税等政策的部门经济影响。本书最后附有作者开发的“多国气候保护方案模拟系统”软件光盘一份。

鉴于上述内容介绍，本书既是一本气候保护政策模拟的研究报告，也是一本气候经济学的理论著作。本书的科学结论适合于有关部门的业务人员、管理干部、外交工作人员参考。本书的理论和研究方法适合政策模拟相关领域的研究人员参考；也可供经济学、管理学、地理学、大气科学、环境科学等高等专业高年级本科生和研究生参考或作为基础教材使用。

图书在版编目(CIP)数据

气候保护的经济学研究/王铮等著. —北京：科学出版社，2010
ISBN 978-7-03-029447-0

Ⅰ.①气… Ⅱ.①王… Ⅲ.①气候变化-环境保护-环境经济学-研究-中国 Ⅳ.①X16

中国版本图书馆CIP数据核字（2010）第215567号

责任编辑：韩 鹏 朱海燕 赵 冰/责任校对：桂伟利
责任印制：钱玉芬/封面设计：王 浩

科学出版社出版
北京东黄城根北街16号
邮政编码：100717
http://www.sciencep.com

源海印刷有限责任公司印刷

科学出版社发行 各地新华书店经销

*

2010年11月第 一 版 开本：787×1092 1/16
2010年11月第一次印刷 印张：12 1/2
印数：1—2 500 字数：286 000

定价：58.00元（含光盘）

前　言

2007年的联合国政府间气候变化专门委员会（IPCC）第四次评估报告指出，有大量证据表明人类正在影响着全球气候，气候的变化对人类的社会经济有深刻的影响。以IPCC为代表的世界上大多数学者对全球气候变化的影响做了全面的研究，对全球气候变化的速度和影响都做了严峻的估计。这就提出一个突出的问题——保护我们的气候。气候变化和气候保护必然产生社会经济影响，这些经济影响问题，就是气候经济学研究的问题。从经济学看，气候具有公共产品的特性，这就引出了气候经济学研究关注的对象不是企业或者经济个体的利润最大化，而是公共经济学的特征。另一方面，气候是地球环境的一部分，所以气候经济学的研究也具有环境经济学特点。

本书没有全面研究气候经济学，而是从经济学的角度关注气候保护的经济影响问题。国际上关于气候保护的社会经济影响研究多数是基于模型的，传统的经济影响经验估计已经不适于应对气候保护的研究。这种模型研究始于20世纪90年代初，最初发展的是基于技术考虑的能源优化模型，其后发展的局部均衡模型和一般均衡模型（Computable General Equilibrium，CGE）把宏观的经济体系分为大量可计算的部分，通过计算模拟而非解析分析，研究在一般均衡体系下政策变动对宏观经济多部门的影响，其模型技术是静态的。关于气候变化与保护的经济影响的动态方程是Nordhuas等发展起来的，因此有人预测Nordhuas将会获得诺贝尔经济学奖。这类模型又被称为综合评价模型（Integraded Assessment Model，IAM）。IAM是从宏观经济的角度进行政策的比较分析，完成减排政策的寻优模型，IAM可以向政府提供何种减排政策是最好的，可以对不同减排方案进行成本-收益分析，回答减排对经济增长的长期影响。在本书中，我们对这两种模型的发展与应用均有探索。

IPCC（2007）第四次评估报告使用了6个评估气候变化与保护的经济影响模型，它们作为IPCC的附件放在排放情景专门报告（Special Report on Emissions Scenarios）中，所以被称为SRES模型。SRES模型是2000年前形成的，它们基本上是针对气候变化经济影响评估的被动型分析模型，而且缺乏对发展中国家技术进步快速的考虑。目前国际上的研究潮流是气候保护经济政策寻求的主动型模型。因为科学家不能只限于讨论打开所罗门魔瓶出现的魔鬼将是怎样的，而是应该讨论怎样阻止正在打开魔瓶，并且制止魔鬼。

针对气候保护问题的复杂性，我们认为，基于自主体的模拟（Agent-Base Simulation，ABS）可以推进到气候保护政策的经济分析，从而弥补CGE的不足，研究气候变化与气候保护政策对个人、企业更替的冲击以及群体行为。可惜目前针对气候变化和气候保护冲击评估的ABS还未见报道，我们也未能展开这方面的工作，这是本书的缺憾。

本书初稿的各章作者已经注明在各章首页脚注位置，吴静协助我完成了各章的统稿，薛俊波协助我完成了中国科学院创新工程方向性项目的组织。我的课题组长期以来致力于发展气候经济学模拟，除了书中的作者外，先后参加工作的还有胡倩立、龚轶、崔丽丽、蒋铁红、郑一萍、吴兵、黎华群、庞丽、吕作奎、张焕波、李刚强、马晓哲、刘筱和李山。在此向他们一并致谢。华东师范大学王远飞副教授8年来审阅了我几乎所有研究气候问题的研究生论文；科学出版社彭斌编审支持本书的出版；中国科学院院士白春礼、丁仲礼和北京大学承继成教授在陆续听取课题组汇报时提出不少改进意见。在此一并致谢。

气候变化与保护已经成为关系人类福祉、关系国家利益的大问题。希望本书能够为保护人类共同利益、维护发展中国家的发展权利作出贡献，也为气候经济学的发展作出贡献。

王 铮

2010年清明节于中关村

目　　录

第 1 章　气候经济学模型

1.1　概　　况

联合国政府间气候变化专门委员会（Intergovernmental Panel on Climate Change，IPCC）第四次评估报告认为，近 100 年来全球地表平均气温升高 0.74℃，2005 年全球大气二氧化碳浓度达到 65 万年以来最高，人类活动很可能是导致气候变暖的主要原因（IPCC，2007）。在这种情况下，世界上兴起了气候经济学的模拟研究，这种研究成为国际制定气候保护政策的科学基础。

关于气候保护的经济政策模拟模型研究，始于 20 世纪 90 年代初。最初发展的是基于技术考虑的能源优化模型，接着出现了宏观经济模型（Nordhaus et al.，1996，1999）和对策论模型（Cesar，1994），其后发展了局部均衡模型和一般均衡模型（Computable General Equilibrium，CGE）(Leimbach，1998）及动态增长模型（Warren et al.，1999）等。

总体上，当前关于气候保护的经济政策模型的发展以两类模型为基础：一类是综合评价模型（Integrated Assessment Model，IAM）。IAM 是从宏观经济的角度进行政策的比较分析。这类模型实际上是减排政策的寻优模型，IAM 可以向政府提供何种减排政策是最好的，可以对不同减排方案进行成本-收益分析。IAM 里著名的模型有：美国耶鲁大学的 DICE、RICE（Nordhaus et al.，1996，1999），德国汉堡大学的 FOUND（Tol，1997；Link et al.，2004），美国斯坦福大学的 MERGE（Manne et al.，1995，Manne et al.，2004）。其中 RICE 模型影响最大，成为学者们研究气候经济学政策的主要工具。目前，IAM 主要用于分析宏观经济总体在各种气候政策下的动态变化，模拟减排政策干扰下世界经济系统的动态过程，分析各种全球减排方案的合理性。

IAM 模型的基本构成包括三个部分：第一是气候系统，它是对温室气体的响应系统，输入温室气体，输出气候特征，主要是气温，其次是降水；第二是经济增长系统，它刻画经济学动态过程，输入气候和能源，输出经济产品和能源需求；第三是能源系统，刻画经济活动中的能源需求关系，输入能源需求，让能源系统提供能源，同时输出产生的温室气体，这个温室气体被作为气候系统的输入。这三个子系统构成了气候经济系统或者说人地关系系统的结构，相互作用，形成内生环境。政策情景是一个外生系统，它向增长系统和能源系统传达人类控制人地关系系统的各种信息或者说各种政策，这些政策不同，最后系统输出的经济情景（即气候情景）也不同。图 1.1 是一个简化的 IAM 模型簇的 DICE 模型结构图。在这个模型中，能源供需系统被简化了。

另一类气候政策分析模型是 CGE 模型。CGE 是一种经济分析技术，它把宏观的经济体系分为大量可计算的部分，通过计算模拟而非解析分析，研究在一般均衡体系下政

本章执笔人：王铮

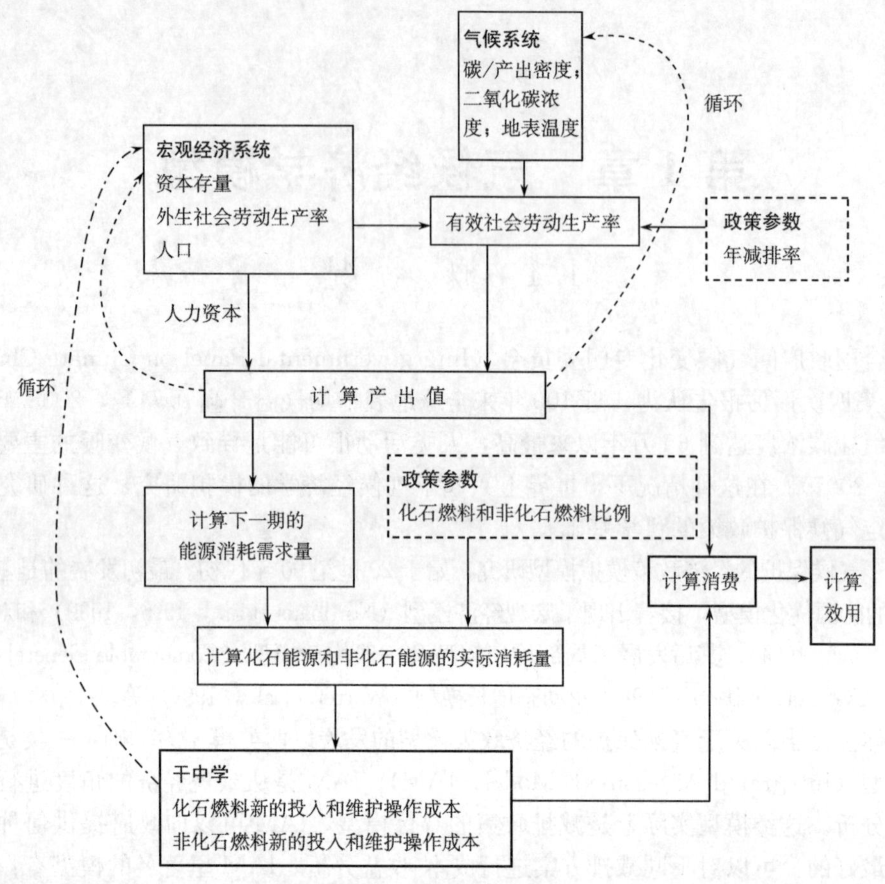

图 1.1 DICE 模型结构

策变动对宏观经济多部门的影响，这适合于在宏观经济框架下对微观经济现象进行认识，具有混杂（hybird）分析的特点。CGE 的分析涉及大量的分析计算，一般情况下涉及 100～1000 个方程和变量。

关于气候保护的 CGE 模型重点关注一个地区或者国家的能源政策和碳税政策的影响，主要分析减排政策对经济部门造成的具体后果。CGE 模型可以从产业部门的角度详细分析气候保护政策的经济影响。这类 CGE 中著名的模型有经济合作与发展组织（OECD）的 GREEN（1994，1997）模型和 LINKAGE（Yu et al.，2002）模型、美国西北国家实验室的 SGM（Edmonds et al.，1993）模型，美国能源部的 G-Cubed（McKibbin，1997；McKibbin et al.，2004）模型和日本国家环境研究所的 AIM（Masui et al.，2003）等模型。由此可知，CGE 主要是评估能源政策冲击的经济影响和碳排放量变化，相当于一般 IAM 模型的能源系统。

20 世纪 90 年代末以来，我国学术界也开展了对温室气体减排政策的模拟研究。例如，郑玉歆等（1999）引进 PRCGEM 软件，分析了中国征收碳税减排二氧化碳的成本；贺菊煌等（2001）用 CGE 模型研究了碳税作用；张阿玲等（2002）将 3E 模型用于温室气体减排技术选择和减排对经济影响的分析中；蒋金荷等（2002）在分析当前温室气体减排技术模型的两种建模方法 top-down 和 bottom-up 的特点的基础上，提出了构建混合型经济-能源系统模型的建议和开发思路；陈文颖等（2004）应用能源-环境-经济耦合的中国 MARKAL-MACRO 模型进行模拟分析；姜克隽等（2004）结合 SGM 模型重点从能源效率的角度分析了中国的减排潜力情况；王灿等（2005）用 CGE 模型分析了减排对中国经济的影响；王铮课题组从 1999 年起研究气候保护政策问题。王铮等（2002，2006）建立了局部的均衡宏观经济模型和包含内生技术进步的二氧化碳减排可计算模型体系；崔丽丽等（2002）以连贯状态模型（Pizer，1999）和 LEAN-TCM（Welsch et al.，1995）为基础，实现了控制二氧化碳减排率和 EKL（能源-资本-劳动力）替代减排温室气体的中国气候-经济系统的模拟；王铮等（2004）、王铮等（2006）在人地关系协调思想的指导下，增加了碳汇的经济成本模型，实现了对包括增汇型、能源替代型和生产型二氧化碳排放控制政策对中国宏观经济安全的影响分析。但迄今为止，尚未建立集宏观经济动态模型和 CGE 模型于一体的中国气候保护宏观经济政策模拟系统。当然还有其他一些优秀的工作，这里不一一讨论。

与早期模型相比，比 IAM 进步的是国际影响评价模型（International Impact Assessment Model，IIAM）。模型体系中除了中国外还有一个外部世界，这个外部世界是平均水平的，而实际的情况是参与减排的国家有不同的利益类型，相互博弈，因此，我们要求的是多国参与的气候变化政策模型 MIAM（Multinational Impact Assessment Model），它也可以说是 IIAM 的亚型。与一般全球模型只有全球一个经济体不同，多国模型必须考虑多个经济体，即将整个世界划分为多个主体国家，例如，RICE（Nordhaus et al.，1996，1999）、FEEM-RICE（Buchner，2005）均为 MIAM；这些模型是动态宏观经济模型。

近年基于博弈论的多国模型也得到了发展（Ciscar et al.，2002），多国的 CGE 模型由于涉及复杂的国际社会核实矩阵，还罕见报道。Pinto 等（2003）报道了基于 CGE 的多边气候谈判的气候变化政策研究，但是没有报告模型体系。不过，美国建立的国家政策模拟系统，应该具有 MIAM 的功能，可能因为涉及国家利益，其结果未见公开报道。总之，基于 CGE 的 IIAM 或 MIAM，或者不成熟，或者要保密，是我国需要研究的重要内容。从经济学角度看，在一般的 IIAM 或者 MIAM 方面，由于多国之间存在溢出现象，在气候保护方面国际的 GDP 溢出被提了出来（Böhringer et al.，2002）。在我国，王铮等（2007）基于 GDP 溢出模型建立了中美气候保护模型。模拟发现，两个中的任何一方加大生产性减排，对对方均有负面影响，但是不减排又面临对长期发展的威胁。研究显示，可能存在着优化的结合增加碳汇和生产性减排的混合策略。

由于多国参与环境下气候保护及其经济影响的复杂性，新 MIAM 模型需要综合考虑避免经济危机的多国（多区域）CGE，考虑各国宏观经济增长以及国际 GDP 溢出、减排贸易、清洁发展机制（CDM）等多种机制，一个重要的科学任务凸显在我们面前，需要从基础科学角度展开研究。

1.2 SRES

IPCC 第四次评估报告，使用了 6 个评估气候变化与保护的经济影响模型，它们作为 IPCC 的附件放在排放情景专门报告中（Special Report on Emissions Scenarios）[①]，利用这 6 个模型产生了 40 个排放情景。我们称这 6 个模型为 SRES 模型，它们分别为：

（1）亚洲太平洋集成模型（Asian Pacific Integrated Model，AIM），源自日本国家环境研究所（1994）；

（2）大气稳定框架模型（Atmosphere Stabilization Framework，ASF），源自美国的 ICF 咨询公司；

（3）温室效应评估集成模型（Integrated Model to Assess the Greenhouse Effect，IMAGE），源自美国公共健康和环境卫生国家研究所；用于连接荷兰经济政策分析 WorldScan 模型；

（4）基于多区域方法的资源和产业配置模型（Multiregional Approach for Resource and Industry Allocation，MARIA），源自日本东京理科大学；

（5）替代能源供应战略和综合环境影响模型（Model for Energy Supply Strategy Alternatives and their General Environmental Impact，MESSAGE），源自澳大利亚国际应用系统分析研究所；

（6）微型气候评估模型（Mini Climate Assessment Model，MiniCAM），源自美国的太平洋西北国家实验室。

下面我们对这 6 个模型做一些介绍。

1.2.1 亚太集成模型（AIM）

AIM 是为对温室气体（GHG）排放和全球变暖对亚太地区的影响进行情景分析而构建的一个计算模拟系统。新版的 AIM 包含全世界，但相对于其他地区而言，它对亚太地区的描述具有更为详细的结构，因此这个模型主要用于考察亚太地区对全球变暖的反应，同时它与世界模型结合对全球的排放和减排结果开展评估。

AIM 包含三个子模型：GHG 排放模型（AIM/emission）、全球气候变化模型（AIM/climate）以及气候变化影响模型（AIM/impact）。它的逻辑路线是排放量影响气候系统，气候系统反映气候变化，这种变化对经济部门产生影响。图 1.2 为 IPCC（2007）给出的 AIM 的基本结构。

在图 1.2 中，我们可以看到，这个模型的优点是对各种排放因素做了详细考虑。

1.2.2 大气稳定框架模型（ASF）

大气稳定框架模型是一个基于能源流和市场平衡的模型。目前的 ASF 版本包括能源、农业、森林砍伐的 GHG 排放以及大气模型。ASF 能够对世界上 9 个地区的排放进行估算。其中，农业 ASF 模型评估了主要的农产品的生产，如肉类、牛奶和谷物，这些量是由人口和国民生产总值（GNP）增长带动的；ASF 森林开发模型根据人口增长及其对农产品的需求评估了每年陆地森林采伐的区域。它的结构如图 1.3 所示。

---

① http://www.grida.no/publications/other/ipcc_sr/?src=/climate/ipcc/emission

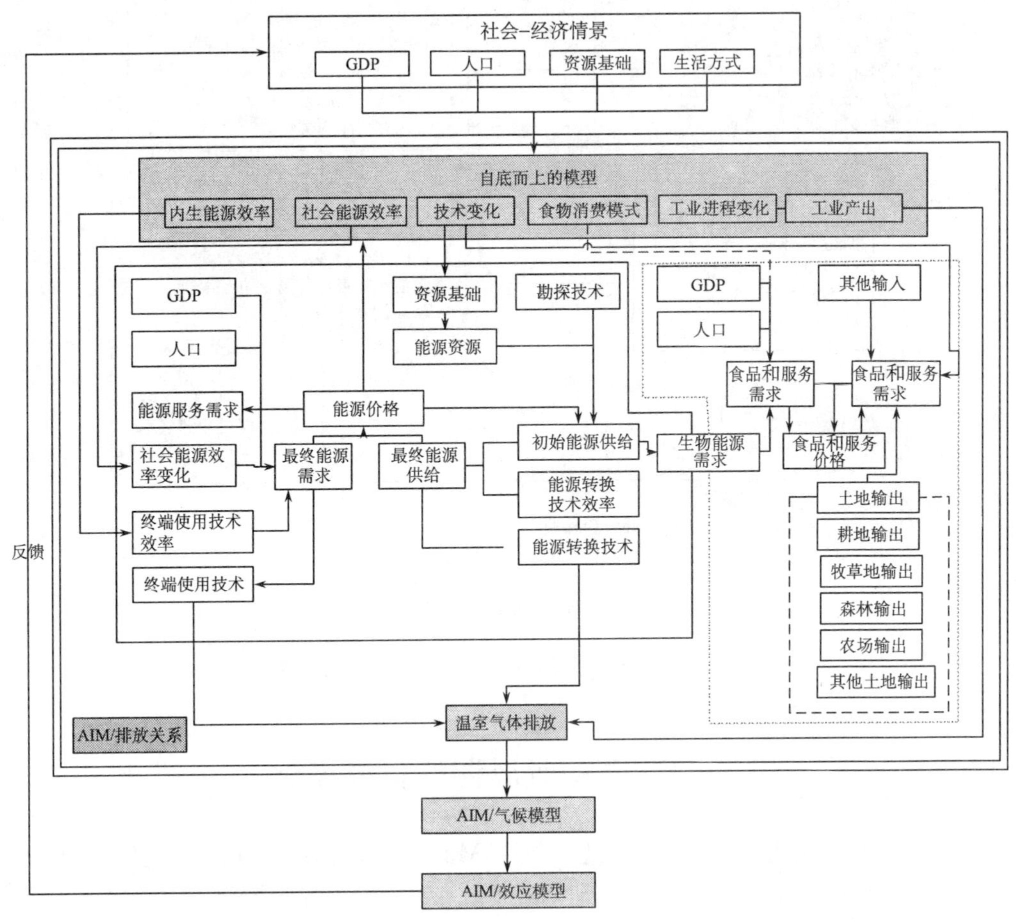

图 1.2　AIM/emission linkages 框架

在大气稳定框架模型中，平衡能源的供应和需求最终是通过调整能源价格来实现的。模型考虑了区域间能源价格的差异，这反映了不同区域在能源问题上的贸易与生态关系。模型的能源价格因能源种类不同而异，这样反映能源供给限制、加工成本和能够最终提供的能源数量。据 IPCC（2007）的介绍，在算法上，ASF 模型通过反复搜索技术来决定供给价格，以此评价供需平衡。这些供给价格，即能源生产者收取的在矿井井口装置或矿井中的燃料支出费用，被用来估计各个区域的第二能源价格。第二价格以出口地区的边际供应价格，区域间运输成本、精制和经销成本以及区域税收政策为基础。对电力来讲，第二价格反映了用于发电的每种燃料的相对比例、这些燃料的第二价格、将这些燃料转化成电力的非化石成本和转换效率。ASF 温室气体排放模型使用能源的输出、农业和森林采伐模型分别评估每个区域的温室气体排放量，最终将排放量映射到各区域的 GNP 上。

从经济学看，图 1.3 反映的结构并不完整，因为没有考虑能源系统对经济系统的反馈作用。

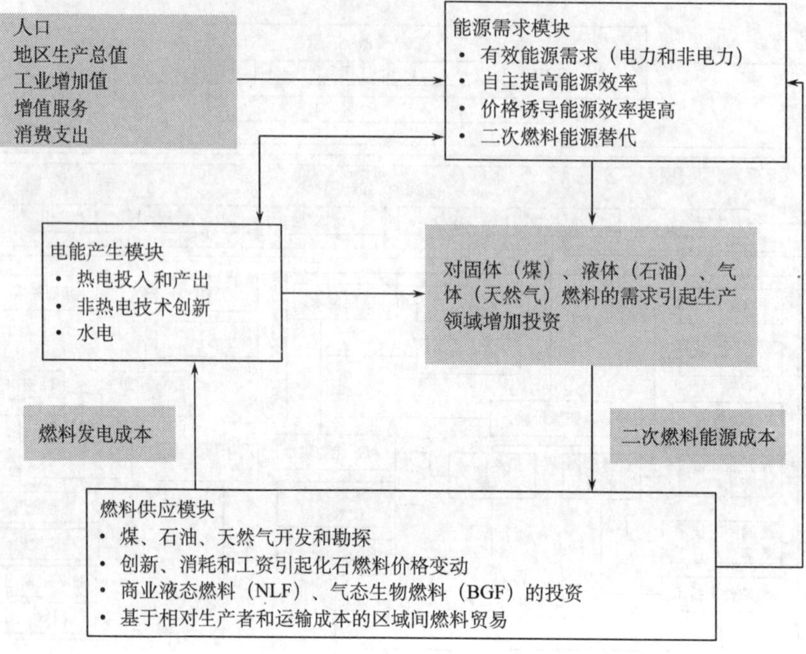

图 1.3　IMAGE 2 模型的 EIS/TIMER 模块结构

1.2.3　温室效应评估集成模型

温室气体评估集成模型，实际上是一个 IIAM 模型，如 IIAM 一样，它由能源-工业系统（energy-industry system，EIS）、陆地环境系统（terrestrial environment system，TES）、大气-海洋系统（atmosphere-ocean system，AOS）构成。

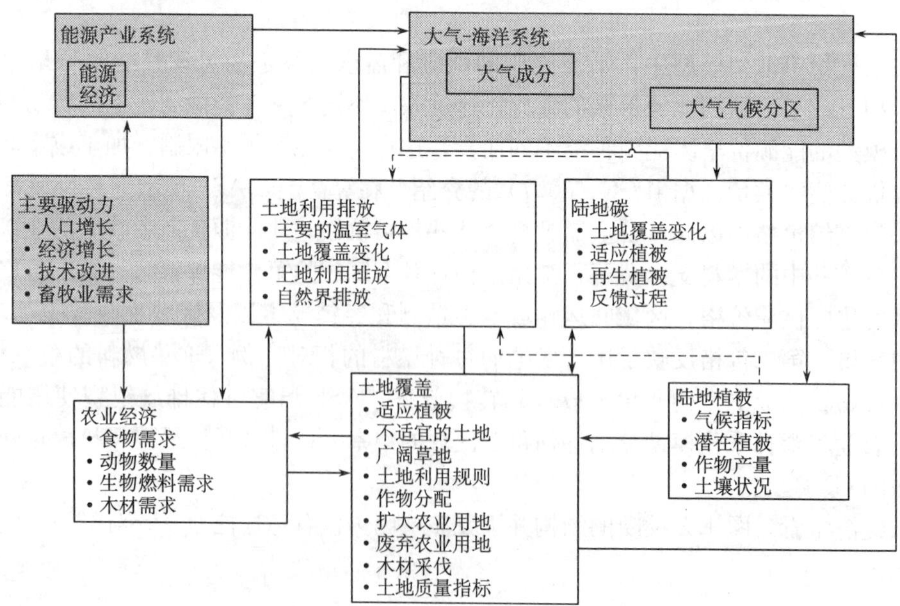

图 1.4　IMAGE 2 模型的 TES 模块结构

IPCC4 介绍，他们采用的 IMAGE 的能源产业系统（EIS）估算了世界 13 个地区的温室气体的排放，其结构如图 1.3 所示。其中与能源相关的排放的估算以目标图像能量区域模拟模型（targets image energy regional，TIMER）为基础。TIMER 是一个系统动力学模型，它带有能源效率、电力产生和能源供应的投资决策，这些是基于预期需求、相对费用或价格以及制度和信息延误的。这个模型包括五个经济部门。技术变革和燃料价格动力影响能源强度、燃料替代和非化石替代的突破，如太阳能和生物能量的使用。IMAGES 的陆地环境系统（TES）的功能是模拟全球陆地使用和陆地覆盖变化，评估陆地环境系统对温室气体排放和臭氧前体的影响及其对生物圈和大气圈间碳通量的影响，其结构如图 1.4 所示。而且这个子系统还被用于：评估陆地使用政策对控制温室气体增加的效能；评估大规模使用生物燃料对土地类型变化带来的后果；评估气候变化对全球生态系统和农业的影响；调查人口、经济和技术进步对改变全球土地覆盖的影响。实际上给出了最终的政策分析结果。

与 RICE 模型相比，IMAGE 采用系统动力学代替了复杂的经济构成和生态构成，使得它的分析可以比 RICE 更精细。但是，系统动力学的仿真环节的线性特征反而带来了对问题的简单化。我们知道系统动力学曾经模拟出增长的极限，而实际上它预测的情况并没有发生，因为它忽视了长期发展中的非线性现象，所以当利用 IMAGE 评估长达 50～100 年的气候保护影响时，它的精细结论只能慎重对待。

1.2.4 能源供应战略方案和综合环境影响模型（MESSAGE）

IIASA 集成建模是由三个子系统和一个反映外部作用的情景发生器（scenario generator，SG）构成的。MESSAGE 模型是一个动态规划模型。模型的方式形式及其参数的选取是大量的经济发展的历史数据的经验估计。模型还与宏观经济模型 MACRO 结合。MACRO 是一个宏观经济动态模拟系统，它定义了最大化跨期效用函数，从而估算宏观经济发展与能源利用的关系，这里的跨期效用函数是以设定世界每个区域都是一个代表性的生产者-消费者经济体为基础的。MESSAGE 和 MACRO 被连接到一起并一前一后地使用。模型还有一个反映气候过程的子系统气候变化强迫模型（Model for the Assessment of Greenhouse Gas-Induced Climate Change，MAGICC），这个模型是一个一般气候模型（GCM 模型）。MAGICC 系统估算了大气中温室气体的浓度以及由温室气体引起的升温潜能，这个碳循环和气候变化模型由 Wigley（1994）开发。模型以区域人口和人均经济增长作为输入变量，然后计算出各种情景下未来经济和能源发展的能源需求，这就是情景发生器 SG。图 1.5 给出的是 IIASA 集成建模框架以及相关模型的耦合方式（Nakicenovic，1998）。在图 1.5 所示的 6 个模型中，SG、MESSAGE、MACRO 和 MAGICC 用来描述和分析 SRES 情景。

值得一提的是，图 1.5 中所示的其他两个模型——RAINS 和 BLS，并不用于 SRES 场景的建模。RAINS（Alcamo et al.，1990）是一个仿真模型，用于模拟硫和氮氧化物的排放以及随后的大气传输、排放物的化学变化、沉积和生态影响。BLS（Fischer et al.，1988，1994）是一个部门级的宏观经济模型，它能够发现 11 种农产品生产所要求的投入（如土地、化肥、资本和劳动力）。

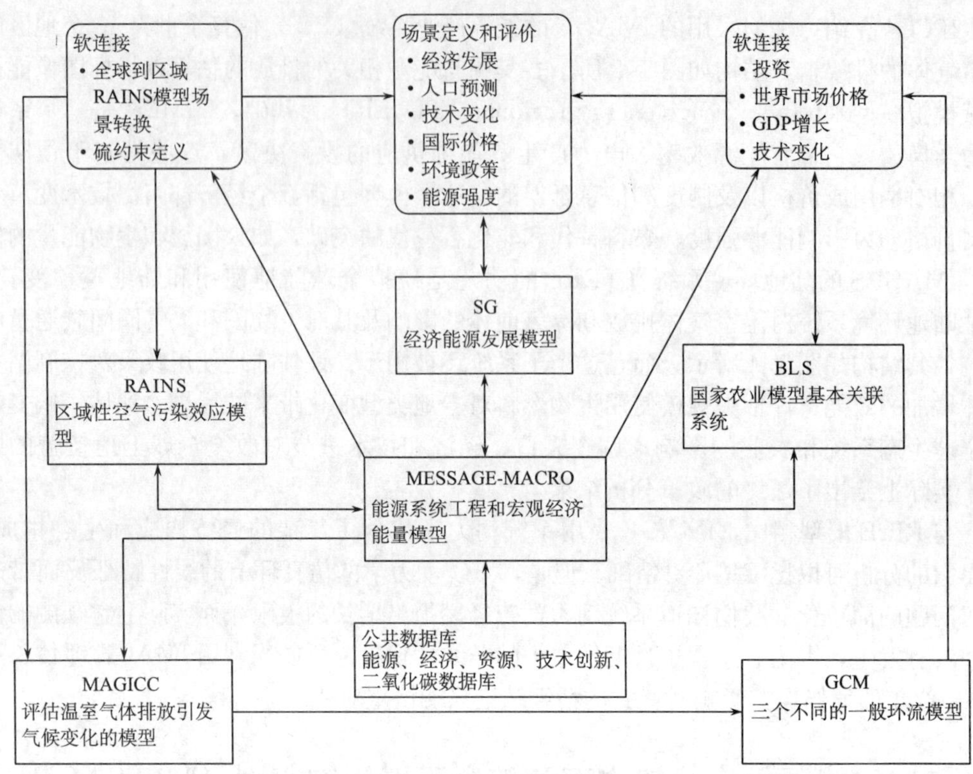

图 1.5　IIASA 集成建模框架

1.2.5　基于多区域方法的资源和产业配置模型(MARIA)

基于多区域方法的资源和产业配置模型是一个精简集成的评价模型，用来评价经济、能源、资源、土地利用与全球气候变化的关系（Mori et al.，1999；Mori，2000）。该模型起源于 Nordhaus（1994）开发的气候和经济的动态集成模型(Dynamic Integrated Model of Climate and the Economy，DICE)。MARIA 包含能量流动，并把世界分为多个区域，用来评价用于解决全球变暖问题的技术和政策。在经济学上，MARIA 是一个非线性跨期优化模型，用于模拟国际上 8 个区域间的贸易问题：NAM(North American，美国和加拿大)、日本、其他 OECD（Organization for Economic Co-operation and Development，OECD）国家、中国、东南亚国家联盟（Association of Southeast Asian Nations，ASEAN）国家（印度尼西亚、马来西亚、菲律宾、新加坡、韩国、泰国）、SAS（South Asian Region，SAS)(印度、孟加拉国、巴基斯坦、斯里兰卡)、EEFSU（Eastern Europe and the Former Soviet Union，EEFSU)(东欧和原苏联加盟国）和 ALM（Africa and Latin America，ALM)(非洲和拉丁美洲)。这个模型还包括能量流动、简化的粮食生产和土地利用变化，这些都可以用来显示生物能的潜在贡献。

在这个模型中，经济活动使用常替代生产函数（CES）而不是 C-D 函数，模型所使用的变量包括上述 8 个区域的资本存量、劳动力、电力和非电力能源。GDP 未来的增长由人口和人均 GDP 增长潜力估计，是外生的，方程内生决定了能源成本和价格。MARIA 的能源模块包括三种主要的化石能源（煤、天然气和石油)、碳汇、核能和可再生能源技术（如水力发电、太阳能、风能和地热）。能源需求追溯到工业、交通和其他公共用途。核燃料循环技术也被简明地描述。碳固定技术也被纳入模型中。非常有代表性的是，MARIA 考虑了资源可开采的状况，即天然气主要用于 21 世纪的上半叶，此后，在 21 世纪下半叶，无碳能源（如太阳能、核能和生物能）和煤将发挥主要作用。

IPCC4 介绍，这个模型中的能源成本由能源生产和使用成本组成。市场价格以模型计算出的影子价格为基础来决定。在各种参数中，化石燃料资源的提取成本和能源转化成本系数实质上有助于决定模型的能源配置和排放。最近的模型版本 MARIA-8 应用 Rogner 对化石资源可用性进行估计（Rogner，1997）。为了简化，化石资源和储备分类被合计成两个分类，假设用一个二次函数来解释资源创新和开发的成本。图 1.6 是 MARIA 在一个区域上的模型的内部结构。

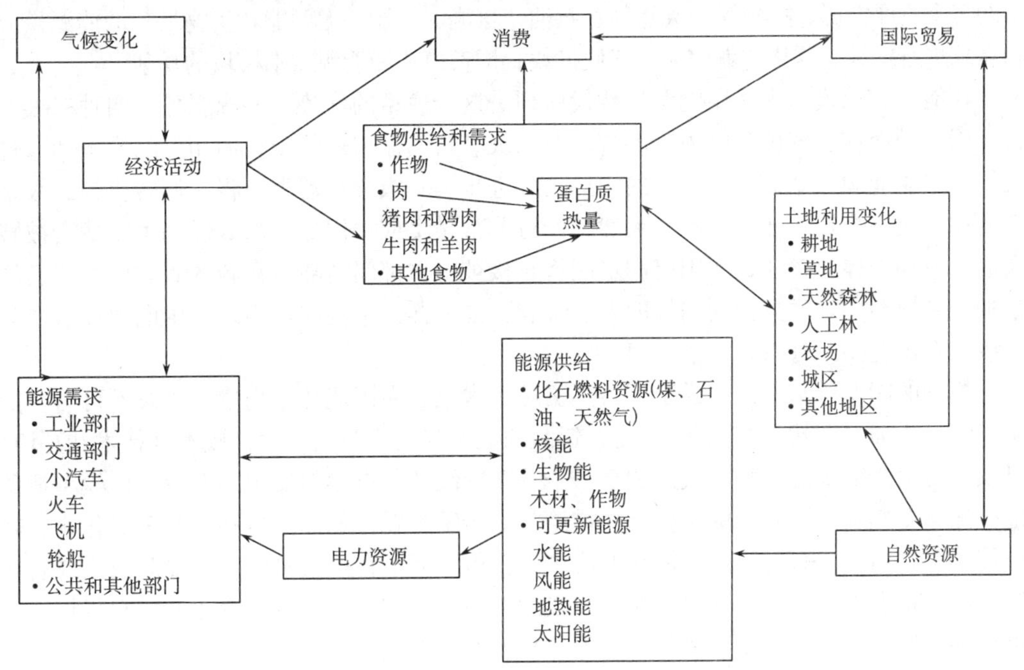

图 1.6　单区域 MARIA 模型的结构

MARIA 中的全球变暖子系统是基于 Wigley 的排放-浓度机制的五时段常数模型。同时，MARIA 还采用了 DICE 模型中的海陆两层热储蓄模型（Wigley，1994；Nordhaus，1994）。在这个模型的组件中，只有全球碳排放是经过进一步深化研究的。

由于 MARIA 并不在能源细节和经济活动方面展开，因此它的功能是宏观评估。实际上，由于技术创新的持续性和偶然性，追索到经济细节的模型往往没有可信性。就像面对一个数据群，我们可以拟合它的趋势，但如果要逼近每一个细节波动，往往会抓了芝麻，丢了西瓜。

1.2.6　微型气候评估模型(MiniCAM)

微型气候评估模型是由全球气候组织太平洋西北实验室在简洁原则下开发的一个快

速运行集成评估模型。它用 MAGICC 模型来估计气候变化，用 Hulme 等（1995）的 SCENGEN 工具来估计区域气候变化，并用 Manne 等（1995）的破坏函数来检验气候变化的影响。现行模型由 11 个区域（美国、加拿大、西欧、日本、澳大利亚、东欧和原苏联、中央计划亚洲[①]、中东、非洲、拉丁美洲和东南亚）组成。它提供了完整的世界覆盖。据 IPCC4 介绍，相关组织正在开发第十四版模型。IPCC 这样介绍了 MiniCAM：

在经济功能方面，MiniCAM 采用直接人口乘以劳动生产率过程来估计集体的劳动生产率水平。劳动力参与率被用来估计劳动力投入，政策以外生形式影响劳动生产率。在能源消费方面，由于能源价格变动所产生的影响通过 GNP/能源弹性作用于 GNP 估计值的校正，模型把能源服务分为三种需求分类（居民的/商业的、工业的和运输的），将它作为价格和收入的函数。这样它就构造了一个局部均衡模型，以提高价格来对模型中 11 个区域的 7 个主要能源分类（煤、天然气、石油、核能、水能、太阳能和生物量）的能源供应和需求进行估计。这样它就完成了气候模块、增长模块和能源需求模块的功能。

在能源需求模型中采用能源的替代序列是这个模型的优势。能源服务由四种二级燃料（固体、液体、气体和电力）供应。对二级燃料的需求依赖于它们相关的成本和通过最终用户的能源效率提高来表示的用户技术进步。一级燃料需求由将它们转化为二级燃料的相应成本决定。如果石油和天然气变得非常昂贵或将用尽，那么煤和生物量会被转换成气体和液体，核能、太阳能和水能将直接被电力部门消耗。在新的版本中，氢已经被加入到模型中，而且如同精炼的天然气和石油一样，它能够被用来产生电力或者作为二级燃料供应给三种最终需求部门。

模型的能源供给部门提供了可再生资源（水电、太阳能和生物量）以及不可再生能源（煤、石油、天然气和核能）。化石资源的成本与基于等级、生产成本（技术和环境）以及历史生产能力的资源相关。关于一个基于等级的化石燃料资源的介绍，使模型清楚地检测化石燃料资源限制的重要性并描绘了非传统燃料，如油页岩和甲烷氢氧化物。就非传统燃料而言，只有少量能够在低成本下获得，而潜在的大量部分需要高成本或者在广泛的技术发展之后才能获得。对于一级燃料的生产和转化，技术变化的燃料规格率是可得的，它是针对电力生产的每一分类的技术变化系数。

生物量由农业部门供给，它提供了农业、森林和土地使用模型与能源模型之间的联系。第一个模型估计每一区域中五项活动（庄稼、草原、森林、现代生物量和其他）之一的土地分配。这种分配反映了与每一使用相关的收益率。收益率由庄稼、家畜、森林产品和生物量的价格决定。价格反映每一产品的区域需求与供给函数。庄稼、家畜/草地、森林和现代生物量产品都有各自的技术变化系数。

一旦模型在一个时期到达均衡，温室气体的排放就能被计算。就能源而言，二氧化碳、甲烷和一氧化二氮的排放通过燃料类型反映了化石燃料的使用，而这些气体的农业排放反映了土地使用的变化、肥料的使用以及产生的家畜的数量和类型。高温室效应气体（全氟化碳等）仅被作为一个大类而不是逐一基于它们的组成被估算。硫化物排放基于化石燃料使用的函数被估计，并反映了硫化物的控制措施，它的效力由控制水平与单

---

① CDIAC 的统计区域，主要是指亚洲中央计划经济的国家：越南、北朝鲜、蒙古和中国。http://cdiac.ornl.gov/trends/emis/tre_cpa.html

位资本收入的库滋涅茨曲线来确定。

在给出能源供需模块后，需要计算排放的气候影响。首先，一个排放估计在全球水平被计算，然后被作为MAGICC的输入来估计温室气体浓度、辐射强度变化以及随之而发生的全球平均温度变化。全球平均温度变化被用来驱动气候模式中的SCENGEN驱动变化，从而估计温度、降雨和云层的区域变化。最后，区域温度变化被用来估计基于市场和非市场的破坏。

1.3　需要进一步研究的重点

针对中国的实际需要和气候保护政策模拟模型研究的发展状况，我们认为，当前存在这样一些重点问题，并且就学科发展状况而言，这些问题可以得到解决。

首先是关于IAM的多国宏观经济动态模型。目前已经形成的FEEM-RICE（Buchner et al.，2005）对经济过程做了部门细化。但是模型的缺点是没有考虑内生化技术进步与GDP溢出。其次，由于2007～2009年经济危机的威胁，新的模型在经济增长子系统中需要考虑避免经济危机的平稳增长，也要把危机规避政策引入情景政策，这就把自由控制问题引进了IAM。关于GDP溢出，王铮等（2009）、Wang等（2010）做了研究，引入了Mckibbin等（1991）、Douver等（1998）建立的开放经济下的两国Mundell-Fleming模型，建立了LRICES模型。关于技术进步的作用，也将引起越来越多的重视。与能源供需模型结合，这种技术进步可能被追溯到部门，特别是能源替代的作用。再次，由于国际碳贸易的兴起，一个包括碳贸易博弈的子模型可能异军突起，发展传统的IAM。

另一方面，CGE分析是比宏观经济动态模型更为精细的，因此，考虑多国之间经济一般均衡，可以使得我们能够克服多国参与减排时由于政策失误导致的经济危机，而宏观经济动态模型没有这个功能。目前虽然未见到多国CGE模型，但是开放经济系统模型早已经被用于气候保护的政策模拟（Tahvonen，1995；Devarajan et al.，1998）。这种开放经济系统的开放部分联系起来至少可以构成一个IIAM水平的CGE模型。另外，一些多区域的CGE模型也得到了发展。例如，Kim等（2002）、Groenewold等（2003）发展了多个区域政治经济一般均衡模型，研究了多区域间财政转移和差异性税收政策问题。这个模型的经济体区域更换为国家，由于不存在中央政府的二次分配作用，形式得到简化，可以发展为MIAM水平的CGE。这些多区域（或者多国）模型虽然不包括气候保护政策模块，但是，以Tahvonen（1995）、Devarajan等（1998）为模拟气候保护的经济体模型的基础，再用Kim等（2002）和Groenewold等（2003）的区域联系方式联系多国经济体，就可能发展一个分析气候变化的多国CGE或者中国与国际相互作用的CGE，达到IIAM水平。

在方法学领域，作为模型传统的多国博弈模型，已经有了Ciscar（2002）的基础。Groenewold等（2000）在研究澳大利亚区域经济协调中，发展了一个CGE与博弈结合的两区域模型，可以作为借鉴。当然，Groenewold等（2000）的模型对于分析多国参与的气候保护问题显得简单，但是可以应用Kim等（2002）的工作来补充CGE。在博弈论方面，除了Ciscar等（2002）原来的工作基础外，近年不确定条件下的动态博弈分析方法得到了发展（Genca et al.，2007），这种不确定条件下的博弈分析适合国际环境多变条件下的动态博弈分析。

近年兴起的基于自主体模拟（ABS）已经成为经济分析和地理学分析的重要手段（Parker et al.，2003；Dopfer，2004）。关于碳市场碳交易的功能的研究，很可能建立在ABS基础上，这是将多国体系作为一个复杂系统还是将大量企业合成复杂系统，需要深入研究。这需要建立一个混杂的多层结构的ABS模型，在这个模型中，我们需要确定企业与国家的相互作用与响应机制，还需要为每个agent制定技术进步规则以及其他减排行为规则。

当前流行的多数模型采用外生的技术进步，如DICE、RICE模型，但这不能反映减排过程中对新技术研发、投资产生的经济影响以及在减排中累积学习能力的增强对后续减排成本的影响。因此，Zwaan等（2002）提出了气候保护模型中基于干中学机制的技术进步，Buonanno等（2003）在RICE模型的基础上引入了减排中的R&D机制。但目前，气候保护经济学模型中的技术进步建模是一个复杂的、关键的但仍存在极大不确定性的突出问题（Gillingham et al.，2007），今后需要将多种技术进步建模机制融合来展开深入研究。

最后，我们不能不承认气候存在自然振动，纳入自然振动的气候作用与追索到更详细的大气成分的气候政策评估模型，也将带来一些冲击性的变化。

第 2 章　碳排放的复杂性

2.1　碳排放 EKC 曲线的由来

经济发展到底会产生环境问题还是倾向于改善环境质量的问题，激发了学术界对环境库兹涅茨曲线（Environmental Kuznets Curve，EKC）存在与否的研究与争论。EKC 曲线呈倒 U 形分布，反映了随着经济发展水平的提高，环境指标（各种有害气体、固体废弃物以及温室气体等）先上升、达到高峰之后逐渐降低的现象。Munasinghe（1995）和 Panayotou（1997，2003）提出，如果 EKC 存在的话，发展中国家可以从发达国家的经历中吸取经验，消除对环境有害的做法，避免重蹈发达国家发展中的覆辙。这也是 EKC 研究的初衷。

库兹涅茨曲线最早是由 1971 年度诺贝尔经济学奖获得者 Simon Kuznets 于 1955 年提出的，但当时研究的是经济发展与收入分配的不均衡度之间的关系。Meadows 等（1972）在“增长的极限”假设中同样反映了 Kuznets 的假设，认为经济活动水平越高，就越需要更多的能源和物质投入，反过来会产生更多的废物，从而使环境质量恶化。这些成为近几年来关于碳排放与经济增长之间 EKC 曲线关系研究的早期思想。

1992 年世界银行出版的《世界发展报告》首次详细地研究了经济发展与环境恶化的主题，发现有的环境指标随经济发展进程开始好转，如安全饮用水和城市卫生；有的呈现倒 U 形曲线关系，如二氧化硫和二氧化氮；但碳排放却在不断地增多加重。

1997 年联合国气候变化框架公约京都会议之后，二氧化碳被认定为主要的温室气体，不再作为燃烧过程的副产品来对待。从而碳排放也变成严重的环境问题，成为国际社会关注的焦点。从此对碳排放 EKC 曲线的研究随之兴起。

Moomaw 等（1997）以 16 个 OECD 成员国为研究对象，对碳排放强度和 GDP 进行了图形显示，发现 1974～1975 年，由于石油危机给能源结构带来的影响，很多成员国的排放量与人均 GDP 出现了倒 U 形趋势。进一步对数据进行三次拟合发现，对应排放高峰的人均 GDP 为 12 813 美元。Luzzati 等（2009）对 1971～2004 年全球 113 个国家的能源消费与人均 GDP 数据进行了研究，发现在全球尺度上二者存在正向关系；在单一国家尺度上虽存在异质性，但仍没有出现倒 U 形关系；在跨国研究中，当考虑时间趋势时，转折点出现在 18 200 美元。

然而，用一个国家或者一个国家集团的数据获得的 EKC 的存在性，不能证明每个国家都存在。因为用国家集团的面板数据得到的结果在一个国家成立意味着这个环境过程是各态历经的。实际上，Roberts 等（1997）同样在 EKC 假设上研究碳排放强度。他们选取了 147 个国家 25 年的数据，以 5 年为间隔，取 1965 年、1970 年、1975 年、

本章执笔人：刘扬、陈邵峰

1980 年、1985 年、1990 年的碳排放强度和 GDP 数据，取对数并进行散点图和最小二乘法检验。结果发现，高收入国家存在 EKC 曲线关系，中低收入国家不存在，由此推断高收入国家的 EKC 是将高排放工业转移到发展中国家进行“污染规避”导致的。Schmalensee 等（1998）将 141 个国家分为发展中国家和发达国家两组，发现随着人均收入的增加，一些国家确实表现出碳排放的减少。但 Dijkgraaf 等（2001）对此提出质疑，认为 Schmalensee 等（1998）关于国家之间数据同质性的假设存在问题，从而不能得出 EKC 曲线存在的结论。

尽管存在理论质疑，实证研究发现，EKC 应该存在。Sun（1999）、Roca 等（2001）以及 Friedl 等（2003）还对某一国家是否存在 EKC 曲线关系进行了研究。Sun（1999）认为，英国的高峰出现在 19 世纪 80 年代，美国和德国出现在 20 世纪 20 年代，法国为 1929 年，日本在 20 世纪 70 年代。其中除了日本以外，碳排放高峰都出现在资本并不大量输出的年代，换言之，他们的碳高峰并不是因为资本的环境规避导致的。可是，Friedl 等（2003）发现，线性模型和二次模型不适用于奥地利，而三次模型更适用。因为 1960～1999 年碳排放和 GDP 之间呈 N 形曲线，碳排放降低后有可能重新上升。针对这个问题，何琼等（2007）证明，在索罗增长轨道上，只要保持技术进步，EKC 存在并且唯一。这个证明在附录一中给出。

在新的研究中，Huang 等（2008）在《京都议定书》框架下对 EKC 进行研究，通过对单个国家的时间序列分析，发现多数附件Ⅱ国家都没有 EKC 存在的证据，这实际上揭示了附件 II 国家的经济发展还需要大量排放二氧化碳，二氧化碳减排目标任重道远。

2.2 碳排放 EKC 的发展阶段

对碳排放 EKC 的实证研究中，选择的排放指标涵盖了碳排放强度、人均碳排放以及碳排放总量。实际上，这三个指标可以用环境影响的 IPAT 方程统一起来，并且与经济发展由高碳向低碳过渡的三个阶段相对应。

2.2.1 碳排放发展阶段的一个简单模型

我们将在附录一中给出一个环境 EKC 存在的理论。在存在的情况下，Ehrlich 等（1972）学者提出了一个简单模型。这个模型的一般形式为

$$I = P \cdot A \cdot T \tag{2.1}$$

式中，I 为环境影响，在这里就是二氧化碳排放量 CO_2；P 为人口数量；A 为富裕度，通常用人均 GDP 表示；T 为广义的技术水平，通常用单位 GDP 的二氧化碳排放量来表示。因此，式（2.1）可写成如下具体的形式

$$CO_2 = P \cdot \frac{GDP}{P} \cdot \frac{CO_2}{GDP} \tag{2.2}$$

对式（2.2）两边取对数并求时间的导数，将乘法模型转化成关于增长率的加法模型：

$$g_{CO_2} = g_P + g_{\frac{GDP}{P}} + g_{\frac{CO_2}{GDP}} \tag{2.3}$$

式中三项依次为人口增长率、人均 GDP 增长率和单位 GDP 的二氧化碳排放增长率，或称碳排放强度。

在 EKC 的顶点，必有 $g_{CO_2}=0$，在保持人口增长和人均 GDP 增长的条件下，只有 $g_{CO_2/P}<0$，碳排放强度的降低，只有依靠技术进步。

在技术进步的条件下，我们来看碳排放强度、人均碳排放量和碳排放总量的关系。我们可以一般性地讨论 EKC 高峰出现的时间。设想一种情况，社会系统人口没有增长，这样碳排放总量与人均二氧化碳消费高峰同时出现，人均碳排放不降低，碳排放总量也不降低。在人口持续增长的正常情况下，必有人均碳排放强度先于碳排放总量降低。而碳排放增长总量停滞的情况，只有发生在技术上降低了二氧化碳排放或者人们自觉减少碳能源的使用，人们又要维持自己的 GDP 产出，因此只能是碳排放强度先行降低。因此我们得到在实际的碳排放的 EKC 过程中，为什么最早出现碳排放强度高峰，接着出现人均碳排放量高峰，最后出现碳排放总量高峰的原因。而这个过程中，技术进步是主要的动力。图 2.1 显示了这个过程。

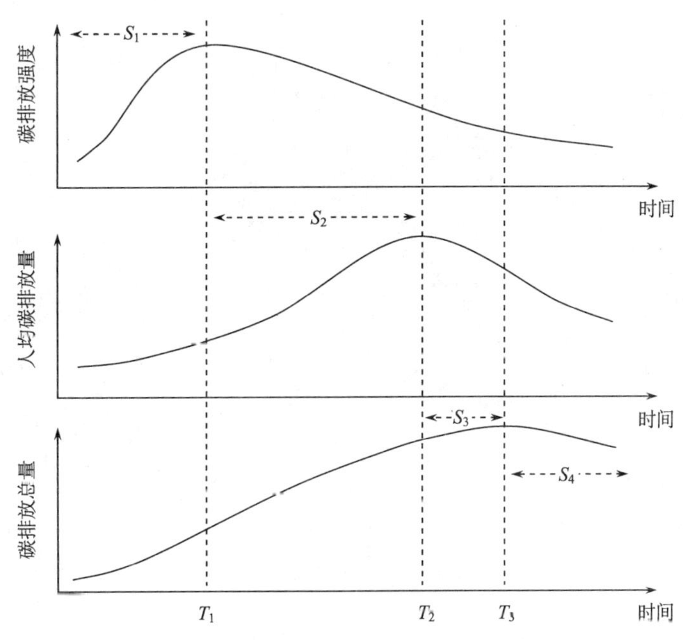

图 2.1　碳排放三大高峰的演化态势示意图

2.2.2　碳排放的发展阶段实证研究

上述理论分析表明，实现低碳经济需要依次经历三个阶段，或者说先后跨越三个倒 U 形曲线高峰。为了检验上述理论的正确性，我们在目前国内外已有研究的基础上，采用较长时期的历史数据对国际货币基金组织（IMF）推荐的世界主要发达经济体（包括中国的台湾和香港）以及包括中国、印度、巴西在内的发展中国家的经济发展与碳排放之间的关系演变逐一进行实证分析。主要数据来源于OECD、美国能源部二氧化碳信息分析中心（CDIAC）和地球观测组织（Group on Earth Observations，GEO）数据门户。

1. 碳排放强度倒U形曲线的验证

该阶段意味着碳排放强度从逐渐增大向稳定下降的方向转变，这可以从典型发达国家包括英国、法国、德国、美国、日本、意大利等国的工业化进程中得以证明，如图2.2所示。其中，英国的碳排放强度峰值出现在1883年，法国在1930年，德国在1917年，美国在1917年，日本在1914年，意大利在1973年。由于碳排放主要由化石能源燃烧产生，因此碳排放强度的倒U形曲线本质上也是能源消费强度倒U形曲线的反映。关于发达国家能源消费强度呈现倒U形曲线的演变规律，已经被Sun（1999）用能源经济学中能源强度的峰值理论加以解释，即一个国家的能源强度似乎有个规律性的长期趋势：在工业化时期，它最初增加，然后到达峰值，最后减少。而拐点往往意味着经济结构从能源强度更高的重工业向能源强度较低的轻工业转变；产品结构从一般附加值向更高附加值转变；从物质生产向知识生产转变。

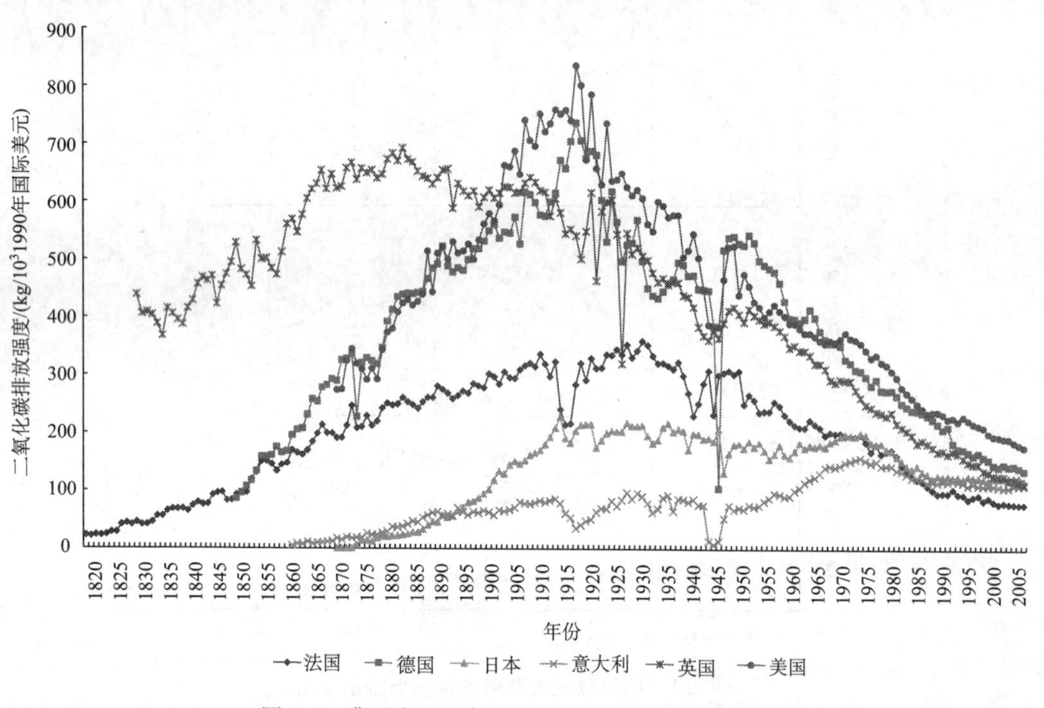

图2.2 典型发达国家碳排放强度的历史演变趋势

研究表明，中国的能源消耗强度或碳排放强度在20世纪50年代末、60年代初达到了顶峰，这是当时“大跃进”粗放投入后，60年代初工业下马的结果。之后开始下降，但在70年代中后期又开始上升，达到另一个高峰，只不过峰值低于上一个峰值，呈现出比较明显的双峰曲线特征（图2.3）。考虑到“大跃进”的特殊性，后一个高峰是真正意义的技术进步产生的结果。

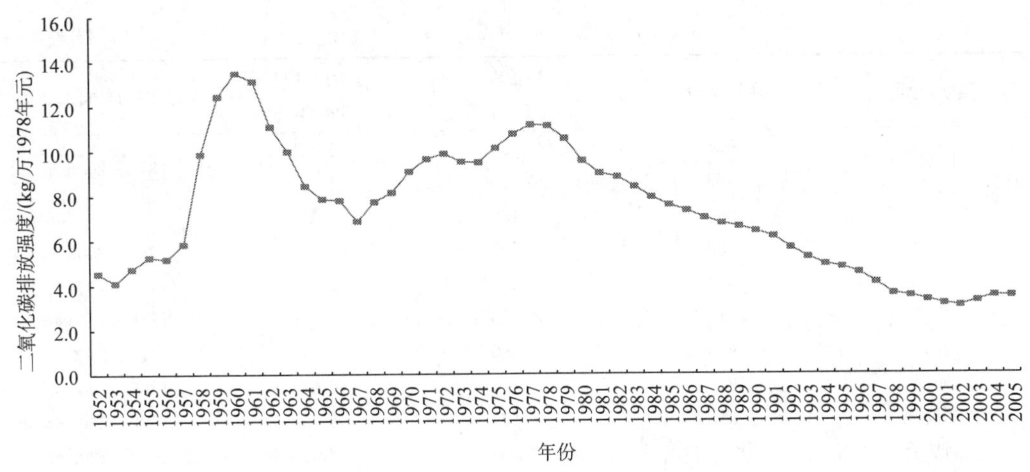

图 2.3　1952～2005 年中国碳排放强度的演变趋势

尽管如此，就整体而言，中国可以说已经在收入很低的背景下，跨越了碳排放强度的高峰，相对于发达国家来说不能不说是一个奇迹。表 2.1 列出了世界主要经济体碳排放强度达到高峰时的相关参数。从中可以看出，一方面，这些国家基本上跨越了碳排放强度的 EKC 高峰，同时也说明这一阶段相对容易实现；另一方面，各国在达到碳排放强度高峰时所对应的人均 GDP 以及高峰时的碳排放强度存在很大差异，分别为 600～15 000 美元以及 9290～83 580t/万美元，说明碳排放强度的演变存在复杂性。

表 2.1　世界主要经济体碳排放强度达到高峰时的相关参数

国家/地区	峰值年份	峰值/(t/万 1990 年美元)	对应的人均 GDP/1990 年美元	数据样本时段
澳大利亚*	1982	29 090	14 391	1870～2005 年
	1920	28 030	4 766	
奥地利	1908	74 730	3 320	1870～2005 年
比利时	1929	65 190	5 054	1846～2005 年
加拿大	1921	72 480	3 357	1870～2005 年
丹麦	1943	28 270	5 080	1843～2005 年
芬兰	1976	25 830	11 358	1860～2005 年
法国	1930	35 910	4 532	1820～2005 年
德国	1917	73 750	2 952	1850～2005 年
希腊	1996	20 020	10 511	1921～2005 年
中国香港	1969	10 250	5 345	1947～2005 年
爱尔兰*	1939	35 140	3 052	1924～2005 年
	1971	31 910	6 354	
以色列*	1953	22 730	2 911	1950～2005 年
	1966	22 680	6 190	
	2003	20 080	15 365	
意大利	1973	15 770	10 634	1861～2005 年

续表

国家/地区	峰值年份	峰值/(t/万 1990 年美元)	对应的人均 GDP/1990 年美元	数据样本时段
日本*	1914	22 930	1 326	1874～2005 年
	1973	20 110	11 434	
韩国*	1970	22 480	1 954	1946～2005 年
	1980	21 780	4 114	
	1997	19 280	12 991	
荷兰	1913	30 130	4 049	1846～2005 年
新西兰	1910	24 080	5 317	1878～2005 年
挪威	1915	35 350	2 611	1865～2005 年
葡萄牙	1913	14 100	1 250	1872～2005 年
新加坡	1970	53 900	4 438	1957～2005 年
西班牙	1976	16 400	8 599	1850～2005 年
瑞典	1937	26 990	4 664	1839～2005 年
瑞士	1913	15 320	4 266	1858～2005 年
中国台湾	1927	31 010	1 011	1897～2005 年
英国	1883	69 250	3 643	1830～2005 年
美国	1917	83 580	5 248	1870～2005 年
巴西*	1913	9 290	811	1901～2005 年
	1978	8 660	4 681	
	1998	8 870	5 422	
中国*	1960	47 460	674	1950～2005 年
	1978	43 180	992	
印度	1992	18 060	1 341	1884～2005 年

*表示这些国家碳排放强度出现明显的波动或多个峰值。

2. 人均碳排放量倒U形曲线的验证

人均碳排放降低是碳排放降低的第二个阶段。图 2.4 为英国、法国、德国、美国、日本、意大利等 6 个典型发达国家人均碳排放量的历史演变趋势。其中，除日本和意大利没有明显的峰值出现以外，其他四个国家基本上都跨越了人均碳排放量的高峰。

表 2.2 列出了世界主要经济体的人均碳排放量达到高峰时的相关参数。从中可以看出，澳大利亚、比利时、加拿大、丹麦、法国、德国、中国香港、爱尔兰、以色列、荷兰、新西兰、新加坡、瑞典、瑞士、英国、美国等 16 个发达经济体基本上跨越了人均碳排放高峰，这些国家或地区达到人均碳排放高峰时所对应的人均 GDP 以及人均碳排放量分别为 10 942～23 201 美元以及 1601.1～5933.3kg，而此时碳排放强度在 8050～35 550t/万美元，差异也比较显著。其中，芬兰、希腊、意大利、日本、韩国、葡萄牙等发达经济体可能正在跨越人均碳排放量高峰，但还有待于进一步观察。巴西最近几年人均碳排放量似乎有下降趋势，这可能与当时巴西的国内政局动荡和金融危机有关，也与巴西热带雨林的恢复有关。

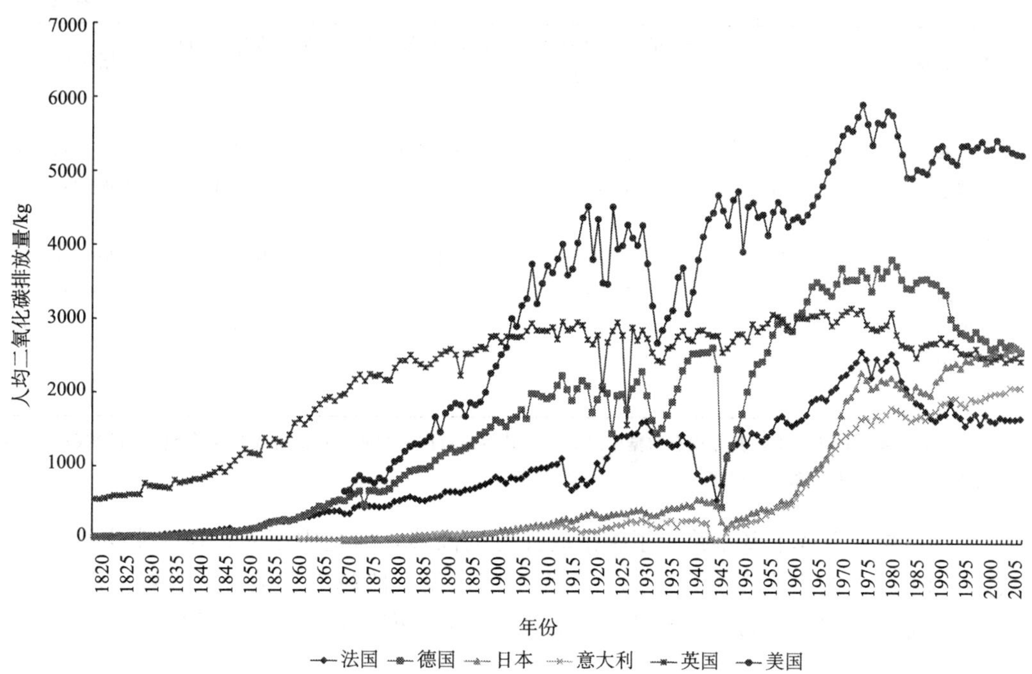

图 2.4　典型发达国家人均碳排放量的历史演变趋势

表 2.2　世界主要经济体人均碳排放量达到高峰时的相关参数

国家/地区	高峰年份	对应的碳排放强度/(t/万 1990 年美元)	人均碳排放峰值/kg	对应的人均 GDP/1990 年美元	数据样本时段
澳大利亚	1998	24 850	5 059	20 360.5	1870～2005 年
奥地利	—	—	—	—	—
比利时	1973	31 940	3 887	12 170.5	1830～2005 年
加拿大	1979	29 460	4 764.3	16 170	1870～2005 年
丹麦	1996	16 570	3 477.6	20 982	1843～2005 年
芬兰	2003(?)	16 980	3 605.1	21 234	1860～2005 年
法国	1973	19 770	2 592.1	13 114	1820～2005 年
德国	1979	27 440	3 840.4	13 993	1820～2005 年
希腊	2001(?)	19 010	2 377.8	12 511	1892～2005 年
中国香港	1993	8 050	1 601.1	19 890	1947～2005 年
爱尔兰	2001	13 440	3 118.2	23 201	1924～2005 年
以色列	2003	20 080	3 084.7	15 365	1950～2005 年
意大利	2003(?)	11 050	2 106.2	19 065	1861～2005 年
日本	2004(?)	12 500	2 676.2	21 414	1870～2005 年
韩国	2004(?)	15 910	2 691.8	16 916	1946～2005 年
荷兰	1979	20 560	3 011.0	14 647	1846～2005 年
新西兰	2001	14 070	2 268.6	16 119	1878～2005 年
挪威	—	—	—	—	—
葡萄牙	2002(?)	11 770	1 685.1	14 320	1872～2005 年
新加坡	1994	27 000	4 970.0	18 403	1957～2005 年

个发达经济体为 6 年外，其他 9 个跨越碳排放高峰的发达经济体，如比利时、丹麦、德国、荷兰、新西兰、新加坡、瑞典、瑞士、英国，相应的时间间隔为 0，即同时跨越了人均碳排放量和碳排放总量高峰。实际上，这个跨越时间与人口增长有关。一个人口停止增长的国家，人均碳排放高峰与碳排放总量高峰是同时达到的。

2.3 碳排放演变的复杂性

从 2.2 节我们知道，在碳排放的演变过程中，会先后经历碳排放强度的高峰、人均碳排放的高峰以及碳排放总量的高峰三个阶段，之后碳排放总量会逐渐回落。然而在碳排放的演变过程中哪些因素起了主要作用？在不同的演变阶段各因素又是如何作用的？为了回答这些问题，需要对碳排放的驱动因素进行分析，借此来审视碳排放演变的复杂过程。

研究结果容易受选取的时间尺度的影响，从较短的时期看，某些国家或地区的经济增长与碳排放处于强脱钩状态；而从长期看，这种变化可能仅仅是一次波动。为此，我们选取 1970～2004 年世界主要经济体的经济与碳排放数据以及 1995～2006 年中国省级尺度的经济与碳排放数据作为样本，采用 2.2 节介绍的 IPAT 加法模型对不同发展阶段的碳排放驱动因子进行分析，并引入 IPAT 模型的扩展模型，即 Kaya 模型对影响最终碳排放的主要因子进行详细的探讨。

2.3.1 碳排放不同发展阶段的驱动因子分析

根据 IPAT 加法模型［式（2.3）］，碳排放的变动率是由人口的变动率、人均 GDP 的变动率以及单位 GDP 的碳排放强度变动率决定的。2.2.2 节基于世界各主要经济体的历史数据对不同的碳排放高峰阶段所经历的时间进行了实证分析验证，为了进一步揭示上述国家或地区各驱动因子在不同碳排放高峰阶段的变化情况，进而得出主要的贡献因子，我们在式（2.3）给出的加法模型的基础上，分别计算了各时段不同因子的年均变化率，以对不同发展阶段中各驱动因子的贡献进行研究。结果如表 2.5～表 2.9 所示。

表 2.5 世界主要发达经济体和部分发展中国家碳排放强度高峰之前阶段碳排放及其驱动因子的变化 （单位：%）

国家/地区	分析的时间段	碳排放总量年均变化率	人口年均变化率	人均 GDP 年均变化率	碳排放强度年均变化率	GDP 年均变化率	人均碳排放量年均变化率
澳大利亚	1870～1982 年	5.47	1.93	1.33	2.10	3.29	3.46
	1870～1920 年	7.84	2.23	0.75	4.70	3.01	5.49
奥地利	1870～1908 年	5.63	0.95	1.53	3.05	2.50	4.63
比利时	1846～1929 年	2.91	0.76	1.33	0.79	2.10	2.14
加拿大	1870～1921 年	8.55	1.72	1.35	5.30	3.09	6.72
丹麦	1843～1943 年	5.16	1.05	1.24	2.79	2.31	4.07
芬兰	1860～1976 年	6.44	0.87	2.15	3.30	3.04	5.52

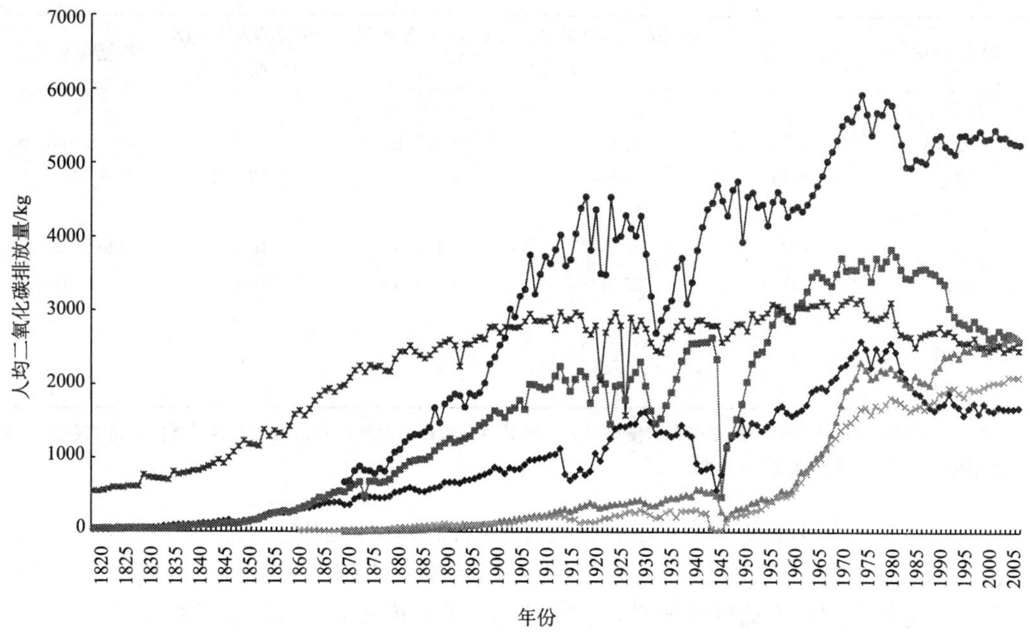

图 2.4　典型发达国家人均碳排放量的历史演变趋势

表 2.2　世界主要经济体人均碳排放量达到高峰时的相关参数

国家/地区	高峰年份	对应的碳排放强度/(t/万 1990 年美元)	人均碳排放峰值/kg	对应的人均 GDP/1990 年美元	数据样本时段
澳大利亚	1998	24 850	5 059	20 360.5	1870～2005 年
奥地利	—	—	—	—	—
比利时	1973	31 940	3 887	12 170.5	1830～2005 年
加拿大	1979	29 460	4 764.3	16 170	1870～2005 年
丹麦	1996	16 570	3 477.6	20 982	1843～2005 年
芬兰	2003(?)	16 980	3 605.1	21 234	1860～2005 年
法国	1973	19 770	2 592.1	13 114	1820～2005 年
德国	1979	27 440	3 840.4	13 993	1820～2005 年
希腊	2001(?)	19 010	2 377.8	12 511	1892～2005 年
中国香港	1993	8 050	1 601.1	19 890	1947～2005 年
爱尔兰	2001	13 440	3 118.2	23 201	1924～2005 年
以色列	2003	20 080	3 084.7	15 365	1950～2005 年
意大利	2003(?)	11 050	2 106.2	19 065	1861～2005 年
日本	2004(?)	12 500	2 676.2	21 414	1870～2005 年
韩国	2004(?)	15 910	2 691.8	16 916	1946～2005 年
荷兰	1979	20 560	3 011.0	14 647	1846～2005 年
新西兰	2001	14 070	2 268.6	16 119	1878～2005 年
挪威	—	—	—	—	—
葡萄牙	2002(?)	11 770	1 685.1	14 320	1872～2005 年
新加坡	1994	27 000	4 970.0	18 403	1957～2005 年

续表

国家/地区	高峰年份	对应的碳排放强度/(t/万 1990 年美元)	人均碳排放峰值/kg	对应的人均 GDP/1990 年美元	数据样本时段
西班牙	—	—	—	—	—
瑞典	1970	24 600	3 127.8	12 716	1839～2005 年
瑞士	1973	10 580	1 926.7	18 204	1858～2005 年
中国台湾	—	—	—	—	—
英国	1971	29 070	3 180.8	10 942	1820～2005 年
美国	1973	35 550	5 933.3	16 689	1870～2005 年
巴西	2001(?)	8 710	485.1	5 570	1901～2005 年
中国	—	—	—	—	—
印度	—	—	—	—	—

注：(?) 表示可能为峰值，其在现有数据中最大，但其后面数据的时间序列太短或有轻微下降、徘徊趋势，难以作出明确判断；—表示峰值不存在。

中国虽然从总体上基本跨越了碳排放强度的高峰，但是中国人正在改变生活模式，例如，越来越多的小汽车进入家庭，因而中国还没有跨越人均碳排放高峰（图 2.5）。目前，要降低中国的人均碳排放量，还得从能源消耗模式方面寻找技术机会。

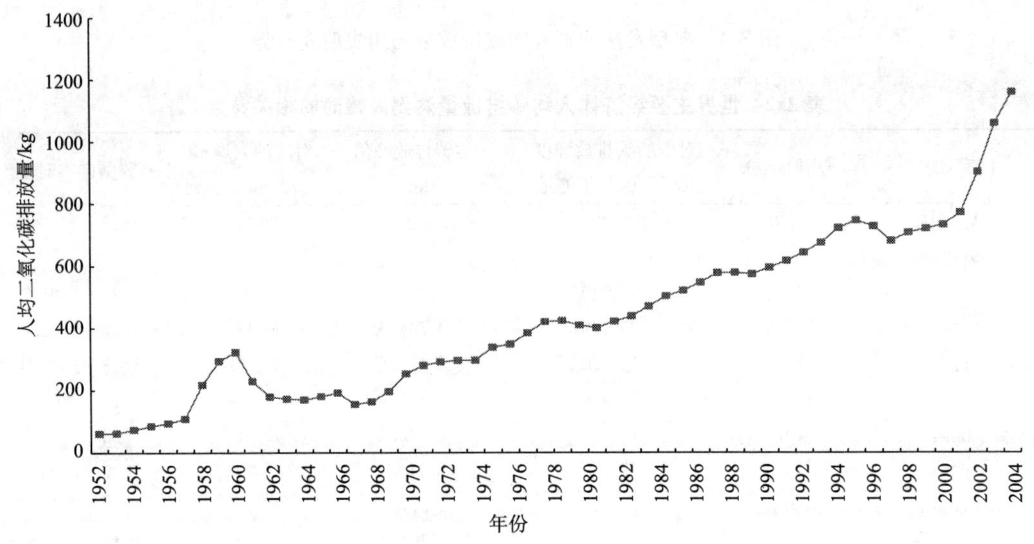

图 2.5　1952～2005 年中国人均碳排放量变化趋势

3. 碳排放总量倒 U 形曲线的验证

碳排放的 EKC 过程的第三个阶段是碳排放总量下降。该阶段意味着碳排放总量持续上升的态势得到遏止，而朝稳定不变甚至下降的方向转化。图 2.6 为 6 个典型发达国家碳排放总量的变化趋势，其中只有德国、英国和法国基本实现了碳排放总量的下降，其他国家可以认为是趋于平缓。

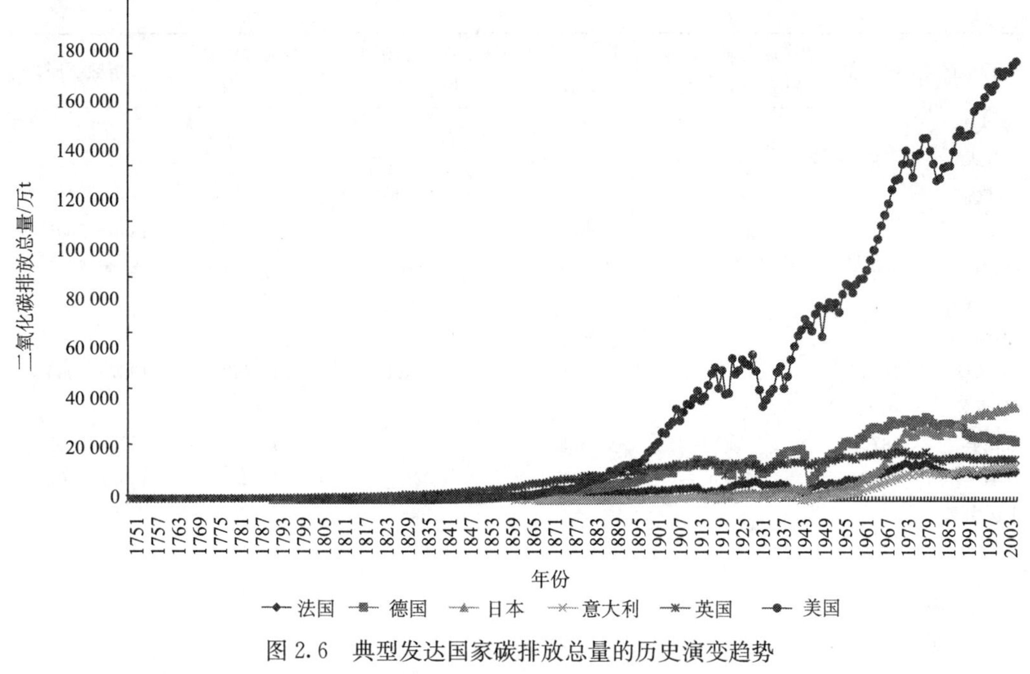

图 2.6 典型发达国家碳排放总量的历史演变趋势

表 2.3 为世界主要经济体的碳排放总量达到高峰时的相关参数。从中可以发现，跨越碳排放总量高峰的国家或地区数量更少，只有比利时、丹麦、法国、德国、中国香港、荷兰、新西兰、新加坡、瑞典、瑞士、英国等 11 个发达经济体，这些发达经济体高峰时对应的人均 GDP 为 10 942～20 982 美元，碳排放总量峰值在 876.6～29 985.9 万 t，此时的人均碳排放量为 1594.1～4970kg，碳排放强度为 8040～31 940t/万美元。此外，爱尔兰和以色列两个发达经济体目前的峰值还不明显，有待进一步观察。而发展中国家鲜有跨越人均碳排放高峰的情况，因此都没有跨越碳排放总量的高峰。

表 2.3 世界主要经济体碳排放总量达到高峰时的相关参数

国家/地区	高峰年份	碳排放总量峰值/万 t	对应的碳排放强度/(t/万 1990 年美元)	对应的人均碳排放量/kg	对应的人均 GDP/1990 年美元	分析数据时段
澳大利亚	—	—	—	—	—	—
奥地利	—	—	—	—	—	—
比利时	1973	3 785.0	31 940	3 886.8	12 170	1830～2005 年
加拿大	—	—	—	—	—	—
丹麦	1996	1 829.9	16 570	3 477.6	20 982	1843～2005 年
芬兰	—	—	—	—	—	—
法国	1979	13 755.1	17 140	2 566.0	14 970	1810～2005 年
德国	1979	29 985.9	27 440	3 840.4	13 993	1792～2005 年
希腊	—	—	—	—	—	—
中国香港	1999	1 114.6	8 040	1 594.1	19 818	1947～2005 年
爱尔兰	2001(?)	1 197.7	13 440	3 118.2	23 200	1924～2005 年
以色列	2003(?)	1 886.9	20 080	3 084.7	15 365	1930～2005 年

续表

国家/地区	高峰年份	碳排放总量峰值/万 t	对应的碳排放强度/(t/万 1990 年美元)	对应的人均碳排放量/kg	对应的人均 GDP /1990 年美元	分析数据时段
意大利	—	—	—	—	—	—
日本	—	—	—	—	—	—
韩国	—	—	—	—	—	—
荷兰	1979	4 224.4	20 560	3 011.0	14 647	1846～2005 年
新西兰	2001	876.6	14 070	2 268.6	16 119	1878～2005 年
挪威	—	—	—	—	—	—
葡萄牙	—	—	—	—	—	—
新加坡	1994	1 673.4	27 000	4 970.0	18 403	1957～2005 年
西班牙	—	—	—	—	—	—
瑞典	1970	2 515.7	24 600	3 127.8	12 716	1839～2005 年
瑞士	1973	1 241.0	10 580	1 926.7	18 204	1858～2005 年
中国台湾	—	—	—	—	—	—
英国	1971	17 782.8	29 070	3 180.8	10 942	1751～2005 年
美国	—	—	—	—	—	—
巴西	—	—	—	—	—	—
中国	—	—	—	—	—	—
印度	—	—	—	—	—	—

注：(?) 表示可能为峰值，但根据现有数据难以作出明确判断；—表示峰值不存在。

同时，表 2.1～表 2.3 中所给出的各经济体的碳排放强度、人均碳排放量和碳排放总量达到峰值的时间及其对应的人均 GDP 也再次印证了碳排放的三个 EKC 曲线依次出现的发展规律，其中比利时、丹麦、德国等发达经济体的人均碳排放量和碳排放总量出现高峰的时间重合。

4. 不同国家或地区跨越碳排放高峰所经历的时间

表 2.4 给出了世界主要经济体跨越三个碳排放高峰所经历的时间。从总体上来看，已跨越碳排放高峰的国家或地区从碳排放强度高峰到人均碳排放高峰所经历的时间相对较长，说明这一过程最为艰巨；而从人均碳排放量高峰到碳排放总量高峰所经历的时间相对较短，有的国家或地区甚至两者接近或重合。因此，从人均碳排放量高峰向碳排放总量高峰的跨越较为容易，只需控制人口增长速度即可。

表 2.4　世界主要经济体不同碳排放高峰之间的时间间隔　　（单位：年）

国家/地区	碳排放强度高峰与人均碳排放量高峰的时间间隔	碳排放强度高峰与人均碳排放量高峰的相隔时间段	人均碳排放量高峰与碳排放总量高峰的时间间隔	人均碳排放量高峰与碳排放总量高峰的相隔时间段
澳大利亚	16	1982～1998 年	—	—
	78	1920～1998 年		
比利时	44	1929～1973 年	0	1973～1973 年
加拿大	58	1921～1979 年	—	—
丹麦	53	1943～1996 年	0	1996～1996 年

续表

国家/地区	碳排放强度高峰与人均碳排放量高峰的时间间隔	碳排放强度高峰与人均碳排放量高峰的相隔时间段	人均碳排放量高峰与碳排放总量高峰的时间间隔	人均碳排放量高峰与碳排放总量高峰的相隔时间段
芬兰	27	1976～2003(?) 年	—	—
法国	43	1930～1973 年	6	1973～1979 年
德国	62	1917～1979 年	0	1979～1979 年
希腊	5	1996～2001(?) 年	—	—
中国香港	24	1969～1993 年	6	1993～1999 年
爱尔兰	62	1939～2001 年	0	2001～2001(?) 年
	30	1971～2001 年		
以色列	50	1953～2003 年	0	2003～2003(?) 年
	37	1966～2003 年		
意大利	30	1973～2003(?) 年	—	—
日本	90	1914～2004(?) 年	—	—
	31	1973～2004(?) 年		
韩国	34	1970～2004(?) 年	—	—
	24	1980～2004(?) 年		
荷兰	66	1913～1979 年	0	1979～1979 年
新西兰	91	1910～2001 年	0	2001～2001 年
葡萄牙	89	1913～2002(?) 年	—	—
新加坡	24	1970～1994 年	0	1994～1994 年
瑞典	33	1937～1970 年	0	1970～1970 年
瑞士	60	1913～1973 年	0	1973～1973 年
英国	88	1883～1971 年	0	1971～1971 年
美国	56	1917～1973 年	—	—
巴西	88	1913～2001(?) 年	—	—
	23	1978～2001(?) 年		

注：(?) 表示可能为峰值，以下均同；—表示人均碳排放量或碳排放总量高峰尚未出现或未明确出现。

总体来说，从碳排放强度高峰到人均碳排放高峰所经历的时间大体为 24～91 年，平均为 55 年左右，其中英国 88 年、德国 62 年、美国 56 年、荷兰 66 年、新西兰 91 年、加拿大 58 年、比利时 44 年、丹麦 53 年、法国 43 年、中国香港和新加坡 24 年、瑞典 33 年、瑞士 60 年。不过这个时间不能认为是普遍规律，随着技术进步的加快，这个时间会缩短。例如，曾为亚洲“四小龙”的新加坡和香港特别行政区，均为 24 年。

除此之外，澳大利亚、爱尔兰、以色列由于碳排放强度出现多峰值，所以与人均碳排放量峰值形成了不同的时间间隔。如果取碳排放强度历史最大值，则澳大利亚两者之间的时间间隔为 16 年，取最初的峰值则为 78 年；对于爱尔兰而言，如果取碳排放强度最大峰值，则为 62 年，如果是第二个峰值则为 30 年；以色列则与爱尔兰类似，分别为 50 年和 37 年。至于芬兰、希腊、意大利、日本、韩国、葡萄牙、巴西，由于其人均碳排放量峰值不明确，所以两者之间的时间间隔有待于进一步考察。

对于人均碳排放高峰到碳排放总量高峰所经历的时间，除法国和香港特别行政区两个发达经济体为6年外，其他9个跨越碳排放高峰的发达经济体，如比利时、丹麦、德国、荷兰、新西兰、新加坡、瑞典、瑞士、英国，相应的时间间隔为0，即同时跨越了人均碳排放量和碳排放总量高峰。实际上，这个跨越时间与人口增长有关。一个人口停止增长的国家，人均碳排放高峰与碳排放总量高峰是同时达到的。

2.3 碳排放演变的复杂性

从2.2节我们知道，在碳排放的演变过程中，会先后经历碳排放强度的高峰、人均碳排放的高峰以及碳排放总量的高峰三个阶段，之后碳排放总量会逐渐回落。然而在碳排放的演变过程中哪些因素起了主要作用？在不同的演变阶段各因素又是如何作用的？为了回答这些问题，需要对碳排放的驱动因素进行分析，借此来审视碳排放演变的复杂过程。

研究结果容易受选取的时间尺度的影响，从较短的时期看，某些国家或地区的经济增长与碳排放处于强脱钩状态；而从长期看，这种变化可能仅仅是一次波动。为此，我们选取1970～2004年世界主要经济体的经济与碳排放数据以及1995～2006年中国省级尺度的经济与碳排放数据作为样本，采用2.2节介绍的IPAT加法模型对不同发展阶段的碳排放驱动因子进行分析，并引入IPAT模型的扩展模型，即Kaya模型对影响最终碳排放的主要因子进行详细的探讨。

2.3.1 碳排放不同发展阶段的驱动因子分析

根据IPAT加法模型［式（2.3）］，碳排放的变动率是由人口的变动率、人均GDP的变动率以及单位GDP的碳排放强度变动率决定的。2.2.2节基于世界各主要经济体的历史数据对不同的碳排放高峰阶段所经历的时间进行了实证分析验证，为了进一步揭示上述国家或地区各驱动因子在不同碳排放高峰阶段的变化情况，进而得出主要的贡献因子，我们在式（2.3）给出的加法模型的基础上，分别计算了各时段不同因子的年均变化率，以对不同发展阶段中各驱动因子的贡献进行研究。结果如表2.5～表2.9所示。

表2.5 世界主要发达经济体和部分发展中国家碳排放强度高峰之前阶段碳排放及其驱动因子的变化 （单位：%）

国家/地区	分析的时间段	碳排放总量年均变化率	人口年均变化率	人均GDP年均变化率	碳排放强度年均变化率	GDP年均变化率	人均碳排放量年均变化率
澳大利亚	1870～1982年	5.47	1.93	1.33	2.10	3.29	3.46
	1870～1920年	7.84	2.23	0.75	4.70	3.01	5.49
奥地利	1870～1908年	5.63	0.95	1.53	3.05	2.50	4.63
比利时	1846～1929年	2.91	0.76	1.33	0.79	2.10	2.14
加拿大	1870～1921年	8.55	1.72	1.35	5.30	3.09	6.72
丹麦	1843～1943年	5.16	1.05	1.24	2.79	2.31	4.07
芬兰	1860～1976年	6.44	0.87	2.15	3.30	3.04	5.52

续表

国家/地区	分析的时间段	碳排放总量年均变化率	人口年均变化率	人均 GDP 年均变化率	碳排放强度年均变化率	GDP 年均变化率	人均碳排放量年均变化率
法国	1820～1930 年	4.13	0.26	1.27	2.56	1.53	3.86
德国	1850～1917 年	5.43	1.00	1.09	3.26	2.10	4.39
希腊	1921～1996 年	6.45	0.79	2.29	3.25	3.10	5.62
中国香港	1950～1969 年	9.77	2.92	4.74	1.84	7.79	6.66
爱尔兰	1924～1939 年	3.70	−0.16	1.16	2.68	0.99	3.86
	1924～1971 年	2.58	−0.02	1.95	0.64	1.93	2.60
以色列	1950～1953 年	34.33	9.03	1.09	21.87	10.23	23.20
	1950～1966 年	14.01	4.60	5.04	3.76	9.88	8.99
意大利	1861～1973 年	5.71	0.66	1.80	3.16	2.47	5.02
日本	1874～1914 年	12.19	1.00	1.41	9.53	2.43	11.08
	1874～1973 年	7.71	1.14	2.78	3.61	3.96	6.49
韩国	1946～1970 年	21.47	2.15	4.91	13.35	7.16	18.92
	1946～1980 年	17.73	2.01	5.73	9.15	7.86	15.40
荷兰	1846～1913 年	3.43	1.05	0.90	1.45	1.95	2.36
新西兰	1878～1910 年	8.55	2.55	0.69	5.13	3.25	5.85
挪威	1865～1915 年	5.94	0.78	1.31	3.75	2.11	5.11
葡萄牙	1872～1913 年	5.01	0.76	0.66	3.53	1.43	4.22
新加坡	1957～1970 年	19.84	2.82	5.12	10.88	8.08	16.56
西班牙	1850～1976 年	4.82	0.70	1.66	2.39	2.38	4.09
瑞典	1839～1937 年	6.85	0.72	1.38	4.64	2.11	6.08
瑞士	1858～1913 年	7.83	0.81	1.27	5.63	2.09	6.97
中国台湾	1912～1927 年	13.47	1.56	2.27	9.25	3.86	11.73
英国	1830～1883 年	3.02	0.73	1.39	0.87	2.13	2.27
美国	1870～1917 年	6.20	2.04	1.64	2.40	3.71	4.08
巴西	1901～1913 年	9.90	2.12	0.88	6.68	3.02	7.62
	1901～1978 年	5.90	2.43	2.44	0.92	4.94	3.39
中国	1950～1960 年	25.79	2.05	4.33	18.15	6.46	23.27
	1950～1978 年	11.05	1.99	2.94	5.78	4.98	8.89
印度	1884～1992 年	5.28	0.79	1.14	3.27	1.94	4.46

注：变化率均采用几何平均方法计算，下同。

表 2.6　世界主要经济体碳排放强度高峰到人均碳排放量高峰阶段各驱动因子的变化

（单位：%）

国家/地区	分析的时间段	碳排放总量年均变化率	人口年均变化率	人均 GDP 年均变化率	碳排放强度年均变化率	GDP 年均变化率	人均碳排放量年均变化率
澳大利亚	1982～1998 年	2.54	1.33	2.19	−0.98	3.56	1.19
	1920～1998 年	3.37	1.62	1.88	−0.15	3.53	1.72
奥地利	—	—	—	—	—	—	—
比利时	1929～1973 年	0.82	0.44	2.02	−1.61	2.46	0.38
加拿大	1921～1979 年	2.91	1.72	2.75	−1.54	4.52	1.17
丹麦	1943～1996 年	2.23	0.54	2.71	−1.00	3.27	1.68

续表

国家/地区	分析的时间段	碳排放总量年均变化率	人口年均变化率	人均 GDP 年均变化率	碳排放强度年均变化率	GDP 年均变化率	人均碳排放量年均变化率
芬兰	1976～2003(?) 年	1.12	0.35	2.34	−1.54	2.70	0.77
法国	1930～1973 年	1.62	0.53	2.50	−1.38	3.04	1.09
德国	1917～1979 年	1.20	0.28	2.54	−1.58	2.83	0.92
希腊	1996～2001(?) 年	2.69	0.21	3.54	−1.03	3.77	2.48
中国香港	1969～1993 年	6.46	1.81	5.63	−1.00	7.54	4.57
爱尔兰	1939～2001 年	2.18	0.44	3.33	−1.54	3.78	1.74
	1971～2001 年	2.31	0.85	4.41	−2.84	5.30	1.45
以色列	1953～2003 年	5.84	2.63	3.38	−0.25	6.11	3.13
	1966～2003 年	4.50	2.30	2.49	−0.33	4.84	2.15
意大利	1973～2003(?) 年	0.95	0.19	1.97	−1.18	2.16	0.76
日本	1914～2004(?) 年	3.47	1.00	3.14	−0.67	4.17	2.45
	1973～2004(?) 年	1.02	0.52	2.04	−1.52	2.58	0.49
韩国	1970～2004(?) 年	6.70	1.16	6.55	−1.01	7.79	5.48
	1980～2004(?) 年	5.67	0.94	6.07	−1.30	7.06	4.69
荷兰	1913～1979 年	2.65	1.25	1.97	−0.58	3.25	1.38
新西兰	1910～2001 年	2.09	1.45	1.23	−0.59	2.69	0.63
挪威	—	—	—	—	—	—	—
葡萄牙	1913～2002(?) 年	3.17	0.59	2.78	−0.20	3.38	2.57
新加坡	1970～1994 年	5.19	2.04	6.11	−2.84	8.27	3.09
西班牙	—	—	—	—	—	—	—
瑞典	1937～1970 年	3.57	0.75	3.09	−0.28	3.86	2.80
瑞士	1913～1973 年	2.69	0.86	2.45	−0.61	3.32	1.82
中国台湾	—	—	—	—	—	—	—
英国	1883～1971 年	0.78	0.52	1.26	−0.98	1.78	0.26
美国	1917～1973 年	1.83	1.28	2.09	−1.51	3.40	0.54
巴西	1913～2001(?) 年	4.51	2.32	2.21	−0.07	4.58	2.14
	1978～2001(?) 年	2.63	1.83	0.76	0.03	2.60	0.78
中国	—	—	—	—	—	—	—
	—	—	—	—	—	—	—
印度	—	—	—	—	—	—	—

注：—表示减少，下同。

表 2.7 世界主要经济体人均碳排放量高峰到碳排放总量高峰阶段各驱动因子的变化

（单位：%）

国家/地区	分析的时间段	碳排放总量年均变化率	人口年均变化率	人均 GDP 年均变化率	碳排放强度年均变化率	GDP 年均变化率	人均碳排放量年均变化率
澳大利亚		—	—	—	—	—	—
奥地利		—	—	—	—	—	—
比利时	1972～1973 年	6.14	0.30	5.81	0.01	6.12	5.82
	1973～1974 年	−2.57	0.31	3.88	−6.50	4.20	−2.87
加拿大		—	—	—	—	—	—

续表

国家/地区	分析的时间段	碳排放总量年均变化率	人口年均变化率	人均GDP年均变化率	碳排放强度年均变化率	GDP年均变化率	人均碳排放量年均变化率
丹麦	1995～1996年	21.34	0.55	1.94	18.38	2.50	20.67
	1996～1997年	−14.93	0.42	2.60	−17.43	3.02	−15.28
芬兰		—	—	—	—	—	—
法国	1973～1979年	0.29	0.46	2.23	−2.35	2.70	−0.17
德国	1978～1979年	4.33	0.02	4.00	0.30	4.02	4.31
	1979～1980年	−2.09	0.28	0.86	−3.20	1.14	−2.36
希腊		—	—	—	—	—	—
中国香港	1993～1999年	2.67	2.74	−0.06	−0.01	2.68	−0.07
爱尔兰	2000～2001年	6.18	1.16	5.38	−0.39	6.60	4.96
	2001～2002年	−1.26	1.09	4.96	−6.94	6.11	−2.33
以色列	2002～2003(?)年	3.10	1.44	0.28	1.35	1.73	1.64
	2003～2004(?)年	−2.54	7.47	−2.82	−6.68	4.44	−9.31
意大利		—	—	—	—	—	—
日本		—	—	—	—	—	—
		—	—	—	—	—	—
韩国		—	—	—	—	—	—
		—	—	—	—	—	—
荷兰	1978～1979年	7.37	0.67	1.55	5.03	2.23	6.66
	1979～1980年	−0.96	0.81	0.39	−2.14	1.21	−1.76
新西兰	2000～2001年	3.75	1.15	0.68	1.88	1.84	2.57
	2001～2002年	−1.24	1.14	3.15	−5.34	4.33	−2.36
挪威		—	—	—	—	—	—
葡萄牙		—	—	—	—	—	—
新加坡	1993～1994年	20.53	3.03	8.12	8.19	11.40	16.98
	1994～1995年	−31.76	3.39	4.46	−36.81	8.00	−33.99
西班牙		—	—	—	—	—	—
瑞典	1969～1970年	6.68	0.94	5.48	0.20	6.47	5.69
	1970～1971年	−8.50	0.68	0.26	−9.36	0.94	−9.12
瑞士	1972～1973年	7.79	0.62	2.41	4.60	3.05	7.12
	1973～1974年	−10.39	0.29	1.16	−11.67	1.45	−10.65
中国台湾		—	—	—	—	—	—
英国	1970～1971年	1.93	0.49	1.62	−0.18	2.12	1.43
	1971～1972年	−1.87	0.31	3.22	−5.22	3.54	−2.17
美国		—	—	—	—	—	—
巴西		—	—	—	—	—	—
中国		—	—	—	—	—	—
印度		—	—	—	—	—	—

表 2.8　世界主要经济体碳排放强度高峰之前阶段与碳排放强度高峰到人均碳排放量高峰阶段各因素变化率之比值（前者/后者）

国家/地区	碳排放总量增长率之比	人口增长率之比	人均 GDP 增长率之比	碳排放强度增长率之比	GDP 增长率之比	人均碳排放量增长率之比
澳大利亚	2.15	1.45	0.61	−2.15	0.93	2.91
	2.33	1.38	0.40	−30.42	0.85	3.19
奥地利	—	—	—	—	—	—
比利时	3.56	1.73	0.66	−0.49	0.85	5.68
加拿大	2.94	1.00	0.49	−3.44	0.69	5.76
丹麦	2.31	1.93	0.46	−2.79	0.70	2.42
芬兰*	5.76	2.49	0.92	−2.14	1.12	7.21
法国	2.55	0.49	0.51	−1.85	0.50	3.54
德国	4.53	3.61	0.43	−2.06	0.74	4.77
希腊*	2.40	3.68	0.65	−3.15	0.82	2.27
中国香港	1.51	1.61	0.84	−1.83	1.03	1.46
爱尔兰	1.70	−0.37	0.35	−1.74	0.26	2.23
	1.12	−0.02	0.44	−0.23	0.36	1.80
以色列	5.88	3.43	0.32	−88.09	1.67	7.42
	3.12	2.00	2.03	−11.45	2.04	4.18
意大利*	5.99	3.48	0.91	−2.68	1.14	6.58
日本*	3.52	1.00	0.45	−14.18	0.58	4.53
	7.59	2.19	1.36	−2.37	1.53	13.24
韩国*	3.20	1.85	0.75	−13.22	0.92	3.45
	3.13	2.15	0.94	−7.04	1.11	3.28
荷兰	1.30	0.83	0.46	−2.52	0.60	1.71
新西兰	4.09	1.76	0.56	−8.71	1.21	9.27
挪威	—	—	—	—	—	—
葡萄牙*	1.58	1.29	0.24	−17.39	0.42	1.64
新加坡	3.82	1.38	0.84	−3.83	0.98	5.35
西班牙	—	—	—	—	—	—
瑞典	1.92	0.95	0.45	−16.52	0.55	2.17
瑞士	2.91	0.94	0.52	−9.16	0.63	3.83
中国台湾	—	—	—	—	—	—
英国	3.85	1.40	1.11	−0.88	1.20	8.62
美国	3.39	1.59	0.78	−1.59	1.09	7.55
巴西*	2.20	0.92	0.40	−91.61	0.66	3.56
	2.25	1.33	3.22	35.92	1.90	4.31
中国	—	—	—	—	—	—
	—	—	—	—	—	—
印度	—	—	—	—	—	—

*表示这些国家人均碳排放量高峰尚不明确，取最近几年的相对最大值。

表 2.9　世界主要经济体碳排放强度高峰之前阶段以及碳排放强度高峰与人均碳排放量高峰阶段各因素变化对碳排放总量变化的贡献率　（单位：%）

国家/地区	碳排放强度高峰之前阶段			碳排放强度高峰到人均碳排放量高峰阶段		
	人口变化对碳排放总量变化贡献率	人均 GDP 变化对碳排放总量变化贡献率	碳排放强度变化对碳排放总量变化贡献率	人口变化对碳排放总量变化贡献率	人均 GDP 变化对碳排放总量变化贡献率	碳排放强度变化对碳排放总量变化贡献率
澳大利亚	35.4	24.4	38.5	52.5	86.3	−38.6
	28.5	9.6	59.9	48.1	55.8	−4.6
奥地利	17.0	27.2	54.2	—	—	—
比利时	26.0	45.8	27.2	53.7	247.1	−197.0
加拿大	20.1	15.8	61.9	59.2	94.6	−53.0
丹麦	20.3	24.1	54.1	24.3	121.4	−44.8
芬兰*	13.5	33.5	51.2	31.2	210.0	−138.2
法国	6.3	30.7	62.0	32.5	154.3	−85.0
德国	18.4	20.1	60.1	23.1	211.9	−131.9
希腊*	12.2	35.5	50.4	7.9	131.5	−38.3
中国香港	29.9	48.5	18.8	28.0	87.1	−15.5
爱尔兰	−4.3	31.2	72.4	20.0	152.6	−70.6
	−0.7	75.5	24.8	36.9	191.0	−123.0
以色列	26.3	3.2	63.7	45.1	57.9	−4.2
	32.8	36.0	26.9	51.1	55.3	−7.3
意大利*	11.5	31.5	55.4	19.9	206.1	−123.7
日本*	8.2	11.6	78.2	28.7	90.6	−19.4
	14.8	36.1	46.8	51.5	201.2	−149.9
韩国*	10.0	22.9	62.2	17.3	97.8	−15.1
	11.3	32.3	51.6	16.5	107.0	−22.9
荷兰	30.5	26.1	42.4	47.3	74.3	−21.8
新西兰	29.8	8.0	60.0	69.3	58.8	−28.2
挪威	13.2	22.1	63.2	—	—	—
葡萄牙*	15.2	13.2	70.5	18.6	87.5	−6.4
新加坡	14.2	25.8	54.8	39.2	117.5	−54.7
西班牙	14.6	34.5	49.5	—	—	—
瑞典	10.5	20.2	67.7	21.1	86.4	−7.9
瑞士	10.3	16.2	71.9	31.8	91.0	−22.8
中国台湾	11.6	16.9	68.7	—	—	—
英国	24.1	46.2	28.7	66.2	160.4	−125.2
美国	32.8	26.4	38.8	70.1	114.1	−82.8
巴西*	21.4	8.9	67.4	51.4	49.1	−1.6
	41.2	41.4	15.6	69.6	28.9	1.0
中国	7.9	16.8	70.4	—	—	—
	18.0	26.6	52.3	—	—	—
印度	15.0	21.7	62.0	—	—	—

* 表示这些国家人均碳排放量高峰尚不明确，取最近几年的相对最大值。

从表 2.5～表 2.9 可以作出如下几个方面的判断：

(1) 在不同的碳排放高峰阶段，各驱动因子的贡献不同。在碳排放强度高峰之前，能源或碳密集型技术进步对碳排放的变化起主导作用，此时碳排放总量快速增加，只有少数国家或地区如比利时、中国香港、爱尔兰、以色列、英国、巴西例外，其中爱尔兰、以色列和巴西峰值点不同，也导致技术进步的贡献完全不同。在碳密集型技术进步对碳排放起主导作用的国家或地区中，经济增长贡献大于人口增长贡献的国家或地区有奥地利、丹麦、芬兰、法国、德国、希腊、意大利、日本、韩国、挪威、新加坡、西班牙、瑞典、瑞士、中国台湾、中国、印度。而人口增长贡献大于经济增长贡献的国家或地区有澳大利亚、加拿大、荷兰、新西兰、葡萄牙、美国。比利时和英国是经济增长贡献大于技术进步贡献，技术进步贡献又大于人口增长贡献，中国香港是经济增长贡献大于人口增长贡献，人口增长贡献大于技术进步贡献。爱尔兰、以色列和巴西峰值点的取值不同，因子贡献也完全不同。

在碳排放强度高峰到人均碳排放量高峰阶段，人均 GDP 的变化或者说经济增长对碳排放的贡献基本上起主导作用，此时技术进步开始对碳排放增加起到不同程度的缓冲作用，但是不能抵消人口增长和经济增长对碳排放总量的正向促进作用，导致碳排放总量仍呈现出较快增长的势头。只有少数国家或地区如新西兰和巴西在该阶段是人口的变化对碳排放起主导作用。在经济增长对碳排放起主导作用的国家或地区中，技术进步贡献大于人口增长贡献的国家有比利时、丹麦、芬兰、法国、德国、希腊、爱尔兰、意大利、挪威、新加坡、英国、美国。而人口增长贡献大于经济增长贡献的国家或地区有澳大利亚、加拿大、中国香港、以色列、荷兰、新西兰、葡萄牙、瑞典、瑞士、巴西。日本、韩国随着峰值点不同，其各因子的贡献也不同。

在人均碳排放量高峰到碳排放总量高峰阶段，高效低碳技术进步所起作用显著增强，并逐步抵消人口和经济增长对碳排放增长的正向作用，碳排放增长明显趋缓逼近零增长，此后阶段低碳技术进步将持久地占据绝对主导地位，促使碳排放总量进一步朝稳定下降的方向发展，从而实现经济增长与碳排放的完全剥离或强脱钩。

总之，向低碳经济过渡的三个阶段对应着不同的主要驱动因子，因此这三个阶段也可分别称为碳密集技术驱动阶段、经济增长驱动阶段、高效低碳技术驱动阶段（图 2.7）。

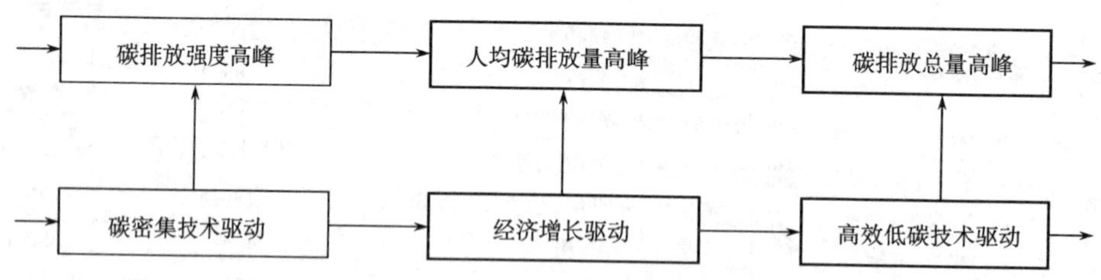

图 2.7　向低碳经济过渡的三个阶段及其主要驱动因子

(2) 从各因子在不同高峰前后各阶段的变化来看，尤其是通过碳排放强度高峰前阶段与碳排放强度高峰到人均碳排放量高峰阶段的对比（表 2.8 和表 2.10）发现，其主要呈现出如下几个方面的变化趋势。

表 2.10　主要发达经济体碳排放高峰不同阶段碳排放及其驱动因子的变化

（单位：%）

项目类别	碳排放强度高峰之前阶段	碳排放强度高峰到人均碳排放量高峰阶段
碳排放总量年均变化率	8.97	2.95
人口年均变化率	1.68	1.02
人均 GDP 年均变化率	2.09	3.05
碳排放强度年均变化率	4.90	−1.11
GDP 年均变化率	3.82	4.11
人均碳排放量年均变化率	7.11	1.90

注：变化率系指主要发达经济体相应项目变化率的算术平均值。

（1）二氧化碳排放总量增长速度明显减缓。后一阶段的碳排放增长速度基本不到前一阶段的一半，甚至更低，而香港特别行政区、荷兰、爱尔兰、葡萄牙、瑞典例外。

（2）人口增长速度总体趋缓。除加拿大、法国、荷兰、爱尔兰、瑞典、瑞士等发达经济体外，其他国家或地区后一阶段的人口增长速度低于前一阶段。

（3）碳排放强度由逐渐增加朝逐渐减小的方向转变，但是下降幅度相对前一阶段的上升幅度则小得多。除巴西外，其他发达经济体均呈现下降趋势。其中，只有比利时和英国的碳排放强度的下降幅度超过前一阶段的上升幅度。

（4）经济增长速度明显加快。除英国的经济增长速度低于前一阶段外，其他国家或地区的经济增长速度均为上一阶段的 1 倍以上，其中葡萄牙是前一阶段经济增长速度的 4 倍以上。

（5）人均二氧化碳排放量增长速度显著放缓。除中国香港、爱尔兰、荷兰、葡萄牙人均二氧化碳排放量增长速度略高于前一阶段的 50%外，其他国家或地区的增幅都有显著降低。

2.3.2　基于 Kaya 模型的碳排放驱动因子分析

在 IPAT 模型的基础上，将碳排放强度进一步分解为能源强度与碳排放系数，即得 Kaya 模型。其表达式为

$$CO_2 = P \cdot \frac{GDP}{P} \cdot \frac{E}{GDP} \cdot \frac{CO_2}{E} \tag{2.4}$$

式中，CO_2 为二氧化碳排放量；P 为人口；$\frac{GDP}{P}$为人均 GDP；$\frac{E}{GDP}$为能源强度，即生产单位 GDP 所需的能源消费，主要与技术及能源效率有关；$\frac{CO_2}{E}$为能源的综合碳排放系数，即单位能源消耗所产生的 CO_2 排放，主要与能源结构有关。

1. 1970～2004 年世界主要发达经济体和部分发展中国家碳排放驱动因子分析

借助 Kaya 模型，我们可以对 1970～2004 年世界主要发达经济体和部分发展中国家碳排放驱动因子的变化进行分析。模型中的 GDP、人口数据来源于 GEO 数据门户，

能源消费数据主要来源于BP，碳排放数据来源于美国能源部二氧化碳信息分析（Carbon Dioxide Information Analysis Center，CDIAC)。其中，GDP的单位是2000年价美元。计算结果如表2.11所示。

表2.11　1970～2004年世界主要发达经济体和部分发展中国家基于Kaya模型的碳排放驱动因子变化趋势　（单位：%）

国家	二氧化碳年均变化率	人口年均变化率	人均GDP年均变化率	能源强度年均变化率	单位能源碳排放量年均变化率
澳大利亚	2.59	1.35	1.85	−0.48	−0.13
奥地利	0.95	0.29	2.34	−1.16	−0.49
比利时	−0.64	0.21	2.17	−1.83	−1.15
加拿大	1.43	1.14	2.01	−1.08	−0.62
丹麦	−0.63	0.27	1.62	−2.18	−0.31
芬兰	1.48	0.38	2.41	−0.92	−0.36
法国	−0.38	0.52	1.99	−0.94	−1.91
德国	−0.68	0.16	2.01	−1.94	−0.87
希腊	4.08	0.68	2.07	0.90	0.37
爱尔兰	2.37	0.95	4.18	−1.95	−0.73
以色列	4.21	2.44	2.00	−2.90	2.72
意大利	1.35	0.24	2.13	−1.09	0.09
日本	1.56	0.60	2.35	−1.10	−0.25
韩国	6.70	1.19	5.77	1.23	−1.51
荷兰	0.27	0.65	1.80	−1.15	−0.99
新西兰	2.28	1.07	1.28	−0.01	−0.08
挪威	1.65	0.51	2.90	−1.72	0.01
葡萄牙	4.41	0.55	2.71	0.76	0.34
新加坡	2.84	2.15	5.11	−1.89	−2.37
西班牙	3.31	0.70	2.40	0.50	−0.31
瑞典	−1.66	0.33	1.71	−1.46	−2.20
瑞士	0.06	0.52	0.88	−0.36	−0.98
英国	−0.42	0.22	2.14	−2.18	−0.55
美国	0.91	1.02	2.11	−1.99	−0.19
中国	5.69	1.34	6.95	−2.68	0.20
印度	5.85	2.11	2.78	0.08	0.78
巴西	3.91	1.94	1.97	1.03	−1.05

从表2.11可以看出，1970～2004年，这些国家的二氧化碳排放变化基本上受经济增长驱动，根据我们分析的结果，绝大多数国家处于碳排放强度高峰向人均碳排放量高峰过渡的阶段。只有比利时、丹麦、法国、德国、瑞典、英国6个国家实现了碳排放的负增长即强脱钩。但是如果根据表2.6，则有更多的国家实现了强脱钩。由此可见，数据时段选择对结果的可靠性将产生比较显著的影响。同时，根据表2.11可以进一步发现，除希腊、韩国、葡萄牙、西班牙、印度、巴西的能源强度呈增长态势外，其他国家基本保持下降态势，说明这些国家或地区的能源效率有了一定的提高，但总体上抵不上经济的增长速度，导致碳排放量仍在增长。而能源效率的提

高往往是与经济结构调整、节能或能效技术进步以及加强监督管理联系在一起的。再从单位能源碳排放量变化来看，除希腊、以色列、意大利、挪威、葡萄牙、中国、印度保持增长外，其他国家均呈现下降态势，体现了这些国家的能源结构调整对降低或缓解碳排放增长的积极作用。

2. 1995～2006 年中国内地各省、自治区、直辖市碳排放驱动因子分析

我们对 1995～2006 年中国内地 30 个省、自治区、直辖市碳排放驱动因子的碳排放变化趋势进行了分析。各类能源消费数据主要来源于《中国能源统计年鉴（1997～2006)》，GDP 按 1995 年的价格计算。碳排放总量通过采用公式（2.5）获得，即

$$C_{it} = \sum_j E_{ijt} \times \eta_j \quad (i = 1,2,\cdots,30; j = 1,2,\cdots,9) \tag{2.5}$$

式中，C_{it} 为 i 省第 t 年的碳排放总量；E_{ijt} 为 i 省第 t 年第 j 种能源的消费量；η_j 为第 j 类能源的碳排放系数，其取值为：原煤排放系数 0.7476tC/tce，焦炭排放系数 0.1128tC/tce，天然气排放系数 0.4479tC/tce，原油排放系数 0.5854tC/tce，燃料油排放系数 0.6176tC/tce，汽油排放系数 0.5532tC/tce，煤油排放系数 0.3416tC/tce，柴油排放系数 0.5913tC/tce，电力排放系数 2.2132tC/tce（徐国泉等，2006）。计算结果如表 2.12 所示。

表 2.12　1995～2006 年中国内地 30 个省、自治区、直辖市基于 Kaya 模型的碳排放驱动因子变化趋势

（单位：%）

地区	二氧化碳年均变化率	人口年均变化率	人均 GDP 年均变化率	能源强度年均变化率	单位能源碳排放量年均变化率
北京	3.74	2.42	7.13	−6.04	0.22
天津	5.97	1.53	9.91	−5.80	0.34
河北	8.20	0.61	10.31	−3.03	0.31
山西	6.45	0.80	9.48	−4.07	0.24
内蒙古	13.01	0.44	13.36	−0.96	0.17
辽宁	5.27	0.48	8.95	−4.19	0.03
吉林	4.71	0.54	9.04	−4.68	−0.19
黑龙江	3.52	0.26	8.32	5.07	0.01
上海	5.44	2.86	7.76	−5.24	0.06
江苏	9.07	0.58	11.25	−3.45	0.68
浙江	11.37	1.20	10.88	−1.27	0.56
安徽	5.71	0.15	9.68	−4.43	0.30
福建	10.87	1.07	10.56	−1.05	0.28
江西	5.85	0.56	9.46	−4.50	0.33
山东	10.49	0.61	11.46	−1.71	0.13
河南	9.06	0.28	10.54	−1.89	0.13
湖北	5.87	−0.12	10.04	−4.21	0.16
湖南	5.78	−0.07	9.65	−3.90	0.10
广东	9.72	2.90	8.87	−2.93	0.88
广西	7.47	0.34	9.20	−2.31	0.24
海南	13.14	1.64	7.55	5.83	−1.89
重庆	5.14	−0.54	9.87	−4.60	0.42

续表

地区	二氧化碳年均变化率	人口年均变化率	人均GDP年均变化率	能源强度年均变化率	单位能源碳排放量年均变化率
四川	5.44	0.01	9.46	−4.29	0.26
贵州	9.09	0.63	8.95	−0.76	0.27
云南	9.93	1.08	7.96	0.83	0.06
陕西	8.14	0.55	9.71	−1.68	−0.44
甘肃	5.74	0.57	8.90	−3.97	0.24
青海	9.20	1.18	9.22	−1.78	0.57
宁夏	11.95	1.54	8.83	1.23	0.35
新疆	7.39	1.93	7.11	−1.67	0.03

注：未包括香港、澳门、台湾地区数据。西藏缺乏数据，未列入计算。

由表2.12可知，自1995年以来，中国各省、自治区、直辖市的碳排放总量呈较快增长的态势，尽管技术进步导致的碳排放下降速度基本上超过了人口增长对碳排放的正贡献作用，但是这种态势仍然主要由经济增长来推动，说明我国各省、自治区、直辖市均处于从能源消费强度高峰向人均碳排放量高峰的过渡阶段。当然，各省、自治区、直辖市向各自人均碳排放量高峰的逼近速度有快有慢、距离有远有近，不可能同步进行，北京、天津、上海这类发达城市有可能相对其他地区较早地达到人均和碳排放总量高峰。由此得到的结果也与前述的中国已跨越碳排放强度高峰但尚未实现碳排放强度的稳定下降的总体态势基本上保持一致。因为中国正处于人均碳排放量和碳排放总量的上升期，所以只要选择1978年以后的较长时段数据（个别年份例外，如1996～1998年中国的碳排放总量曾出现过连续下降）进行驱动因子分析，一般结果的实质性差别不会太大，尤其是对于强弱脱钩分析而言。

同时，根据表2.12可以进一步发现，除海南、云南、宁夏在此期间能源强度增加外，其他省、自治区、直辖市的能源强度保持下降态势，只不过下降的幅度大小不同，这说明自1995年以来中国主要省、自治区、直辖市的能源效率取得了一定的进步。但是单位能源的碳排放量，除少数省份如吉林、海南、陕西有所下降外，其他省、自治区、直辖市均保持上升态势，说明这些地区在能源结构调整方面正在强化碳排放，同时也从侧面反映了利用能源结构调整降低碳排放的巨大潜力和空间。

由Kaya模型可以看出，在IPAT模型的基础上，影响碳排放总量的主要因素除了人口及人均GDP（两者乘积即GDP，该经济因素将在第5章进行考虑）之外，还包括能源强度以及碳排放系数，而碳排放进一步受到技术水平和能源结构的影响，将分别在4.1节和4.2节中进行讨论。最后，产业结构的调整还对碳排放强度有一定的影响，将在4.3节中进行讨论。

2.4 总结与讨论

本章通过对世界各国以及我国各省、自治区、直辖市的历史数据进行分析，发现不同国家或地区的历史碳排放量存在非常大的差异。不仅绝对量相差悬殊，而且其演变趋势与时间序列走势也各异。从碳排放EKC曲线的角度，我们比较了各国碳排放相关指标是否存在高峰、高峰出现年份等特征，结果发现，在存在很大差异的情况下，仍大致遵循如下规律，即碳排放强度高峰出现年份早于人均碳排放高峰，人均碳排放高峰早于碳排放总量高峰。从跨越三个碳排放高峰所经历的时间来看，已跨越碳排放高峰的国家或地区从碳排放强度高峰到人均碳排放高峰所经历的时间相对较长，说明这一过程最为艰巨；而从人均碳排放高峰到碳排放总量高峰所经历的时间相对较短，在有的国家或地区两者甚至接近或重合。

为进一步分析驱动碳排放各相关指标达到高峰的因素，我们分别借助 IPAT 与 Kaya 模型进行分析，发现在不同的碳排放高峰阶段，各驱动因子的贡献不同。在碳排放强度高峰之前阶段，能源或碳密集型技术进步对碳排放的变化起主导作用；在碳排放强度高峰到人均碳排放量高峰阶段，人均 GDP 的变化或者经济增长对碳排放的贡献基本上起主导作用；在人均碳排放量高峰到碳排放总量高峰阶段，高效低碳技术进步所起作用显著增强，并逐步抵消人口和经济增长对碳排放增长的正向作用，碳排放增长明显趋缓逼近零增长。

根据 Kaya 模型可知，影响碳排放总量的主要因素为人口、人均 GDP 以及能源强度和碳排放系数。技术水平、能源结构、产业结构等因素对能源强度以及碳排放系数的影响，我们将在第 4 章进行详细讨论。

第3章　中国的省级碳排放

碳排放与经济发展水平密切相关。中国幅员辽阔，各地区经济发展水平存在很大差异，导致了生产和消费过程中的碳排放也存在很大的差异。虽然我国已认识到能源消耗与碳排放和经济增长之间的关系，并在“十一五”规划中明确提出要将能源强度降低20%，但2006年，除北京外，其余省、自治区、直辖市都未能完成单位GDP能耗降低率的目标任务。因此，分析各地区的碳排放现状及其成因，了解各地区的排放需求，对于寻找减排的技术路线和区域对策，进而实现整体的控制目标具有重要意义。

对于碳排放的核算，IPCC自1988年成立起一直致力于气候变化和温室气体排放方面的研究。基于IPCC的研究成果，Richard（2007）对美国1850年以来的碳排放数据进行校准，并预测了直到2010年的排放量；Gillenwater（2007）进一步考虑了由于甲烷、一氧化碳和有机物氧化所间接产生的二氧化碳排放；Sukumar等（2007）则由未来住宅改造的能源需求预测了英国的碳排放量。国内方面，张仁健等（2001）根据IPCC的分类清单对1994年我国生产过程和矿石燃料燃烧产生的碳排放进行了估算；王冰妍等（2004）对上海市低碳发展情况下的能源需求及碳排放进行了情景分析。而对中国区域层面的碳排放情况进行估算的研究还很缺乏。为此，本章拟从区域尺度研究各地区碳排放情况及其近年来的变化趋势，并试图给出针对性较强的减排措施。

根据IPCC-NGFCC的温室气体排放清单，温室气体主要由能源消费、工业生产过程、土地利用和废弃物等产生，而温室气体中的二氧化碳则主要产生于能源消费中的化石燃料燃烧以及工业生产，包括水泥、石灰石和钢铁等的生产过程。为此，本章对各省、自治区、直辖市碳排放的研究将侧重于能源消费产生的二氧化碳排放以及工业水泥生产过程中的二氧化碳排放。

3.1　中国省级能源消费碳排放核算

3.1.1　省级碳排放核算模型及数据

由于目前我国没有碳排放量的直接监测数据，因此碳排放的核算都是基于对能源消费量的测算得来。徐国泉等（2006）在对碳排放进行因素分解时所采用的基本公式为

$$\mathrm{Ems} = \sum \mathrm{Ems}_i = \sum E \frac{E_i}{E} \frac{\mathrm{Ems}_i}{E_i} \quad (i = 1, 2, \cdots, n) \tag{3.1}$$

本章执笔人：朱永彬、马晓哲、王铮

即总排放量等于各能源品种消费所产生碳排放量之和。其中，$\frac{\text{Ems}_i}{E_i}$为 i 种能源的碳排放系数。在用式（3.1）计算分地区的各能源品种的碳排放时，能源消费量的分地区分品种数据受统计粒度的限制而无法获取；此外，碳排放系数因能源品种的纯度、工艺不同而异，目前也无权威数据可用。为此，基于碳排放量与能源消费量成正比的假设，即化石能源消费量越多，化石能源燃烧所产生的碳排放量越大，我们得出折算公式（3.2），把全国总排放量根据能源消费量折算到各个省级地区。

$$\text{Ems}_j = \frac{\text{Ems}^{\text{total}}}{E^{\text{total}}} E_j \quad (j = 1, 2, \cdots, 30) \tag{3.2}$$

式中，Ems_j 和 E_j 分别为 j 省（除西藏自治区外）的碳排放量和能源消费量；$\text{Ems}^{\text{total}}$和 E^{total}分别为全国碳排放总量和能源总消费量。

考虑到各地区在能源结构上存在差异，而不同能源品种的碳排放系数又不同，我们通过构造各省、自治区、直辖市平均碳排放系数对式（3.2）再次进行折算。

$$\text{Ems}'_j = \text{Ems}_j \frac{\bar{F}_j}{\bar{F}} \quad (j = 1, 2, \cdots, 30) \tag{3.3}$$

$$\bar{F}_j = \frac{\sum_{i=1}^{n} E_{ij} F_i}{E_j}, \quad \bar{F} = \frac{\sum_{i=1}^{n} E_i F_i}{E^{\text{total}}} \tag{3.4}$$

式中，$\bar{F}_j$ 为 j 省、自治区、直辖市平均碳排放系数；$\bar{F}$ 为全国平均碳排放系数；E_{ij} 和 E_i 分别为 j 省和全国 i 种能源的消费量；F_i 为 i 种能源的碳排放系数。比较式（3.3）和式（3.1）发现，式（3.1）为绝对数据加总，需要用到各能源品种碳排放系数的真实值；而式（3.3）为比例数据折算，只需各能源品种碳排放系数的比值即可。根据国家发展和改革委员会 2007 年 6 月公布的《中国应对气候变化国家方案》给出的测试标准，“与石油、天然气等燃料相比，单位热量燃煤引起的二氧化碳排放量比使用石油、天然气分别高出约 36%和 61%”，得出煤、石油、天然气的排放系数比例为 1.61∶1.18∶1。

此外，本章计算时用到的各省、自治区、直辖市能源消费数据来自中国国家统计局工业交通统计司和国家发展和改革委员会能源局共同编制的历年《中国能源统计年鉴》中的分地区能源消费总量表和分地区各能源种类消费量表。中国碳排放总量数据来自 EIA 美国能源信息署（Energy Information Administration，EIA）于 2007 年公布的 *International Energy Annual* 2005。此外，为与国际统计口径一致，本章还根据实际数据将能源种类归并为煤、石油、天然气和水电核电四类。调整后的折算公式不仅考虑了能源消费和能源结构对碳排放的影响，而且使计算得到的各省级碳排放量与 EIA 总量数据保持一致。

3.1.2 平均碳排放系数

平均碳排放系数反映了区域在不同能源结构下单位能源消费所产生的碳排放的综合效应。根据式（3.4）计算的各省、自治区、直辖市和全国平均碳排放系数如表 3.1 所示。

表 3.1 中国内地各省、自治区、直辖市平均碳排放系数表

地区	平均碳排放系数	高于全国水平①/%	地区	平均碳排放系数	高于全国水平/%
北 京	0.69	−14.34②	河 南	0.78	−2.87
天 津	0.80	−0.38	湖 北	0.78	−2.58
河 北	0.91	13.95	湖 南	0.70	−13.14
山 西	1.44	80.24	广 东	0.71	−11.33
内蒙古	1.05	30.85	广 西	0.68	−15.19
辽 宁	0.74	−7.90	海 南	0.57	−29.47
吉 林	0.76	−5.58	重 庆	0.63	−21.54
黑龙江	0.73	−8.98	四 川	0.63	−21.21
上 海	0.87	9.00	贵 州	0.78	−2.87
江 苏	0.75	−6.01	云 南	0.84	4.95
浙 江	0.69	−14.07	陕 西	0.81	1.22
安 徽	0.88	10.35	甘 肃	0.68	−14.84
福 建	0.66	−17.96	青 海	0.45	−43.90
江 西	0.86	6.70	宁 夏	0.81	0.88
山 东	0.79	−1.70	新 疆	0.63	−21.95

①全国平均碳排放系数为 0.8；②负数为低于全国水平百分比。

比较中国内地各省、自治区、直辖市及全国碳排放系数 1995～2005 年的平均值发现，山西、内蒙古、河北、安徽、上海和江西等地区的平均排放系数较高，尤其是山西和内蒙古，分别高出全国平均水平约 80%和 31%；而青海、海南、新疆、重庆、四川、福建、广西和北京等地区的平均排放系数较低，尤其是青海和海南，仅有全国平均水平的约 56.1%和 70.5%；此外，天津、宁夏、陕西等地区的平均排放系数与全国水平相近。从式(3.4) 可以看出，各地区平均碳排放系数的高低实际上反映了该地区能源消费结构中低碳能源比例的大小，山西省碳排放系数位居首位源于其煤消费量占总能源消费的 87%，而海南、青海的煤比例仅有 12%和 22%，其中海南主要依靠石油，占能源消费总量的 30%。

3.1.3 省级碳排放核算结果

我们选取碳排放的三个相关指标，以更全面地比较和分析各省、自治区、直辖市在碳排放上的差异，它们分别是总排放量、人均排放量和单位 GDP 的排放量（即排放强度）。

1. 总排放量

从 1995～2006 年的平均碳排放总量（图 3.1）来看，高排放地区集中于主要能源产地（山西）和工业化集中（如河北、山东、江苏、辽宁等）的华北地区；其次为人口大省（如四川、广东）和能源产地（如内蒙古、黑龙江）以及工业水平较高地区（如湖北、浙江和安徽），属于较高排放地区；上海、贵州、湖南、吉林以及云南总排放量次之，属于全国中等水平；而辖区相对较小的直辖市（北京、天津和重庆）以及经济较不发达的中西部地区（如陕西、新疆、江西、福建、甘肃、广西）的总排放量较低；落后的西部地区（宁夏、青海和海南）的总排放量最低。

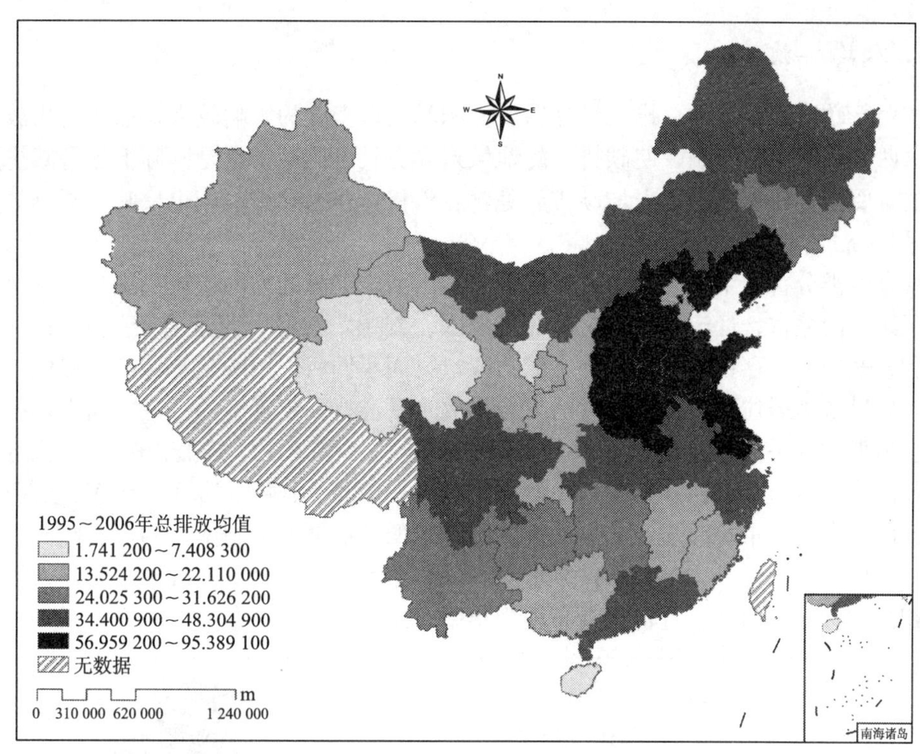

图 3.1　1995～2006 年各省、自治区、直辖市年平均碳排放总量分布图

从碳排放总量的平均增长速度（表 3.2）来看，增速最快的为内蒙古、宁夏、福建、山东、云南、浙江、河南、贵州、广东、河北等地区。可见，山东、广东、河南、河北等地区的总排放量和增长率都明显偏高。

表 3.2　1995～2006 年各省、自治区、直辖市碳排放总量的平均增长率

（单位：%）

地区	北京	天津	河北	山西	内蒙古	辽宁	吉林	黑龙江	上海	江苏
增长率	1.87	5.55	7.95	5.95	12.78	4.33	4.63	3.74	4.43	7.79
地区	浙江	安徽	福建	江西	山东	河南	湖北	湖南	广东	广西
增长率	9.14	5.37	11.19	5.01	10.61	9.13	5.40	5.70	8.22	6.94
地区	海南	重庆	四川	贵州	云南	陕西	甘肃	青海	宁夏	新疆
增长率	7.88	4.24	0.83	8.30	10.27	5.44	5.14	5.42	11.63	5.36

通过聚类分析，我们也得出了类似的结论：内蒙古具有高达 12.78%的年平均增长率，是所有地区中最高的，虽然目前总排放量不是很高，如果不采取有效的减排措施，必然会赶超其他地区；福建、宁夏也具有较高的排放增长率，同时排放基数值最小，减排形势虽不及内蒙古严峻，但也需对增长速度进行有效控制；江苏、河南、广东、河北、山东、辽宁、山西等省具有较高的排放量水平，同时增长趋势也较为明显；北京、四川年平均增长率最低，海南、青海的平均总排放水平最低；其余地区，如天津与甘肃、重庆、江西、新疆、陕西以及上海与吉林、黑龙江、安徽，具有近似的平均排放量和增长率。

2. 人均排放量

按照行政区划统计的总排放量受辖区面积和人口密度的影响较大，而人均排放量除去了这两方面因素的影响，使碳排放的地域差异更具可比性，也是国际上进行减排谈判使用的重要指标依据之一。人均碳排放隐含着消费过程的碳排放，也反映了碳排放分配的公平与否。

结合聚类分析的结果与图 3.2 可以看出，山西、上海的人均排放量最高，其次为宁夏、天津、内蒙古、辽宁、北京、河北等地区。其中，上海、北京由于是全国的政治、文化和金融中心，存在着大量的外来流动人口，而我们所采用的是统计部门提供的户籍人口，如果考虑居住人口，则二者的人均排放水平会有一定程度的下降。而人均排放量居于全国平均水平的地区集中于北部地区，如吉林、黑龙江、新疆、山东以及南部地区，如江苏、贵州和浙江；其次，中西部地区，如湖北、甘肃、青海、广东、陕西、河南、云南、安徽、重庆、福建的人均排放水平较低；最低的为湖南、四川、江西、广西和海南等地区。总体来看，人均排放量的高低分布呈现北高南低的现象，而且人均排放水平相当的省、自治区、直辖市分布较为集中。

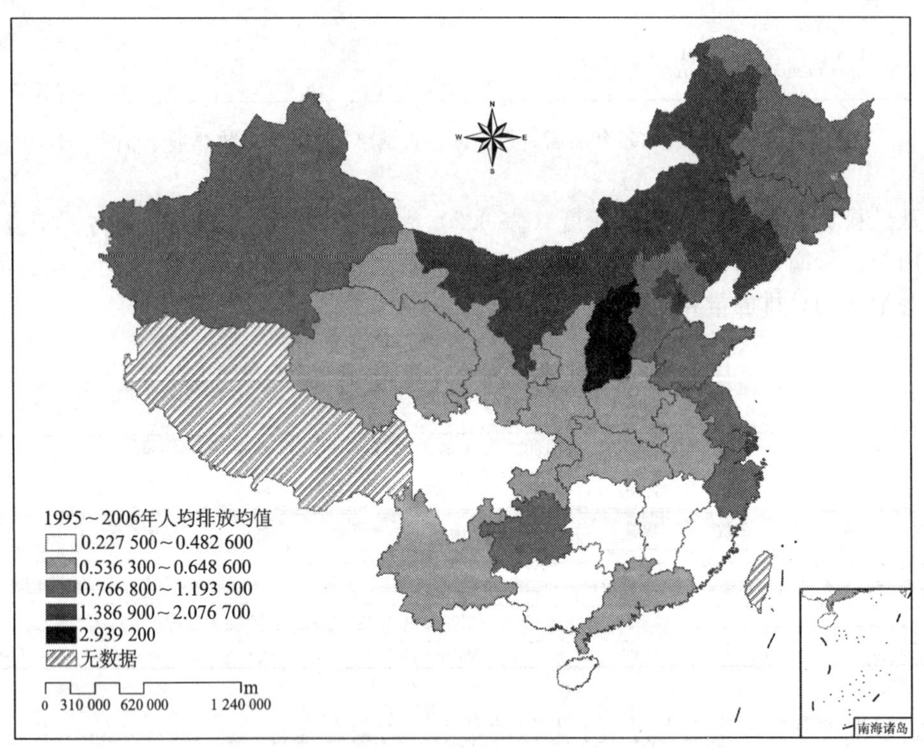

图 3.2 1995～2006 年各省、自治区、直辖市年平均人均碳排放量分布图

从增长率上（表 3.3）看，增速最高的为内蒙古、福建、山东、宁夏；其次为云南、河南、浙江、海南、河北、江苏等地区。此外，上海虽然具有较高的人均排放水平，但增长率较低；四川的人均排放量和平均增长速率都非常低，而北京是全国唯一近 12 年来人均排放量降低的地区。

表 3.3　1995～2006 年各省、自治区、直辖市人均碳排放量平均增长率

（单位：%）

地区	北京	天津	河北	山西	内蒙古	辽宁	吉林	黑龙江	上海	江苏
增长率	−0.66	4.04	7.27	5.13	12.28	3.86	4.00	3.42	1.50	7.27
地区	浙江	安徽	福建	江西	山东	河南	湖北	湖南	广东	广西
增长率	8.35	4.96	10.09	4.60	9.94	8.44	4.94	5.99	5.54	6.26
地区	海南	重庆	四川	贵州	云南	陕西	甘肃	青海	宁夏	新疆
增长率	7.46	5.28	0.26	7.19	9.19	4.89	4.34	3.40	9.92	3.69

3. 单位 GDP 排放量（排放强度）

单位 GDP 碳排放，即碳排放强度，意味着地区经济发展在多大程度上依赖于高能耗产业，反映的是生产过程的碳排放情况。

从排放强度的绝对值（图 3.3）上看，高排放地区仍然是山西省，其次为贵州、内蒙古和宁夏的单位 GDP 碳排放最多，高碳排放系数的影响在上述四省（自治区）中依然显著，尤其是山西，考虑碳排放系数后排放强度增加了接近 1 倍。而从近 11 年的单位 GDP 碳排放增长率（表 3.4）来看，各地区均呈下降趋势，北京下降得最为明显，增长率为−12.81%；降幅最小的为福建，增长率仅为−0.77%。

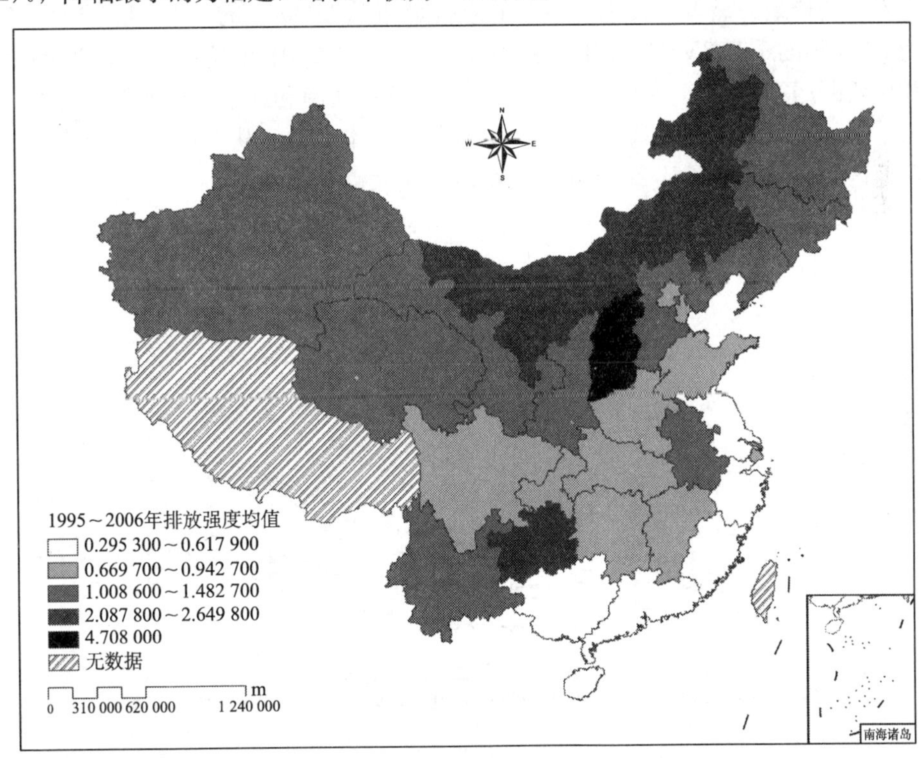

图 3.3　1995～2006 年各省、自治区、直辖市年平均碳排放强度分布图

表 3.4 1995~2006 年各省、自治区、直辖市单位 GDP 碳排放平均增长率

（单位：%）

地区	北京	天津	河北	山西	内蒙古	辽宁	吉林	黑龙江	上海	江苏
增长率	−12.81	−8.35	−4.91	−7.29	−3.81	−6.43	−7.15	−6.36	−8.31	−5.35
地区	浙江	安徽	福建	江西	山东	河南	湖北	湖南	广东	广西
增长率	−4.69	−4.83	−0.77	−6.78	−3.26	−4.11	−5.00	−5.46	−5.66	−3.81
地区	海南	重庆	四川	贵州	云南	陕西	甘肃	青海	宁夏	新疆
增长率	−1.58	−6.19	−9.90	−3.57	−1.12	−7.82	−7.49	−6.80	−1.86	−6.31

聚类分析结果显示，除山西和北京各自成为一类外，内蒙古、贵州、宁夏三省（自治区）的单位 GDP 碳排放次高，同时下降速度也相对较为缓慢，其经济的能源依赖性没有很大改观，未来减排形势不容乐观；福建、云南、海南三省的下降速度最为缓慢，但其碳排放强度也相对较低，未来几年不会有太大变化；天津、上海、四川三省（直辖市）的下降速度仅次于北京，单位 GDP 排放强度也偏低，和北京一样，基本上摆脱了对能源的高度依赖；而山西虽然近几年的降幅也很明显，但其排放强度基数大，减排任务依然艰巨。

3.1.4 各省、自治区、直辖市碳排放时间序列变动研究

从各省、自治区、直辖市历年总排放量变动图（图 3.4）可以看出，山东、山西、河北三省的增长最为显著，其中，山东的总排放量从 2000 年的 47.1MtC（百万吨碳）跃升为 2006 年的 155.2MtC，6 年上涨了 229.5%，在 2001 年超过辽宁，2005 年超过河北和山西跃居第一；其次是内蒙古、广东、江苏、河南和辽宁，增速较为缓慢；其余省、自治区、直辖市增长平稳，变动幅度不大。总体来看，从 2002 年开始增速明显，大部分地区的碳排放总量从 2002 年开始稳步甚至大幅度上升。

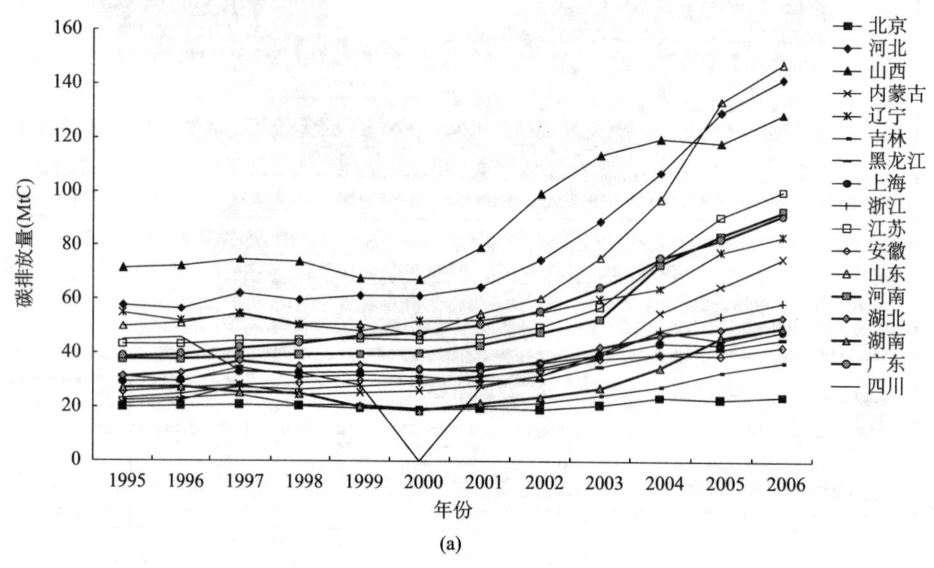

(a)

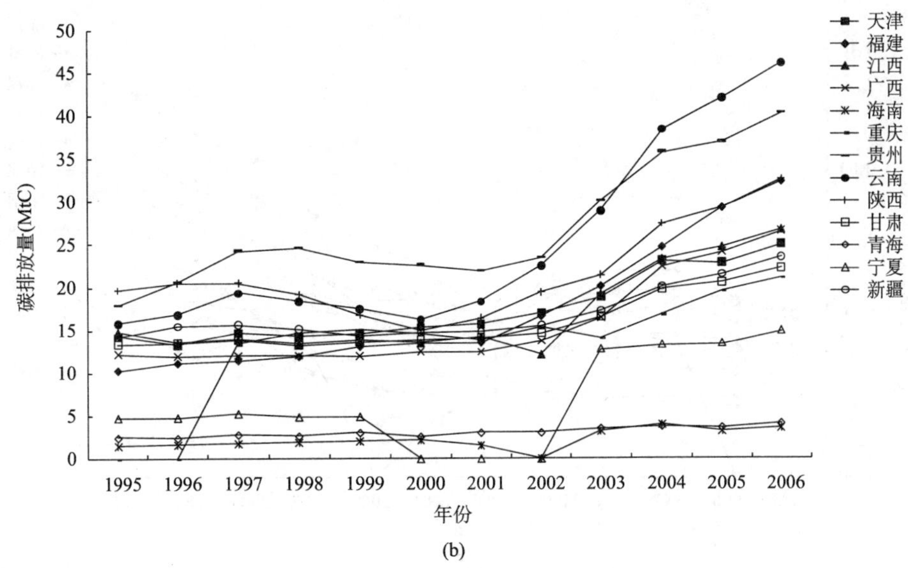

(b)

图 3.4 1995～2006 年各省、自治区、直辖市年碳排放总量变动率

通过观察各省、自治区、直辖市人均排放量 1995～2006 年的时间序列变化图（图 3.5），可以看到山西人均碳排放量一直保持高位增长；其次是河北、辽宁、北京、天津、上海和内蒙古，增速也较为明显；其余地区也有不同程度的增长，但基本保持平稳。

此外，增长速度相似的地区也存在着很大的差异，从图 3.5 中我们还可以看到几个明显的现象：①内蒙古的人均排放量从 1998 年开始稳步增加，2002 年以后增速更加显著，从 1998 年的排名第六一跃成为 2006 年仅次于山西、排名第二的地区，8 年增长了 2 倍多；②天津的人均排放量在 1995 年与北京相当，但从 1998 年开始逐步上升（北京逐步下降，二者差距越拉越大），并于 2004 年赶超上海，位列第四；③北京市的人均排放量在 1995 年仅次于山西、上海和天津，但从 2001 年开始先后被内蒙古、辽宁、河北

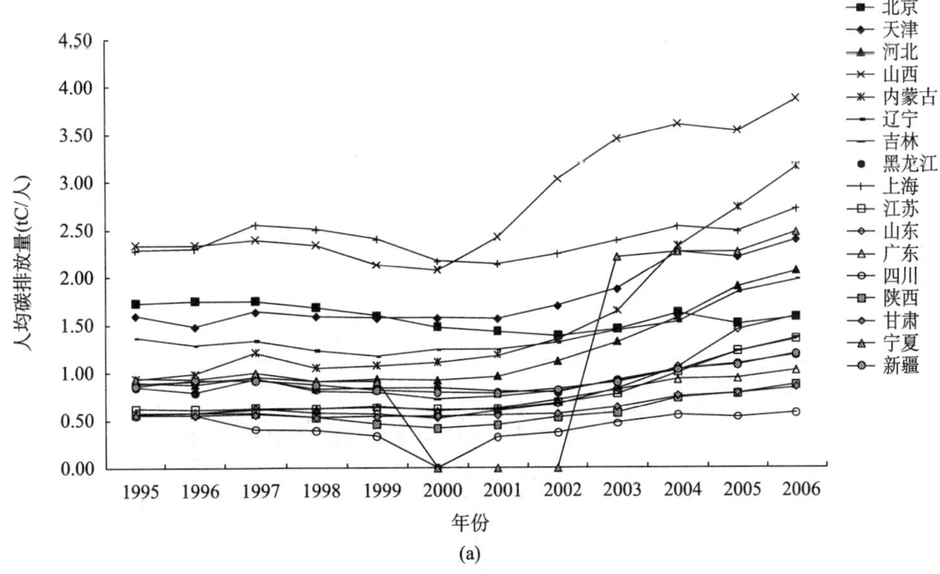

(a)

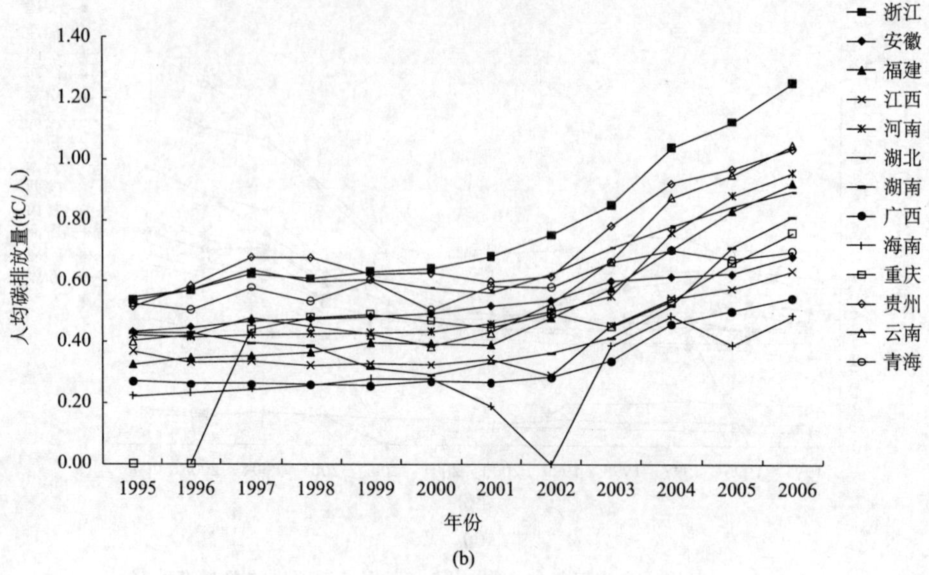

(b)

图 3.5　1995～2006 年各省、自治区、直辖市年人均碳排放变动率

和山东等省（自治区）超越，2006 年排名第十，11 年间下降了 7%；④宁夏的人均排放量 2003 年超过上海，跃居第二，2004 年被内蒙古超越，位列第三，由于该地区 2000～2002 年 3 年数据缺失，从而不能判断期间的变化情况。

同样，从各省、自治区、直辖市历年单位 GDP 碳排放量变动曲线图（图 3.6）可以看到，山西下降的幅度最大，但仍没有改变其排放最高的地位；此外，宁夏的变动较为剧烈（缺少 2000～2002 年的数据），但在 1995～2006 年基本保持不变，降幅仅为 0.57tC/万元；内蒙古和贵州两个排放强度大的地区变动轨迹相似，具有近乎平行下降的趋势。总体来说，各地区的单位 GDP 碳排放量都在下降，但是下降幅度逐渐趋缓，在2005～2006 年降幅微弱。

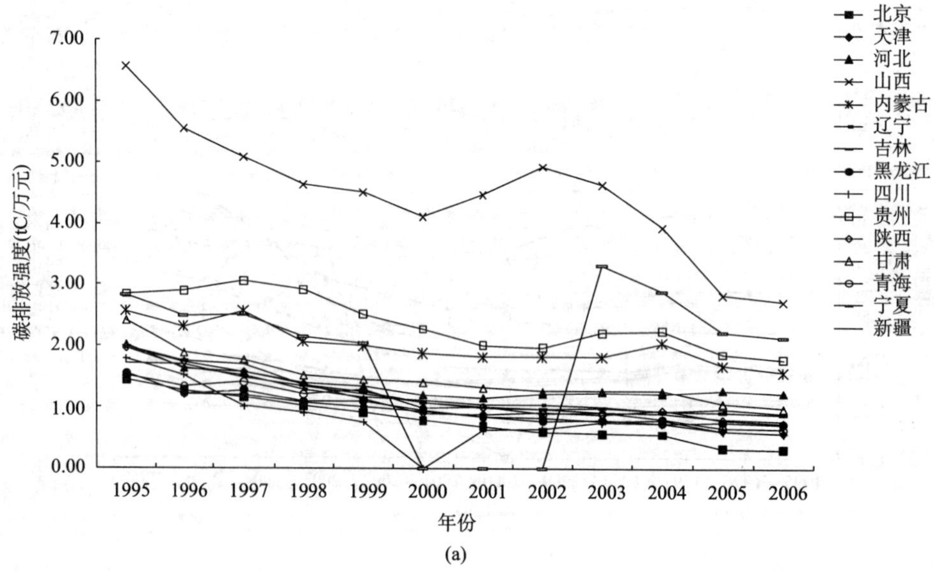

(a)

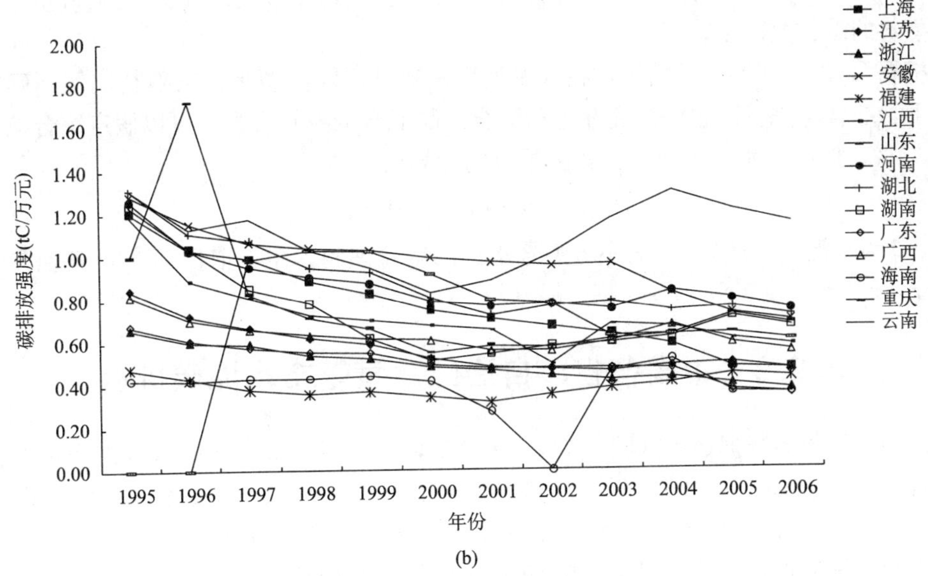

(b)

图 3.6 1995～2006 年各省、自治区、直辖市年单位 GDP 碳排放量变动率

3.2 中国各省、自治区、直辖市水泥生产碳排放估算

3.2.1 水泥生产碳排放核算方法

水泥生产过程中，原料分解、燃料燃烧和电力消耗为二氧化碳的主要排放源，崔素萍等（2008）分析说明它们的排放量分别占水泥生产碳排放量的 59%、26%和 12%。本节将主要考虑这三个方面因素，对水泥工业二氧化碳的排放量进行定量分析。

水泥生产的二氧化碳排放主要源于其原料——水泥熟料的生产。因此，要估算水泥工业产生的二氧化碳，需要确定水泥熟料的产量以及水泥熟料的碳排放因子。根据 IPCC（2006）的结论，生产 1t 的水泥熟料，原料分解直接排放即非碳燃烧产生 0.52t 二氧化碳；燃料燃烧和电力消耗分别排放 0.23t 和 0.11t 二氧化碳，即能源消耗产生 0.34t 二氧化碳。则生产每吨熟料的二氧化碳排放量为 0.86t，因此水泥熟料的碳排放因子为 0.86。

确定了水泥熟料的碳排放因子后，还需要估算水泥熟料的产量。然而仅根据水泥产量来推算熟料产量并不准确，还需要考虑水泥类型、水泥中熟料的含量，最后用熟料的进出口量进行修正，才能比较准确地估算熟料产量。在估算过程中，考虑熟料的进出口量是很重要的。进口熟料生产中的排放不应计入本国的二氧化碳排放，而出口的熟料生产时的排放则应计入。最后，应用熟料的碳排放因子，得到水泥工业碳排放的计算公式为

$$E_{co_2} = \left[\sum_i (q_i \cdot c_i) - m + x\right] e_f \tag{3.5}$$

式中，E_{co_2} 为水泥工业二氧化碳排放量；i 为不同的水泥型号；q_i 为 i 型水泥的产量；c_i

为 i 型水泥中所含熟料的比例；m 为水泥熟料的进口量；x 为水泥熟料的出口量；e_f 为水泥熟料的碳排放因子。

根据 IPCC（2006）的结论，在水泥类型未知且不同类型水泥的熟料比例不确定的情况下，综合考虑我国水泥掺配配方和综合产品混合的熟料含量，可以假定综合熟料含量为 75%。此时，水泥工业二氧化碳排放的计算公式为

$$E_{co_2} = (q \cdot c - m + x)e_f \tag{3.6}$$

式中，q 为水泥的总产量；c 为不分型号水泥的综合熟料含量，取值 75%；其他参数意义同上。

3.2.2 中国各省、自治区、直辖市水泥碳排放

中国统计年鉴数据显示（图 3.7），1949 年新中国成立以来，我国水泥产量有了大幅的提高，从 1949 年的 0.66Mt 提高到 2007 年的 1360Mt，翻了 11 番。尤其到了 20 世纪 80 年代，水泥产量的增长率始终保持在 13%左右，但由于当时水泥产量的基数较小，水泥产量的增长量并不明显；在 1990 年出现暂时的负增长之后，水泥产量的增长率一直居高不下；在 90 年代中期增长率出现减小的趋势；但 2000 年以来，水泥产量增加的趋势更加明显，增长率更快。由此也导致水泥生产的碳排放量呈现出类似的增长趋势（图 3.8）。

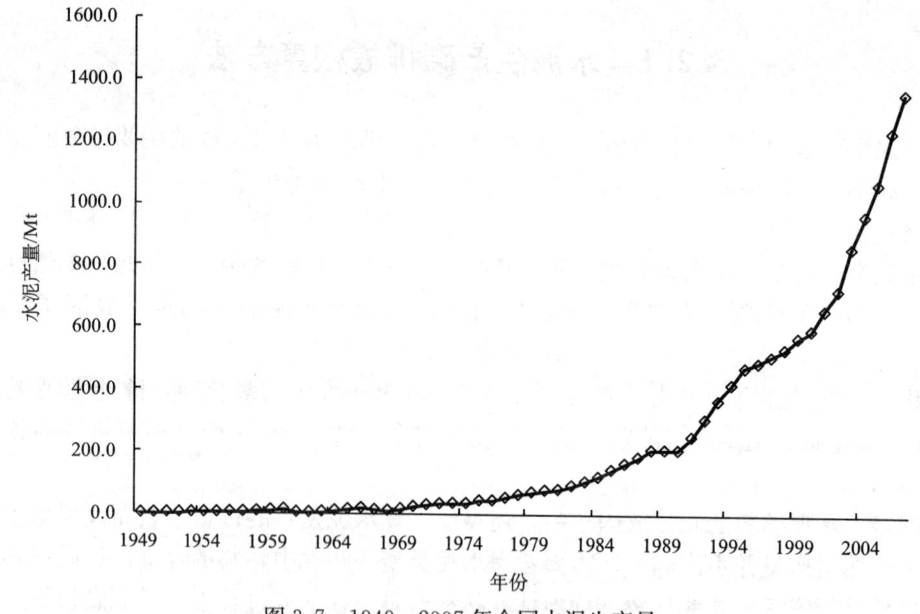

图 3.7　1949～2007 年全国水泥生产量

根据水泥生产数据估算的我国水泥工业碳排放数据显示，2007 年我国水泥工业碳排放已增至 239MtC，相比同年中国能源消耗碳排放的 1510MtC，水泥工业碳排放占比几乎达到 16%。其中，非碳燃烧的二氧化碳排放量和碳燃烧的排放量分别达到 145MtC 和 94MtC，约占同年中国能源消耗碳排放的 10%和 6%。可见，水泥生产过程的碳排放量同样较大，不容忽视。

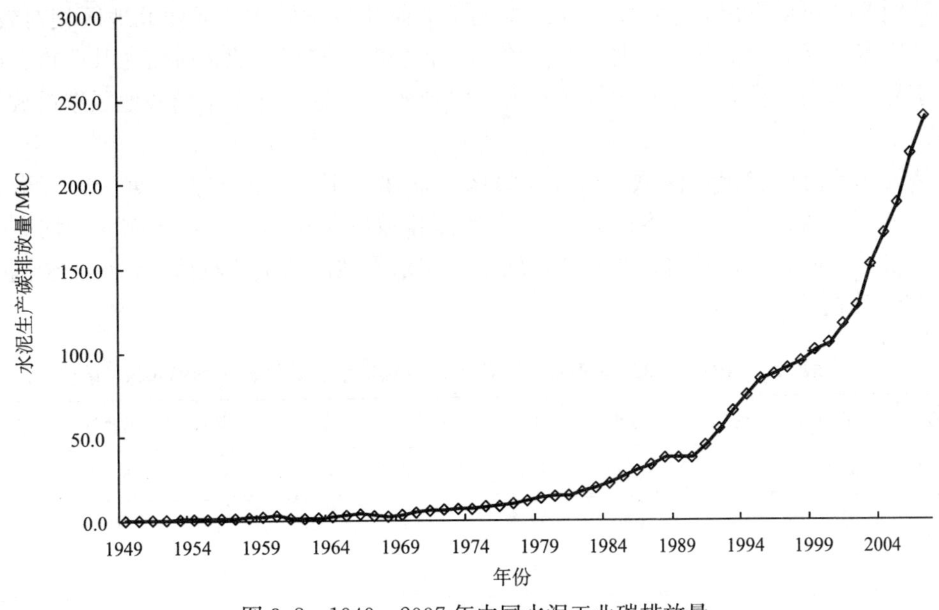

图 3.8　1949～2007 年中国水泥工业碳排放量

为了进一步分析水泥工业碳排放的地区差异，我们在省级尺度上对其进行估算，分别得出了 1980～2006 年各地区的碳排放总量和平均增长率。图 3.9 给出了各地区碳排放总量近 10 年的平均值。

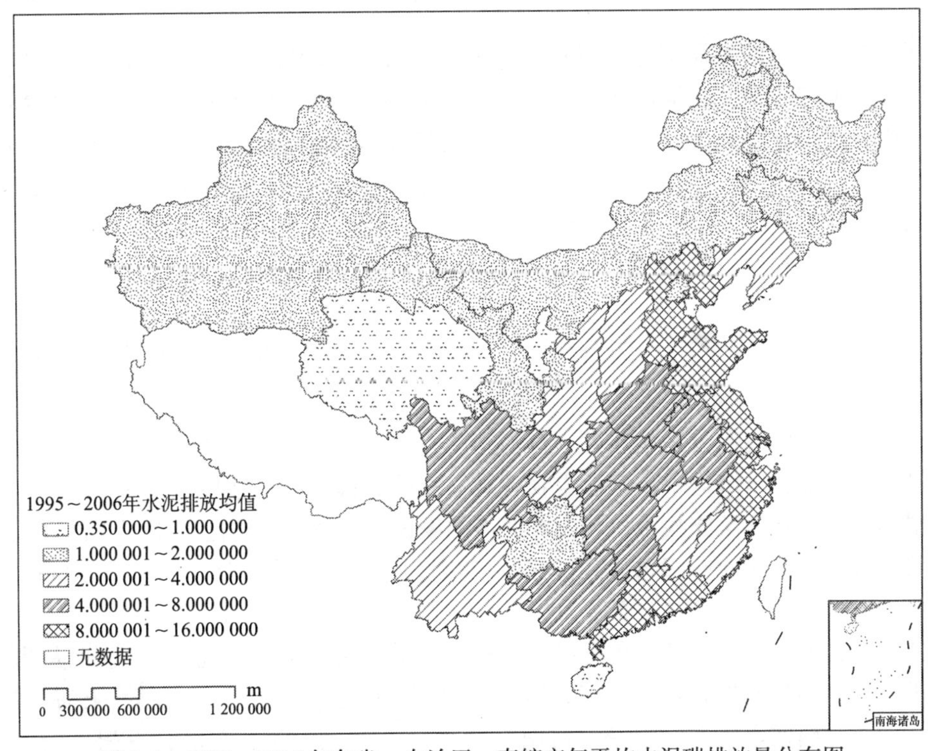

图 3.9　1995～2006 年各省、自治区、直辖市年平均水泥碳排放量分布图

从图 3.9 可以看出，中国沿海地区水泥工业碳排放量较大，而西北地区相对较小。山东、广东、江苏、浙江、河北、河南等省排名靠前，水泥工业碳排放尤其严重；而天津、宁夏、海南、青海、西藏等地区水泥碳排放较小，远远低于全国各地区碳排放的平均值。

从表 3.5 可以看出，西藏、浙江、海南、福建、宁夏、内蒙古、重庆、安徽、山东、广东、江西、河南等地区 1980～2006 年碳排放的平均增长率排名靠前，均高于全国平均水平，而天津、甘肃、黑龙江、辽宁、北京等地区的增速较低，远低于全国平均水平 11.07%。

表 3.5　1980～2006 年各省、自治区、直辖市水泥碳排放平均增长率（单位：%）

地区	北京	天津	河北	山西	内蒙古	辽宁	吉林	黑龙江	上海
增长率	6.43	8.83	11.24	8.76	12.85	6.41	9.14	6.89	6.83
地区	江苏	浙江	安徽	福建	江西	山东	河南	湖北	湖南
增长率	11.49	15.26	12.61	13.28	12.65	12.88	12.37	10.02	9.40
地区	广东	广西	海南	重庆	四川	贵州	云南	西藏	陕西
增长率	12.72	11.59	13.77	13.02	10.88	10.34	12.11	13.51	10.22
地区	甘肃	青海	宁夏	新疆					
增长率	8.29	10.45	13.12	10.88					

通过对各地区的水泥工业碳排放总量和平均增长率进行聚类分析发现，山东、广东、江苏、浙江、河北、河南等地区的水泥工业碳排放和平均增长率都明显偏高；湖北、湖南、四川、福建、云南等地区的碳排放较少，但平均增长率却相对较高；北京、天津、上海、内蒙古、新疆、吉林等地区有较低碳排放和平均增长率。由此可见，水泥碳排放较高的地区主要集中于第二产业比例较大的地区，如山东、河北等地区；北京、上海等高新技术产业发展较好的地区水泥碳排放较少且增长缓慢。

3.3　中国各省、自治区、直辖市碳排放汇总结果分析

在上面两节中我们分别对各省、自治区、直辖市由能源消费和水泥生产所产生的碳排放进行了核算，本节进一步汇总得到省级尺度的碳排放汇总结果（图 3.10）。

根据环境库兹涅茨曲线假说，随着经济的发展，环境污染先上升而后下降。为考察我国碳排放总量与人均 GDP 之间的关系，我们利用各省、自治区、直辖市 1995～2006 年的数据进行计算，得到相关系数及显著性 p 值，如表 3.6 所示。

从全国总体来看，二者存在着很强的相关关系，相关系数达到 0.974。而从省级尺度上来看，大多数的地区，如天津、河北、山西、内蒙古、辽宁、吉林、上海、江苏、浙江、安徽、福建、江西、山东、河南、湖北、广东、广西、重庆、贵州、云南、陕西、甘肃、青海、宁夏和新疆的相关系数都超过了 0.9，说明碳排放总量随着收入水平

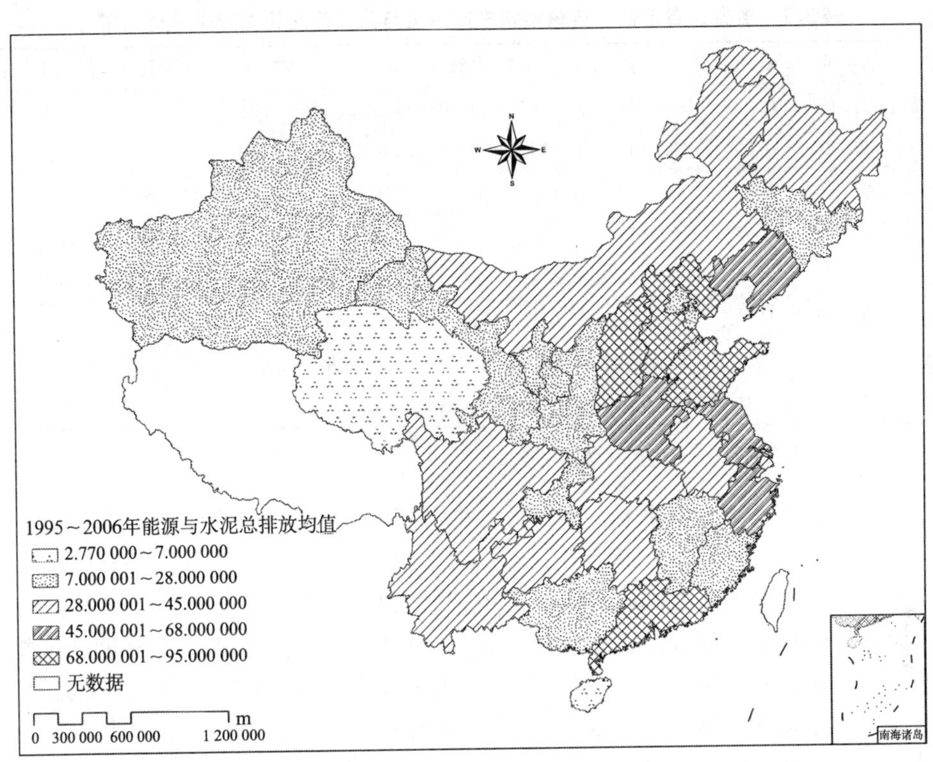

图 3.10 1995～2006 年各省、自治区、直辖市能源与水泥总排放均值分布图

表 3.6 各省、自治区、直辖市碳排放总量与人均 GDP 相关分析结果

地区	北京	天津	河北	山西	内蒙古	辽宁	吉林	黑龙江	上海	江苏
相关系数	0.894	0.978	0.986	0.946	0.990	0.935	0.912	0.874	0.981	0.980
p 值	0.000	0.000	0.000	0.000	0.000	0.000	0.000	0.000	0.000	0.000
地区	浙江	安徽	福建	江西	山东	河南	湖北	湖南	广东	广西
相关系数	0.996	0.975	0.970	0.933	0.953	0.987	0.965	0.864	0.988	0.978
p 值	0.000	0.000	0.000	0.000	0.000	0.000	0.000	0.000	0.000	0.000
地区	海南	重庆	四川	贵州	云南	陕西	甘肃	青海	宁夏	新疆
相关系数	0.865	0.918	0.589	0.959	0.972	0.911	0.968	0.958	0.945	0.983
p 值	0.001	0.000	0.057	0.000	0.000	0.000	0.000	0.000	0.000	0.000

注：全国总体相关系数为 0.974，p 值为 0.000。

的提高也线性地增加；而少部分地区，如北京、黑龙江、湖南、海南的相关系数为 0.8～0.9，线性相关程度相对较弱，可能与北京发达的服务业以及黑龙江和湖南为农业大省有关，收入的提高带来碳排放增加的效应不是很强；而四川的相关系数在所有地区中最低，仅为 0.589，且没有通过 5%的显著性检验，可以认为没有相关关系，原因有待进一步研究。

此外，我们对各地区单位 GDP 碳排放量和第二产业比例做了相关分析（表 3.7），以说明各地区排放强度降低的主要原因。

表 3.7 各省、自治区、直辖市碳排放强度与第二产业比例相关分析结果

地区	北京	天津	河北	山西	内蒙古	辽宁	吉林	黑龙江	上海	江苏
相关系数	0.938	0.183	−0.855	−0.585	−0.490	0.357	−0.585	−0.747	0.769	−0.436
p 值	0.000	0.590	0.001	0.059	0.126	0.281	0.059	0.008	0.006	0.180
地区	浙江	安徽	福建	江西	山东	河南	湖北	湖南	广东	广西
相关系数	0.158	0.637	0.157	−0.232	−0.401	−0.313	−0.574	−0.748	−0.333	−0.209
p 值	0.642	0.035	0.646	0.493	0.221	0.348	0.065	0.008	0.317	0.538
地区	海南	重庆	四川	贵州	云南	陕西	甘肃	青海	宁夏	新疆
相关系数	0.385	−0.329	−0.014	−0.616	0.276	−0.808	0.073	−0.956	0.712	−0.933
p 值	0.306	0.353	0.971	0.044	0.410	0.003	0.831	0.000	0.048	0.000

注：全国总体相关系数为 0.517，p 值为 0.103。

结果发现，从全国总体来看，碳排放强度与第二产业比例之间存在着较弱的正相关关系。而从各地区情况来看，除天津、内蒙古、辽宁、江苏、浙江、福建、江西、山东、河南、广东、广西、海南、重庆、四川、云南和甘肃等地区没有通过 10%检验以外，其余地区都具有不同程度的相关性。其中，北京、上海、安徽、宁夏四地区相关系数高于 0.6，正相关关系显著，说明其排放强度的降低主要因为第二产业比例的下降，其中北京的相关系数更高达 0.938。而河北、山西、吉林、黑龙江、湖北、湖南、贵州、陕西、青海和新疆等地区的相关系数却为负，排放强度的降低伴随着第二产业比例的上升，而且进一步发现这些地区第三产业比例也是上升的，说明这些地区的第二产业中非高能耗行业或第三产业带动了 GDP 的增长，且增长速度快于碳排放的增长速度。

3.4 总结与讨论

本章通过假设能源消费量与其产生的碳排放量成正比，利用各省、自治区、直辖市的能源消费数据对全国的能源消费与碳排放总量进行分摊，并考虑了各省、自治区、直辖市能源结构不同所导致的碳排放系数的差异，对模型进行了调整。通过对各省、自治区、直辖市能源消费碳排放量的分析，可以得出以下一些结论。

(1) 无论是总排放量、人均排放量还是单位 GDP 排放量，山西省都是最高的。这在很大程度上是由该省平均碳排放系数较高（高于全国水平 80%）而引起的。为此，山西应该大力转变以往对煤的依赖，改用清洁能源。

(2) 内蒙古的碳排放总量和人均排放量在所有地区中增长最快，一方面由于该地区平均碳排放系数较高；另一方面，主要是因为该地区近 12 年能源消费量大幅上升，2006 年比 1995 年增长了 3.4 倍。而其第二产业比例略有上升，增幅不大。要明确具体原因，还需要对该地区投入产出关系进行深入分析。

(3) 北京和四川的减排效果最为突出。其总排放增长率和人均排放增长率都是最低的（北京的人均 GDP 排放为负增长，四川的增长率仅为 0.26%），而单位 GDP 排放也是降低速度最快的。其中，北京主要因为第二产业比例的下降，而四川的能源消费量 12 年来也仅增加了 35.8%。

(4) 宁夏和贵州两个西部省（自治区）排放强度较高，虽然近年来有所下降，但降幅不大，经济增长仍伴随着较高的碳排放水平。由于两省（自治区）经济较为落后，在由第一产业向第二产业转移的过程中难免会产生较高的碳排放量。在不影响经济增长的前提下，应以引进先进技术、提高技术水平和利用清洁能源为主。

(5) 山东、河北、江苏等工业大省由于第二产业比例均超过 50%，尤其是山东，2005 年达到 57.4%，相比 1995 年 47.4%的水平提高了 21%，相应的能源消费量提高了 1.69 倍，这是造成其 2005 年总排放量跃居全国首位的主要原因。因此，对于这些地区来说，调整产业结构，尽快推进产业升级将是减排的关键途径。

近几年水泥生产过程碳排放也表现出迅猛的增长势头，这与我国经济发展对水泥需求量的增大有必然的联系。2007 年水泥生产过程碳排放占当年能源消费碳排放的 16%。省级尺度的估算结果显示，水泥碳排放较高的地区主要集中于第二产业比例较大的地区，如山东、河北等省份；北京、上海等高新技术产业发展较好的地区水泥碳排放较少且增长缓慢。

最后，将能源消费及水泥工业过程的碳排放汇总，并与人均 GDP 和第二产业比例进行相关分析发现，全国以及近半数的省、自治区、直辖市人均 GDP 与排放总量间不存在显著的相关关系，但排放强度与第二产业比例之间则存在明显的相关关系，说明第二产业中的一些高耗能产业是导致碳排放强度高的主要原因。

第 4 章　中国碳排放结构演变

能源相关领域的技术进步对碳排放的影响主要有以下几个方面：一是提高能源利用效率，使得生产单位最终产品所需的能源消耗（即能源强度）减少；二是能源替代技术，尤其是新能源（太阳能、风能、核能等）的大规模开发利用，促使能源结构从肮脏能源向清洁能源转变；三是新产品开发，促进消费结构和产业结构升级，使生产和消费行为从能源密集型产业向非能源密集型产业转移，实现对高耗能产品的替代。4.1 节主要讨论技术进步对碳排放的影响。

根据能源强度的定义，能源强度反映了生产过程中能源的利用效率，间接反映了能源相关的技术水平。技术水平越高，能源利用效率也就越高，生产单位最终产品所需的能源投入越少，即能源强度越低（如图 4.1 中的能源强度曲线）。另一方面，技术进步也会提高生产效率，使得社会总产出或经济总量不断提高（如图 4.1 中的经济增长曲线）。当能源强度下降速率大于经济增长率时，技术进步对一个区域的能源（或碳排放）需求将表现为倒 U 形曲线的形式，即能源 EKC 曲线（图 4.1）。

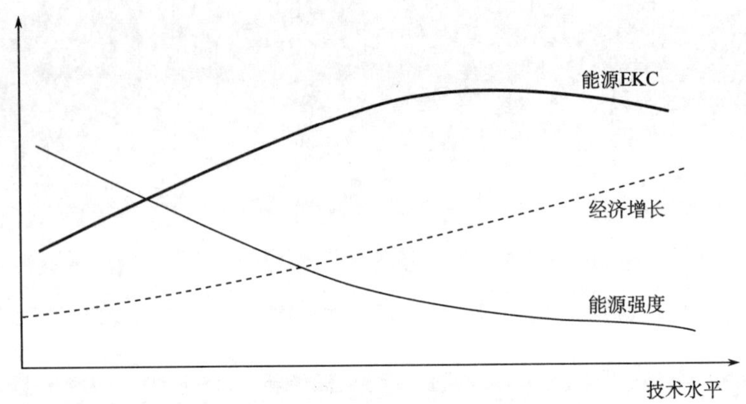

图 4.1　技术进步导致碳排放的 EKC 形成示意图

4.1　技术进步对我国碳排放的影响

4.1.1　基于部门的能源强度历史变动情况

1. 全社会能源强度变动情况

根据定义，能源强度可由能源消费量除以 GDP 计算得出。根据历年《中国能源统

本章执笔人：王铮、王丽娟、刘昌新、乐群

计年鉴》以及《中国统计年鉴》提供的数据，我们对我国历史时期（1978～2006 年）的能源强度（图 4.2）进行计算发现，能源强度总体呈不断下降的趋势，且下降速度表现出放缓的迹象。

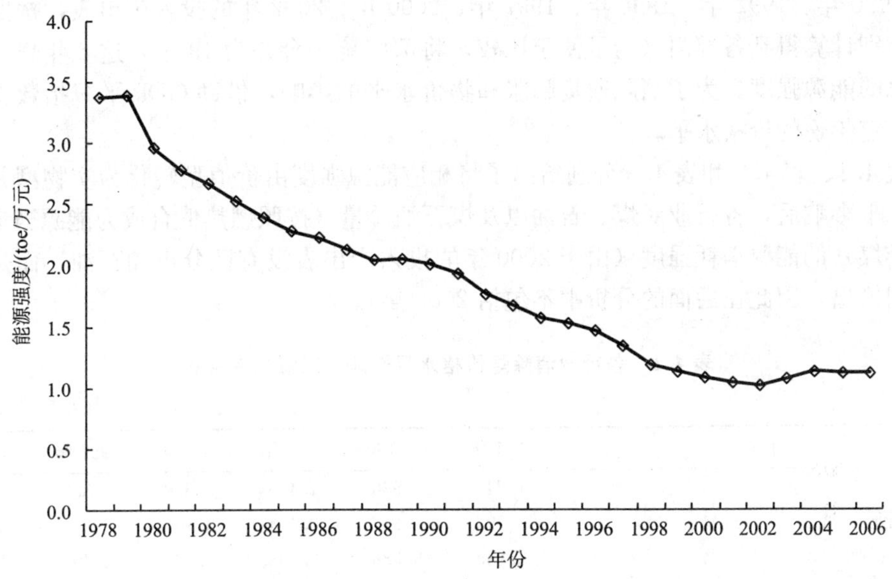

图 4.2　1978～2006 年我国能源强度变动情况

改革开放初期的 1978～1979 年，能源强度略有上升，随后一直到 2002 年都在不断降低（除 1988～1989 年略有回升外）。2002 年以后，能源强度又有一定程度的增加，2004 年达到 1.128toe①/万元之后再次降低，但降幅不明显。

2. 各经济部门能源强度变动情况

由于涉及各个经济部门的细节特征，因此需要在投入产出表的基础上进行分析。经济部门能源强度，即各部门生产单位最终产品所需的能源消耗，指的是某行业生产单位产品所需的完全能源投入量，在投入产出表中用完全消耗系数矩阵中各行业能源需求的行向量来表征。

根据投入产出模型，由投入产出表可以计算某一部门历年的完全消耗系数，该系数反映了该部门生产一单位最终产品所直接或间接投入的能源总和，其计算公式以矩阵形式表示为

$$\boldsymbol{C} = (\boldsymbol{I} - \boldsymbol{A})^{-1} - \boldsymbol{I} \tag{4.1}$$

式中，$\boldsymbol{C}$ 为完全消耗系数矩阵；$\boldsymbol{A}$ 为直接消耗系数矩阵；$\boldsymbol{I}$ 为单位矩阵。完全消耗系数中能源部门所在的行对应于不同部门（所在列）的能源消耗情况。

此外，由于我们采用的投入产出表为价值型表，因此在利用各部门的完全消耗系数计算能源强度时，必须将价值型的能源消费量通过价格转化成实物型的消费量。在此我

① toe 为吨标准油等价物，所含热量约合 10^{10}cal。且 1tce（吨标准煤等价物）=0.7toe，1cal≈4.2J

们用 v_{kt} 表征第 t 年 k 能源的价格，第 i 部门第 t 年的能源消耗系数记为 c_{it}，各部门相应的能源强度为

$$\tau_{it}^{(k)} = c_{it}^{(k)} / v_{kt} \quad (k = 煤,石油) \tag{4.2}$$

根据 1990 年、1992 年、1995 年、1997 年、2000 年、2002 年的投入产出表，按照上述步骤分别计算得到各部门（为了便于比较，将部门统一合并为 19 个）这 6 年煤、石油以及总的能源强度。为了消除通货膨胀和物价水平的影响，借助 GDP 平减指数将其换算成固定年份的价格水平。

表 4.1、表 4.2 和表 4.3 分别给出了将相应能源强度由价值型转化为实物型并消除物价水平影响后，各行业对煤、石油以及煤石油总量（按照燃热值合成为能源当量，单位标准煤）的能源消耗强度（由于 2000 年的投入产出表没有区分煤和石油，而是在一个部门给出，因此在后面的分析中不包括 2000 年）。

表 4.1　各行业消除煤价格水平影响后对煤的消耗量

（单位：t/万元总产出）

行业	1987 年	1990 年	1992 年	1995 年	1997 年	2002 年
农业	1.841	1.530	1.426	0.658	0.883	0.940
煤采掘业	8.793	7.332	10.454	3.407	3.896	3.079
石油采掘业	3.285	3.386	2.993	1.335	1.492	1.391
其他采掘业	7.693	7.142	6.298	2.433	2.536	2.147
食品制造业	2.935	2.183	2.696	1.002	1.300	1.140
纺织、缝纫及皮革产品制造业	3.588	3.162	3.509	1.397	1.427	1.525
其他制造业	7.070	6.058	4.417	1.769	2.260	1.820
电力及蒸汽、热水生产和供应业	55.094	43.093	27.641	12.607	14.499	11.380
炼焦、煤气及石油加工业	20.485	15.216	13.369	5.617	5.326	4.241
化学工业	10.339	9.292	5.791	2.619	3.658	2.975
建筑材料及其他非金属矿物制品业	20.340	12.392	9.817	4.767	5.684	4.535
金属产品制造业	15.131	11.504	8.689	3.811	4.232	3.535
机械设备制造业	7.433	6.616	4.418	1.900	2.410	1.988
建筑业	10.167	7.470	5.062	2.293	2.938	2.102
运输邮电业	6.348	5.295	4.385	1.689	1.694	1.330
商业饮食业	3.253	2.876	2.656	0.819	1.145	1.001
公用事业及居民服务业	5.110	4.100	3.662	1.400	1.703	1.151
金融保险业	0.367	0.354	2.730	0.873	0.785	0.598
其他服务业	5.684	4.436	3.280	1.292	1.937	1.295

表 4.2　各行业消除石油价格水平影响后对石油的消耗量

（单位：t/万元总产出）

行业	1987 年	1990 年	1992 年	1995 年	1997 年	2002 年
农业	0.439	0.319	0.399	0.152	0.155	0.144
煤采掘业	0.973	0.906	0.955	0.257	0.256	0.182
石油采掘业	0.792	0.726	1.137	0.342	0.258	0.244
其他采掘业	1.188	1.086	1.049	0.322	0.417	0.413

续表

行业	1987年	1990年	1992年	1995年	1997年	2002年
食品制造业	0.555	0.411	0.521	0.158	0.154	0.146
纺织、缝纫及皮革产品制造业	0.645	0.482	0.669	0.232	0.170	0.201
其他制造业	0.961	0.799	0.843	0.274	0.224	0.213
电力及蒸汽、热水生产和供应业	3.759	2.947	2.567	1.014	0.645	0.352
炼焦、煤气及石油加工业	21.784	18.425	16.273	4.266	5.284	4.268
化学工业	2.482	1.393	1.640	0.618	0.547	0.550
建筑材料及其他非金属矿物制品业	1.789	1.310	1.359	0.441	0.416	0.358
金属产品制造业	2.000	1.708	1.257	0.485	0.494	0.404
机械设备制造业	1.207	1.101	0.863	0.312	0.306	0.262
建筑业	1.506	1.207	0.958	0.339	0.422	0.353
运输邮电业	2.914	1.962	2.236	0.711	0.550	0.517
商业饮食业	0.547	0.511	0.766	0.205	0.201	0.162
公用事业及居民服务业	0.841	0.656	0.876	0.301	0.273	0.149
金融保险业	0.085	0.077	0.613	0.171	0.125	0.106
其他服务业	1.047	0.757	0.776	0.272	0.236	0.165

表 4.3　各行业消除历年价格水平影响后当量单位标准产业的能源消费

（单位：tce* /万元总产出）

行业	1987年	1990年	1992年	1995年	1997年	2002年
农业	1.942	1.549	1.589	0.687	0.852	0.877
煤采掘业	7.672	6.532	8.831	2.801	3.149	2.459
石油采掘业	3.478	3.455	3.762	1.442	1.435	1.342
其他采掘业	7.192	6.653	5.998	2.198	2.407	2.123
食品制造业	2.889	2.146	2.670	0.941	1.148	1.022
纺织、缝纫及皮革产品制造业	3.484	2.948	3.462	1.329	1.262	1.376
其他制造业	6.422	5.468	4.359	1.655	1.934	1.604
电力及蒸汽、热水生产和供应业	44.723	34.991	23.411	10.454	11.278	8.632
炼焦、煤气及石油加工业	45.752	37.192	32.797	10.106	11.353	9.127
化学工业	10.931	8.627	6.479	2.753	3.395	2.910
建筑材料及其他非金属矿物制品业	17.085	10.723	8.953	4.035	4.654	3.750
金属产品制造业	13.665	10.657	8.002	3.415	3.729	3.102
机械设备制造业	7.034	6.298	4.389	1.802	2.159	1.794
建筑业	9.413	7.060	4.984	2.122	2.701	2.005
运输邮电业	8.697	6.585	6.326	2.222	1.996	1.689
商业饮食业	3.105	2.784	2.991	0.878	1.105	0.947
公用事业及居民服务业	4.851	3.867	3.868	1.431	1.606	1.035
金融保险业	0.384	0.362	2.827	0.867	0.739	0.579
其他服务业	5.556	4.250	3.452	1.311	1.721	1.160

* tce 为吨标准煤，热量单位。1tce $=7\times10^{9}$ cal。

为了便于比较不同年份各产业部门能源消耗的变动情况，我们以 1987 年的数据为基准，分别计算了以后各年能源强度的相对变动率，如表 4.4 所示。由表 4.4 可以看出，到2002年，除金融保险业外，其他部门的能源强度下降率都达到了50%以上，表明技术进步大大地降低了单位产品的能源消耗。其中，1987～1995年各部门经历了能源强度变化最大的阶段，1995年之后单位标准产品的能源消耗的变化开始减慢，这时社会技术进步进入了稳定发展时期。在所有部门中，金融保险业的历史能源强度变化较为特殊，其在1992年达到能源强度的最大值，然后趋于下降，但相对于1987年能源强度有所升高。

表4.4　各行业相对于1987年的当量单位标准产业的能源消耗的下降率

（单位:%）

行业	1990年	1992年	1995年	1997年	2002年
农业	20.2	18.2	64.6	56.1	54.9
煤采掘业	14.9	−15.1	63.5	59.0	68.0
石油采掘业	0.7	−8.2	58.5	58.8	61.4
其他采掘业	7.5	16.6	69.4	66.5	70.5
食品制造业	25.7	7.6	67.4	60.3	64.6
纺织、缝纫及皮革产品制造业	15.4	0.6	61.9	63.8	60.5
其他制造业	14.9	32.1	74.2	69.9	75.0
电力及蒸汽、热水生产和供应业	21.8	47.7	76.6	74.8	80.7
炼焦、煤气及石油加工业	18.7	28.3	77.9	75.2	80.1
化学工业	21.1	40.7	74.8	68.9	73.4
建筑材料及其他非金属矿物制品业	37.2	47.6	76.4	72.8	78.1
金属产品制造业	22.0	41.4	75.0	72.7	77.3
机械设备制造业	10.5	37.6	74.4	69.3	74.5
建筑业	25.0	47.1	77.5	71.3	78.7
运输邮电业	24.3	27.3	74.5	77.1	80.6
商业饮食业	10.3	3.7	71.7	64.4	69.5
公用事业及居民服务业	20.3	20.3	70.5	66.9	78.7
金融保险业	5.6	−636.4	−126.0	−92.6	−50.9
其他服务业	23.5	37.9	76.4	69.0	79.1

注：正值表示能源强度下降，负值表示上升。

1987～1990年，最突出的特点是建筑材料及其他非金属矿物制品业的能源消耗大幅度降低，下降率高达37.2%；能耗降低最少的是金融保险业，只有5.6%。而同期其他行业的能耗降低率为10%～30%。

1990～1992年，这是一个比较特殊的阶段，与其他年份不同的是，此段年份相对于1987年出现能耗上升现象的行业比较多，分别有煤采掘业、石油采掘业、金融保险业，其中金融保险业的增长率高达636%。煤采掘业、石油采掘业的能源消费升高与这个时期我国积极鼓励开发，粗狂式的采掘业使得能源的消费开始大幅度增长有关。不过在此期间，电力及蒸汽、热水生产和供应业、建筑业、建筑材料及其他非金属矿物制品业等技术性强的行业，单位产品的能源消耗下降最快，下降率分别达到47.7%、47.1%和47.6%。其他行业相对于1987年的下降率为30%～40%。

1992～1995年，除去金融保险业外的大多数行业的单位标准产业的能源消费相对于 1987 年降低了。1992 年邓小平“南巡”讲话后掀起了新一轮的经济建设高潮，各地迅速扩大投资，企业开工充足，促使这些行业的能源消费效率快速提高，同时国家提出可持续发展战略和科教兴国战略，加快了技术进步，使得单位产品的能源消耗降低，但同时也出现了经济过热的现象。

1995～1997 年，相对于 1995 年，能源消耗率下降最快的是金融保险业，能源消耗降低了 14.7%，其他服务业 1997 年相对于 1995 年的单位标准产业的能源消耗最高，上升幅度是 31.2%。食品制造业、化学工业、农业、商业饮食业的能源消耗的上升幅度也分别达到了 22%、23%、24%和 25.9%。机械设备制造业、其他制造业、建筑材料及其他非金属矿物制品业能耗要比 1995 年上升，上升幅度分别为 19.7%、15.3%和 16.9%。这与此期间经济过热有关，浪费严重、技术落后的小企业过多，导致能源消耗大量上升。

由于 2000 年的投入产出表只有 17 部门，与其他年份不接轨，无法利用本方法计算比较。

2000～2002 年，相对于 1995 年，总体来看农业、食品制造业、纺织、缝纫及皮革产品制造业、化学工业、商业饮食业比 1995 年的能耗是上升的。其他行业的能耗都在不同幅度上有所下降，下降最快的是金融保险业，达到 33.2%，其他下降比较快的有运输邮电业和公用事业及居民服务业，分别达到 24%和 27.7%。

4.1.2 能源强度的未来走势预测

由于投入产出表具有反映经济结构和部门间技术依赖的作用，从理论上讲，投入产出表也反映了技术水平、技术进步对各部门能源消耗强度的影响，因此我们采用投入产出表对能源强度的未来走势进行预测。

由对投入产出表的分析可以得到历年各部门对煤与石油的需求强度，根据其历史演变特征可以预测得到各部门的煤与石油强度，进而在部门尺度上进行合并，得到我们所需预测的全社会各部门对煤、石油的总的能源强度。之所以在部门与能源品种细分的基础上再进行合并，是为了捕捉投入产出表中的经济技术联系细节，从而更好地反映技术进步对能源强度的影响。下面分两步对能源强度进行合并，首先对全社会经济部门合并

$$\tau_{kt} = \sum_i \tau_{it}^{(k)} \cdot u_{it} \quad (k = \text{煤,石油}) \tag{4.3}$$

式中，$\tau_{it}^{(k)}$ 为部门 i 的 k 种能源投入占该部门产出的比重，即部门 i 的 k 种能源强度；u_{it} 为部门 i 的产出占全社会总产出的比重。然后根据煤和石油的折算标准热量系数 q_k，对煤和石油的全社会消费强度进行合成

$$\tau_t = \sum_k \tau_{kt} \cdot q_k \tag{4.4}$$

一般情况下，当能源强度较高时，说明当前的技术较落后，则降低能源强度的潜力较大，且较容易实现较快的下降；反之，如果当前能源强度较低，则相对不容易实现能耗率的降低。因此，我们认为能源强度下降的潜力（$\dot{\tau}$）与当时的能源强度（τ）成比例。由此可以写成微分方程的形式

$$\dot{\tau} = -k \cdot \tau \tag{4.5}$$

解这个微分方程得到

$$\tau = c \cdot e^{-k \cdot t} \tag{4.6}$$

即能源强度随时间呈指数型变动。以该模型为基础，将通过投入产出表计算出来的 6 年煤、石油以及总的能源强度作为样本进行拟合发现，煤、石油和总的能源强度均呈指数下降趋势，分别如式（4.7）、式（4.8）、式（4.9）所示，而且能源强度的下降率分别为 $e^{-0.0353}$、$e^{-0.0604}$、$e^{-0.0423}$。

$$\tau^{c} = 1.6079e^{-0.0353t} \tag{4.7}$$

$$\tau^{o} = 0.7061e^{-0.0604t} \tag{4.8}$$

$$\tau = 2.3157e^{-0.0423t} \tag{4.9}$$

可见，煤强度的下降率低于石油强度，反映出在这期间的经济技术演变过程中，经济结构中以石油为主的能源部门的技术进步快于以煤为主的能源部门。

4.2　能源消费结构对我国碳排放的影响

能源消费结构对能源消费所产生的最终二氧化碳排放具有很大的影响，这是因为各品种的能源含热量与含碳量存在很大差异。根据国家发展和改革委员会 2007 年 6 月公布的《中国应对气候变化国家方案》，单位热值燃煤引起的二氧化碳排放量比石油和天然气分别高出约 36%和 61%，也就是说，相同热值的煤燃烧所排放的二氧化碳是石油的 1.36 倍，是天然气的 1.61 倍。因此要对未来碳排放趋势进行更准确的预测，需要对能源消费中各能源品种所占的比例（即能源消费结构）进行预测。

4.2.1　能源消费结构现状

我国的能源消费结构长期以来都是以煤为主。2004 年世界能源消费构成中，煤占 27.2%，原油占 36.8%，天然气占 23.7%，水电占 6.2%，核电占 6.1%。而在我国的能源消费结构中，煤占 67.7%，石油为 22.7%，水电、核能、风能、太阳能总共占 7%，天然气所占比重仅为 2.6%。可以看出，当前我国能源消费主要依赖煤和石油。在我国的能源储备中，煤占 90%以上，这决定了在今后相当长的时间内我国能源消费仍将以煤为主。

4.2.2　能源消费结构的马尔可夫预测

能源结构受多种因素的影响，如能源政策、技术水平、能源供应等，它们之间的关系错综复杂，很难进行精确的预测。假设能源结构的演化为离散的齐次马尔可夫过程，即下一时刻的能源结构仅与上一时刻的能源结构以及状态转移概率有关，则可以根据能源结构变化的历史数据，利用马尔可夫链研究能源结构的变化趋势。

马尔可夫过程是具有无后效性的随机过程。无后效性是指当过程在 t 时刻所处的状态为已知时，过程在 $t+1$ 时刻所处的状态的概率特性与其在 t 时刻所处的状态有关，而与其在 t 时刻以前所处的状态无关。通常把时间和状态都离散的马尔可夫过程称为马尔可夫链，这种过程可用条件概率来描述。为了方便，将当前时刻的状态记为 i，下一时刻的状态记为 j，则条件概率的公式可写为

$$P\{x_n = j \mid x_{n-1} = i\} = p_{ij} \tag{4.10}$$

式中，p_{ij} 为过程从状态 i 到状态 j 的转移概率。如果在一次状态转移中转移概率与 t 时刻无关，且为一常数，即

$$P\{x_n = j \mid x_{n-1} = i\} = P\{x_k = j \mid x_{k-1} = i\} = p_{ij} \tag{4.11}$$

则称此马尔可夫过程为时间齐次的。由于上述过程中从状态 i 到状态 j 的转移是一步完成的，故称 p_{ij} 为一步转移概率。对于有 n 个状态的过程，其一步转移概率可写成如下的矩阵形式

$$\boldsymbol{P} = [p_{ij}] = \begin{bmatrix} p_{11} & p_{12} & \cdots & p_{1n} \\ p_{21} & p_{22} & \cdots & p_{2n} \\ \vdots & \vdots & & \vdots \\ p_{n1} & p_{n2} & \cdots & p_{nn} \end{bmatrix} \tag{4.12}$$

并且满足

$$\begin{cases} p_{ij} \geqslant 0 \\ \sum_j p_{ij} = 1 \end{cases} \quad (i = 1, 2, \cdots, n) \tag{4.13}$$

若某一过程在 t 时刻处于状态 i，经过 k 次转移后处于状态 j 的概率为 $p_{ij}(k)$，则称 $p_{ij}(k)$ 为 k 步转移概率，k 步转移概率矩阵记为 $\boldsymbol{P}(k)$，可由一步转移概率矩阵来表示

$$\boldsymbol{P}(k) = \boldsymbol{P}^k \tag{4.14}$$

如果过程的起始状态向量为 $\boldsymbol{s}^{(0)}$，则经过 k 步后过程所处的状态 $s^{(k)}$ 可表示为

$$\boldsymbol{s}^{(k)} = \boldsymbol{s}^{(k-1)} \cdot \boldsymbol{P} = \boldsymbol{s}^{(0)} \cdot \boldsymbol{P}^k \tag{4.15}$$

基于对马尔可夫链的理解，用马尔可夫链建立能源结构的预测模型，可分解为如下步骤。

（1）建立状态转移概率矩阵。

$$\boldsymbol{P} = [p_{ij}] = \begin{bmatrix} p_{11} & p_{12} & p_{13} & p_{14} \\ p_{21} & p_{22} & p_{23} & p_{24} \\ p_{31} & p_{32} & p_{33} & p_{34} \\ p_{41} & p_{42} & p_{43} & p_{44} \end{bmatrix}$$

其中，i，$j=1$ 表示煤；i，$j=2$ 表示石油；i，$j=3$ 表示天然气；i，$j=4$ 表示水电和核电。

（2）选定初始状态概率向量。

选取 1990 年作为初始年，以该年度各品种能源在总能源消费中的比例为分向量，建立初始状态向量 $\boldsymbol{s}^{(0)}$

$$s^{(0)} = [s_i^{(0)}] = [s_1^{(0)}, s_2^{(0)}, s_3^{(0)}, s_4^{(0)}]$$

同样，状态 i 从 1 到 4 的取值分别代表煤、石油、天然气以及水电和核电。

(3) 利用马尔可夫链预测 k 年之后的能源消费结构

$$\boldsymbol{s}^{(k)} = \boldsymbol{s}^{(0)} \cdot \boldsymbol{P}^k$$

4.2.3 中国未来 40 年能源消费结构预测

1. 求解转移概率矩阵

利用马尔可夫模型对能源消费结构进行预测时，能源消费转移概率矩阵的确定是关键。在利用线性方程组求解转移概率矩阵的基础上，通过对 1990～2006 年我国能源消费结构的历史数据进行分析，并考虑各类能源所占比例的发展趋势，对矩阵进行适当调整，最后得出转移概率矩阵为

$$\boldsymbol{P} = \begin{bmatrix} 0.984 & 0.014 & 0.001 & 0.001 \\ 0 & 0.833 & 0 & 0.167 \\ 0.143 & 0 & 0.857 & 0 \\ 0 & 0.476 & 0.043 & 0.481 \end{bmatrix}$$

由求得的状态转移概率矩阵可以看出，在我国的一次能源消费结构中，煤的比例将逐年减小，天然气以及水电和核电的比例将逐年增加。在能源消费结构中，天然气份额的增加主要是由煤份额的减少而得来的，水电和核电所占份额的增加除了由煤份额较少比例的减少而来外，还来自于较大比例的石油向水电和核电的转移。此外，石油、天然气及水电和核电向煤转移的概率为零；天然气以及水电和核电向石油转移的概率为零；水电和核电向天然气转移的概率也为零，说明能源消费结构一直在朝高效率、低排放的方向发展。

以 1990 年能源结构的数据为基础，通过马尔可夫转移矩阵和模型预测的各年份能源结构与实际能源结构的比较（图 4.3）可以看出，按能源结构预测模型计算出的能源结构预测值与实际值非常接近，说明该模型具有很好的适用性。

2. 确定初始状态概率向量

在选取初始年份作为预测的起点时，为避免累积误差的产生，适合选取较近年份作为初始年，这里以 2005 年为初始年，以该年度各类能源在总能源消费中的比例为分向量，建立初始状态概率向量 $\boldsymbol{s}^{(2005)}$，即

$$\boldsymbol{s}^{(2005)} = (69.1, 21.0, 2.8, 7.1)$$

3. 能源消费结构预测

根据马尔可夫预测模型以及计算出的状态转移概率矩阵和初始年份的能源结构，预测的能源结构结果如表 4.5 所示。

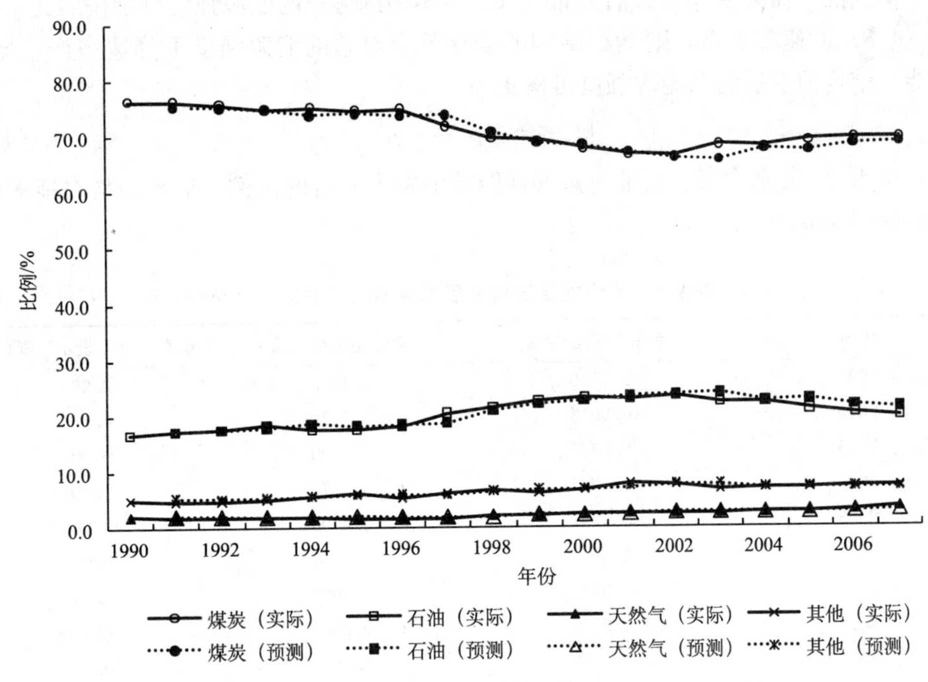

图 4.3 1990～2007 年我国能源结构预测值与实际值比较

表 4.5 2010～2050 年主要年份能源结构比例 （单位：%）

年份	煤	石油	天然气	水电、核电等
2010	65.8	24.0	2.7	7.5
2015	62.7	26.3	2.8	8.2
2020	60.0	28.2	2.9	8.9
2025	57.5	30.0	3.0	9.5
2030	55.3	31.5	3.2	10.0
2035	53.4	32.8	3.3	10.5
2040	51.7	34.0	3.5	10.8
2045	50.3	35.0	3.6	11.1
2050	49.0	35.9	3.7	11.4

由表 4.5 可以看出，能源结构中煤的比例在逐渐降低，而石油、天然气以及水电、核电等非碳能源比例正逐步提高，可见，能源消费正向低碳清洁的能源品种转变。

4.2.4 能源结构演变对能源强度的影响

由 4.1.2 节对能源强度的预测可知，煤与石油的能源强度下降速度是不同的，受技术水平的限制，煤的下降速度要低于石油的下降速度。因此，当能源结构发生变化时，总的能源强度也会随之发生变化。根据马尔科夫链预测得到的能源结构变化结果，可以对式（4.9）预测的能源强度加以修正。式（4.9）是在能源结构与产业结构保持不变的假设下得到的。而如果煤和石油天然气（二者不做细分）的能源强度分别按照式（4.7）和式（4.8）的速率下降，则能源结构的变化就会对总的能源强度下降速率产生影响，考虑能源结构演变后的总能源强度可修正为

$$\tau = \tau^{c} p^{c} + \tau^{o} p^{o} \tag{4.16}$$

式中，p^{c} 和 p^{o} 分别为煤、石油天然气在能源消费中所占的比例。能源结构对能源强度的结果如表 4.6 所示。

表 4.6　考虑能源结构前后的能源强度对比　（单位：toe*/万元产出）

年份	考虑能源结构前	考虑能源结构后	差值（负值表示有所降低）
2005	1.1179	1.1179	0.0000
2010	0.9048	0.9050	0.0002
2015	0.7323	0.7300	−0.0023
2020	0.5927	0.5870	−0.0057
2025	0.4797	0.4705	−0.0092
2030	0.3883	0.3761	−0.0122
2035	0.3142	0.3000	−0.0142
2040	0.2543	0.2387	−0.0156
2045	0.2059	0.1896	−0.0163
2050	0.1666	0.1504	−0.0162

* toe 为吨标准油，热量单位。1toe=10^{10}cal。

由表 4.6 看出，考虑能源结构以后，能源强度较考虑能源结构演变之前有所下降，下降程度有逐步增大的趋势。

4.3　产业结构对我国碳排放的影响

从人类社会经济发展的历程看，其先后经历了向劳动密集型转变的第一次产业革命，向资本和能源密集（尤其是重工业）型转变的第二次产业革命以及向技术密集型转变的第三次产业革命。因此，产业结构中第二产业的比例也会通过其对能源的消耗间接对碳排放产生影响。

与能源结构的走势预测类似，产业结构也可看作时间齐次马尔可夫过程，从而运用马尔可夫模型进行预测。根据 1996～2005 年的产业结构数据得到的状态转移概率矩阵为

$$\boldsymbol{P} = [p_{ij}] = \begin{bmatrix} 0.782 & 0.198 & 0.020 \\ 0.061 & 0.836 & 0.103 \\ 0 & 0.100 & 0.900 \end{bmatrix}$$

式中，i 和 j 从 1 到 3 的取值分别对应产业结构中的第一、第二、第三产业。从转移概率矩阵可以看出，对角线上的元素值比较大，说明各大产业部门向本产业转移的比例比较高，而产业之间的转移并不明显，产业结构的变动程度比较缓和，这与能源结构的演变情况一致。

进一步地，以2005年的产业结构（14.28%，46.47%，39.24%）为初始状态，对2050年以前的产业结构进行预测（表4.7）。从预测结果可以看出，第一产业和第二产业所占的比例都在逐渐降低，将分别由2005年的14.28%和46.47%降低到2050年的11.80%和42.39%，而第三产业的比例会有较大程度的上升，将从39.24%上升到45.81%。此外，产业结构的变动基本趋于稳定水平，三大产业的比例分别为11.80%、42.39%和45.81%；整体变化过程的特点是前期较快，后期较慢。产业结构演化将从2030年开始变慢，而到2045年会趋于稳定，2045～2050年，产业结构基本没有发生变化。

表4.7　2010～2050年产业结构演化结果预测　（单位：%）

年份	第一产业比例	第二产业比例	第三产业比例
2010	13.02	43.78	43.20
2015	12.33	42.92	44.74
2020	12.03	42.60	45.37
2025	11.90	42.48	45.63
2030	11.84	42.42	45.73
2035	11.82	42.40	45.78
2040	11.81	42.39	45.80
2045	11.81	42.39	45.80
2050	11.80	42.39	45.81

一般来说，高耗能产业多集中于第二产业（尤其是重工业），因此第二产业的比例下降会使同等技术水平下，我国整体的能源强度降低。进一步地，根据4.1节介绍的式(4.3)和式(4.4)将分部门的总能源强度合并，计算出第一、第二、第三产业的能源强度，并应用模型(4.6)进行预测，得出总能源强度将以2002年（三大产业的能源强度分别为0.877tce/万元、2.714tce/万元和1.024tce/万元）为起始，分别以−0.014、−0.03和−0.04的速率指数下降。

此外，各个产业对能源的依赖程度不同，因此，产业结构调整也会对总的能源强度产生影响。若用τ_i表示初始年份第i产业部门的能源强度（单位GDP能耗量）；$\boldsymbol{G}^{(0)}=[g_1^{(0)}, g_2^{(0)}, g_3^{(0)}]$表示初始年份的产业结构；$\boldsymbol{G}^{(t)}=[g_1^{(t)}, g_2^{(t)}, g_3^{(t)}]$表示第$t$年的产业结构。则不考虑产业结构变动情况下的能源强度可表示为

$$\tau^{(t)}=\tau_1^{(t)}g_1^{(0)}+\tau_2^{(t)}g_2^{(0)}+\tau_3^{(t)}g_3^{(0)} \tag{4.17}$$

若t年后产业结构发生了演化，则考虑产业结构变动时的能源强度为

$$\tau^{(t)\prime}=\tau_1^{(t)}g_1^{(t)}+\tau_2^{(t)}g_2^{(t)}+\tau_3^{(t)}g_3^{(t)} \tag{4.18}$$

于是可以构造一个产业结构调整系数

$$\phi^{(t)}=\frac{\tau_1^{(t)}g_1^{(t)}+\tau_2^{(t)}g_2^{(t)}+\tau_3^{(t)}g_3^{(t)}}{\tau_1^{(t)}g_1^{(0)}+\tau_2^{(t)}g_2^{(0)}+\tau_3^{(t)}g_3^{(0)}} \tag{4.19}$$

使得式(4.18)成立，即可在原有的能源强度值的基础上考虑产业结构对它的影响。

$$\tau^{(t)\prime}=\tau^{(t)}\phi^{(t)} \tag{4.20}$$

在由三大产业的能源强度计算全社会总能源强度时，需要利用相应的产业产值进行

加权，即产业结构会对全社会能源强度产生影响。表 4.8 给出了考虑产业结构变动之前与之后所得出的能源强度的结果。

表 4.8　考虑产业结构前后的能源强度对比　（单位：toe/万元产出）

年份	考虑产业结构前	考虑产业结构后	差值
2005	1.1179	1.1179	0.0000
2010	0.9050	0.8614	−0.0436
2015	0.7300	0.6880	−0.0420
2020	0.5870	0.5523	−0.0347
2025	0.4705	0.4431	−0.0274
2030	0.3761	0.3549	−0.0212
2035	0.3000	0.2836	−0.0164
2040	0.2387	0.2262	−0.0125
2045	0.1896	0.1801	−0.0095
2050	0.1504	0.1431	−0.0073

从表 4.8 可以看出，考虑产业结构之后（根据产业结构演化结果）的综合能源强度较考虑产业结构之前（保持 2005 年的产业结构不变）有所降低。与产业结构演化趋势一致，考虑产业结构前后的综合能源强度的变动情况也呈逐渐放缓的趋势。

4.4　总结与讨论

本章对技术进步、能源结构与产业结构影响下的能源强度下降走势进行了分析与预测。从全国尺度上来看，我国过去一段时期的能源强度呈不断下降的趋势，但下降速度表现出放缓的迹象，即下降潜力不足。借助于投入产出模型，我们分别计算了各产业部门对煤和石油需求强度的历史走势，发现以 1987 年的能耗为基准，1987～1990 年所有产业能耗均在下降，尤以建筑材料及其他非金属矿物制品业最为明显；1990～1992 年电力及蒸汽、热水生产和供应业、建筑业、建筑材料及其他非金属矿物制品业等技术性强的行业，单位产品的能源消耗下降最快，而煤采掘业、石油采掘业、金融保险业反而出现能耗上升的情况；1992～1995 年除金融保险业外，其他行业能耗均在下降；1995～1997 年除金融保险业外，所有产业的能耗较 1995 年又有反弹；2000～2002 年农业、食品制造业、纺织、缝纫及皮革产品制造业、化学工业、商业饮食业能耗较 1995 年仍然在提高，而其他行业则延续了 1995 年的下降趋势。通过对能源强度的历史走势进行拟合发现，总能源以及煤、石油各自的能源强度均呈指数下降，且煤强度的下降速率低于石油强度，反映出在这期间的经济技术演变过程中，经济结构以石油为主的能源部门技术进步的速率快于以煤为主的能源部门。为此，能源结构的演变将对总能源强度产生一定的影响。

在对能源结构利用马尔可夫模型进行演化预测的基础上，我们对总能源强度进行了预测，发现由于煤比例的大幅下降（16.8 个百分点），考虑能源结构以后，能源强度较考虑能源结构演变之前有所下降，下降程度有逐步增大的趋势。

最后，考虑到高耗能产业多集中于第二产业（尤其是重工业），因此第二产业的比例下降会使同等技术水平下我国整体的能源强度降低。于是在对产业结构利用马尔可夫演化预测的基础上，我们再次对总能源强度进行校正。由于第一、第二产业比例下降以及第三产业的比例上升，考虑产业结构之后的综合能源强度较考虑产业结构之前进一步减少，但下降程度呈逐渐放缓的趋势。

第 5 章　中国能源与碳排放 EKC 曲线

二氧化碳气体排放导致气候变暖已成为全球的共识，研究评估气候影响、制定气候保护目标以及实施相应减排政策都需要对二氧化碳排放的未来走势进行判断。

5.1　能源消费碳排放预测流程

工业革命以来，经济的发展越来越离不开能源的投入，而能源消费所产生的大量二氧化碳排放则成为经济发展过程中不可避免的副产品。因此能源消费所产生的碳排放必须在经济-能源框架下进行研究。

经济增长与碳排放之间的关系一直是学术界关注的焦点。广泛采用的基于 EKC 曲线的经济计量学方法一般用于对经济与排放历史数据的相关关系进行研究，进而在所估计出来的计量模型的基础上对能源消费量进行预测。其预测模型缺乏对经济增长与能源消费二者之间动力学机制的有效反映，并且其结果受变量和数据样本的影响较大。因此，为克服经济计量模型的这一不足，我们引入一个建立在内生经济增长理论基础上的经济动力学模型，推导出经济与能源消费之间的相互影响关系，并基于此对能源消费和碳排放的未来走势进行预测。其预测流程如图 5.1 所示。

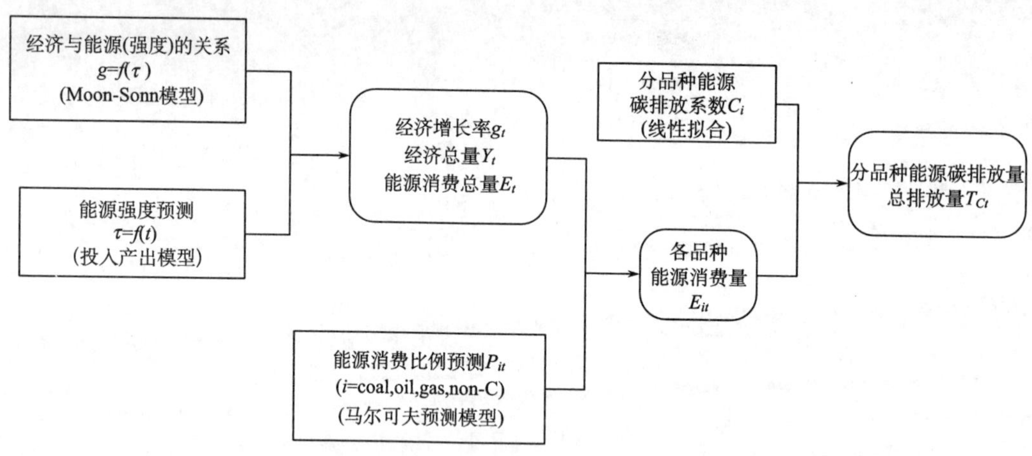

图 5.1　能源消费产生的二氧化碳排放预测流程图

首先，在内生经济增长理论的框架下，通过改进 Moon-Sonn 模型，可以推导出经济增长率与能源强度（即单位经济产出所需的能源投入量）之间的函数关系；进而通过对能源强度的预测，得出经济增长率随时间变动的情况。与此同时，不难得出经济总量

本章执笔人：朱永彬、刘昌新、王铮

与能源消费总量的未来走势。

其次，为使能源消费产生的碳排放得到更准确的核算，同时反映能源消费结构（煤、石油、天然气等不同能源组合）对最终碳排放的影响，需要对分品种的能源消费量进行核算及预测。在此，我们通过能源结构的演化规律间接得到各分品种的能源消费量。

最后，借助于各分品种能源的碳排放系数得到分品种能源的碳排放量，最终汇总得到能源消费所产生的总的二氧化碳排放值。

5.2 经济-能源动力学关系

20 世纪 70 年代的石油危机演变成一场能源危机，使人们认识到能源在经济发展中不可或缺的重要作用。鉴于此，Rashe 等（1977）首次将能源引入生产函数，揭示了能源投入在经济产出中的作用，并假设能源具有无限的供给，用微观经济学中生产的边界条件，即要素的边际产出等于该要素的市场价格，得到了在当前市场价格下可能的潜在经济产出。

Moon 等（1996）在开放经济下，考虑资源的稀缺性，将资本与能源的投入内生化，构建了一个跨期的内生经济增长模型，来研究能源投入对经济增长率及储蓄率的影响，并分析了能源价格对最优经济增长率的影响。由于该模型反映了经济增长与能源投入之间相互影响的关系，并且实现了跨期动态，因此比较适合作为能源消费的预测模型。下面我们将对该模型以及对其进行改进后的模型进行介绍。

5.2.1 Moon-Sonn 原始模型

为了研究能源强度与经济产出之间的关系，Moon 等（1996）将能源投入引入生产函数，构造 Cobb-Douglas 生产函数，形式为

$$Y(t) = AK^{\alpha}E^{1-\alpha} \quad (0 < A < 1) \tag{5.1}$$

式中，Y 为总产出；E 为能源投入；K 为物质资本投入；α 为资本弹性系数；A 为全要素生产率。同时，定义能源强度为生产单位最终产品所需投入的能源量，表示为能源投入与经济产出的比，即

$$E(t) = \tau(t)Y(t) \tag{5.2}$$

鉴于很多工业化国家依赖石油出口国作为国内能源需求的主要来源，从而假设该代表性国家开放经济体的能源投入完全依赖于国外进口，于是该国的可支配收入需要扣减一部分用于进口生产所需的能源支出。这部分能源支出定义为

$$R(t) = b(t)E(t) = b(t)\tau(t)Y(t) \tag{5.3}$$

式中，b 为外生给定的世界市场能源价格。从而扣减掉能源支出的可支配收入为产出的（$1-b\tau$）部分，可以在投资与消费之间进行分配。

由于资源的稀缺性，用于能源支出、投资和消费的产出总量有限。于是用于资本积累的储蓄，即资本的运动方程为

$$\dot{K}(t) = Y(t) - R(t) - C(t) = (1-b\tau)Y(t) - C(t) \tag{5.4}$$

式中，C 为社会消费总量。

在此约束下，必须决定当期消费多少以及多少用于投资供下期生产，从而使整个社会的福利最大化，即使社会成员未来消费所带来效用的现值最大，即

$$\max\int_0^{\infty} U[C(t)]\mathrm{e}^{-\rho t}\mathrm{d}t = \int_0^{\infty}\mathrm{e}^{-\rho t}\frac{C^{1-\sigma}-1}{1-\sigma}\mathrm{d}t \tag{5.5}$$

式中，σ 为风险厌恶系数（σ^{-1} 为即消费的跨时替代弹性）；ρ 为时间偏好率。根据动态最优理论，该动态规划问题可转化为使如下的汉密尔顿函数最大化的问题，即

$$H = \frac{C^{1-\sigma}-1}{1-\sigma} + \lambda[(1-b\tau)\cdot Y - C] \tag{5.6}$$

5.2.2 模型改进

为简化起见，Moon-Sonn 模型认为，物质资本与人力资本之间可以完全替代，对最终产出具有相同的产出弹性。这一假设与我国经济发展，尤其是改革开放、吸引外资之前，劳动力过剩和资本严重不足导致生产力水平低下的国情严重不符。因为按照 Moon-Sonn 的假设，我国完全可以凭借充足的劳动力来弥补资本的不足，创造出与资本同等的产出水平，然而事实是我国经济水平远远落后于资本充足的发达国家。

此外，随着产业结构的升级，经济增长的动力已由劳动和资本转向了科学技术，技术进步逐渐成为现代经济的第一大生产力。因此，在改进的模型中，我们将劳动力引入生产函数，同时将技术进步考虑进去，反映在全要素生产率随时间呈指数增长上，从而改进后的生产函数为

$$Y = A\mathrm{e}^{\mu t}K^{\alpha}E^{1-\alpha}L^{\gamma} \quad (0 < A < 1, 0 < \alpha < 1) \tag{5.1$'$}$$

此外，能源完全依赖于进口是一个很强的假设，而我国既是能源消费大国，同时也是能源生产大国。根据《统计公报 2005》有关数据显示，2005 年中国一次能源自给率达到 92.8%，进口依存度仅为 7.2%。为此，我们认为，在改进的模型中能源部分依赖进口，从而能源支出变为

$$R(t) = ab(t)E(t) = \theta(t)\tau(t)Y(t) \tag{5.3$'$}$$

式中，a 为进口比例；θ 为进口比例与世界市场能源价格的乘积，意指能源投入的综合成本。从而考虑资本折旧的资本运动方程变为

$$\dot{K}(t) = (1-\delta)Y(t) - R(t) - C(t) = (\varepsilon - \theta\tau)Y(t) - C(t) \tag{5.4$'$}$$

式中，δ 为最终产出中用于重置资本抵消折旧的部分；ε 为抵消折旧后剩余的产出比例。进一步地，假设社会总人口为 N，就业人口占总人口的比例（即劳动参与率）为 ω，未来人口平均年增长率为 n，则社会福利最大化的目标可以进一步表示为各个社会成员效用[①]之和最大，即

$$\max\int_0^{\infty} u[c(t)]N(t)\mathrm{e}^{-\rho t}\mathrm{d}t = \int_0^{\infty}\frac{1}{1-\sigma}[C(t)^{1-\sigma}N_0^{\sigma}\mathrm{e}^{(n\sigma-\rho)t} - N_0\mathrm{e}^{(n-\rho)t}]\mathrm{d}t \tag{5.5$'$}$$

---

① 每个社会成员的效用为其消费的函数：$u[c(t)] = \frac{c^{1-\sigma}-1}{1-\sigma}$

引入能源强度，将式（5.2）代入式（5.1′），得到经济产出与能源强度的关系式，即

$$Y(t)=(A_0\mathrm{e}^{\mu t})^{1/\alpha}\tau(t)^{(1-\alpha)/\alpha}(\omega N_0\mathrm{e}^{nt})^{\gamma/\alpha}K(t) \tag{5.7}$$

将式（5.4′）、式（5.5′）以及式（5.7）代入式（5.6），从而改进后模型所需求解的汉密尔顿函数变为

$$\begin{aligned}H=&\frac{1}{1-\sigma}[C(t)^{1-\sigma}N_0^{\sigma}\mathrm{e}^{(n\sigma-\rho)t}-N_0\mathrm{e}^{(n-\rho)t}]\\&+\lambda[(\varepsilon-\theta\tau)(A_0\mathrm{e}^{\mu t})^{1/\alpha}\tau(t)^{(1-\alpha)/\alpha}(\omega N_0\mathrm{e}^{nt})^{\gamma/\alpha}K(t)-C(t)]\end{aligned} \tag{5.8}$$

根据动态最优理论，在消费路径和资本积累路径均最优的情况下，满足

$$\frac{\partial H}{\partial C}=0,\text{且}\frac{\partial H}{\partial K}+\dot{\lambda}=0 \tag{5.9}$$

亦即

$$N_0^{\sigma}\mathrm{e}^{(n\sigma-\rho)t}C^{-\sigma}-\lambda=0 \tag{5.10}$$

$$\lambda(\varepsilon-\theta\tau)(A_0\mathrm{e}^{\mu t})^{1/\alpha}\tau(t)^{(1-\alpha)/\alpha}(\omega N_0\mathrm{e}^{nt})^{\gamma/\alpha}+\dot{\lambda}=0 \tag{5.11}$$

对式（5.10）移项后，对等式两边取时间的对数并求导，对式（5.11）移项整理，分别得到

$$g_{\lambda}=n\sigma-\rho-\sigma g_{\mathrm{C}} \tag{5.12}$$

$$\frac{\dot{\lambda}}{\lambda}=g_{\lambda}=-(\varepsilon-\theta\tau)(A_0\mathrm{e}^{\mu t})^{1/\alpha}\tau^{(1-\alpha)/\alpha}(\omega N_0\mathrm{e}^{nt})^{\gamma/\alpha} \tag{5.13}$$

将式（5.12）和式（5.13）联立，从而得出福利最大化条件下，即最优的消费增长率，即

$$g_{\mathrm{C}}=(n-\frac{\rho}{\sigma})+\frac{1}{\sigma}(\varepsilon-\theta\tau)(A_0\mathrm{e}^{\mu t})^{1/\alpha}\tau^{(1-\alpha)/\alpha}(\omega N_0\mathrm{e}^{nt})^{\gamma/\alpha} \tag{5.14}$$

根据经济增长理论，当经济达到稳态时，产出与消费保持同样的速度增长，从而式（5.14）即经济的稳态最优增长率。由式（5.14）可以看出，一方面，能源强度 τ 增大，$\tau^{(1-\alpha)/\alpha}$ 也随之增大[能源产出弹性（$1-\alpha$）>0]，即能源投入的增加会促进经济的增长，从而对经济增长率有正向的促进作用；而另一方面，抵消折旧与能源支出后的产出项系数（$\varepsilon-\theta\tau$）会随着能源强度 τ 的增大而减小，进而使可用于当期消费与资本积累的产出总量减少，而资本积累的减少会造成下期产出的减少，从而使经济增长率趋于减小，又对经济增长率起到抑制作用。由于能源强度对经济增长率的促进作用呈幂函数型增长，幂指数为（$1-\alpha$）$/\alpha$;而抑制作用为线性下降，幂指数为1。当（$1-\alpha$）$/\alpha<1$时，前者增长速度小于后者下降速度。即能源的产出弹性满足

$$(1-\alpha)<0.5 \tag{5.15}$$

此时，随着能源强度的增加，最终对经济增长率起到的综合效应为负。此外，令式（5.14）对能源强度的导数为零，容易得出最优消费增长率达到最大时所对应的能源强度为

$$\tau=\frac{\varepsilon(1-\alpha)}{\theta} \tag{5.16}$$

该值唯一，说明式（5.14）具有唯一的极值点。综合效应为负以及极值点的唯一性这两个特性，可以推断经济增长率随着能源强度的增大具有先升后降的倒U曲线特征，因

此能源强度的持续增大会带来最优平稳增长率的最终下降。

5.2.3 参数估计

为了利用改进的 Moon-Sonn 模型对未来经济平稳增长路径下的能源消费量和碳排放量进行预测，首先需要对模型中的参数进行估计。其中，各生产要素的产出弹性以及初始技术水平和技术进步速率可由生产函数的统计模型回归得出。对式（5.1′）进行变换，得到用于参数估计的统计模型，即

$$Y' = a_0 + \nu t + \alpha K' + \gamma L' + \varepsilon$$

其中，$Y'=\ln(Y/E)$，$a_0=\ln(A_0)$，$K'=\ln(K/E)$，$L'=\ln(L)$。采用中国国内生产总值（GDP）作为经济产出数据。在对资本存量的核算上，由于没有直接数据，这里采用 GoldSmith（1951）开创的永续盘存法，沿用张军等（2004）对各变量意义的解释及对资本核算相关参数的测算重新计算得到。最后将 GDP 和资本存量换算为 2000 年的可比价格。劳动力采用《中国统计年鉴（2001～2006）》中的年底从业人员数，能源消费量数据来自历年的《中国能源统计年鉴》。各经济变量取 1978～2005 年的时间序列作为样本数据。回归结果如表 5.1 所示。

表 5.1 生产函数参数估计结果

参数	参数值	t 值	显著性水平
a_0	−4.1049	−2.250	0.034
v	0.0001	0.018	0.986
α	0.7815	6.355	0.000
γ	0.3902	2.558	0.017

回归结果显示，模型的拟合程度非常好（$R^2=0.989$），其中，除全要素生产率 A 的增长率 v 不能通过显著性检验外，其余参数均在 5％的水平上显著。同时，本章得到资本、劳动力和能源的产出弹性分别为 0.7815、0.3902 和 0.2185，虽然全要素生产率的变动不太明显，但为了考察技术进步对产出的影响，仍将其保留在模型中，形式为

$$A = 0.016\,49 \times e^{0.000\,144t} \quad (t_{1977} = 0)$$

模型中的人口增长率 n 和劳动参与率 ω 的取值分为两个阶段，2005 年以前的数据根据《新中国五十年统计资料汇编》和《中国统计年鉴》计算而来，2006 年以后数据根据王铮等（2009）预测的人口数据和王金营等（2006）预测的劳动力数据（表 5.2）计算而来（表 5.3）。

资本折旧率采用张军等（2004）对固定资本折旧率的测算值，取 9.6％。对于能源投入的单位成本 θ，由于不同时期世界市场的能源价格瞬息万变，而且国家对进口能源比例也时刻不断地调整，对 θ 的估计变得十分复杂，简单的平均不能很好地适用于我们的模型，因此我们根据推导出的最优增长率与能源强度的关系拟合得出 θ。由式（5.16）可知，最优经济增长率达到最大时所对应的能源强度为 $\tau=\frac{\varepsilon(1-\alpha)}{\theta}$，为此我们

表 5.2　2005～2050 年人口及劳动力预测数据

年份	人口数/亿人	从业人员/亿人	年份	人口数/亿人	从业人员/亿人	年份	人口数/亿人	从业人员/亿人
2005	13.0372	7.5825	2020	14.4785	7.9429	2035	15.5286	7.6645
2006	13.1760		2021	14.5589		2036	15.5876	
2007	13.2805		2022	14.6378		2037	15.6453	
2008	13.3831		2023	14.7151		2038	15.7017	
2009	13.4840		2024	14.7908		2039	15.7570	
2010	13.5830	7.7904	2025	14.8651	7.9328	2040	15.8110	7.5467
2011	13.6803		2026	14.9378		2041	15.8639	
2012	13.7758		2027	15.0091		2042	15.9156	
2013	13.8696		2028	15.0789		2043	15.9662	
2014	13.9616		2029	15.1472		2044	16.0157	
2015	14.0519	7.9156	2030	15.2142	7.8470	2045	16.0641	7.4112
2016	14.1406		2031	15.2798		2046	16.1114	
2017	14.2275		2032	15.3440		2047	16.1577	
2018	14.3128		2033	15.4068		2048	16.2029	
2019	14.3965		2034	15.4684		2049	16.2472	
						2050	16.2904	7.1316

注：2006 年以后为预测数据，人口数据来自王铮等（2009），劳动力数据来自王金营等（2006）。

表 5.3　1980～2050 年人口增长率及劳动参与率　　（单位：%）

时间段	人口增长率	劳动参与率	时间段	人口增长率	劳动参与率
1980～1984 年	1.387	0.448	2016～2020 年	0.592	0.549
1985～1989 年	1.571	0.486	2021～2025 年	0.522	0.534
1990～1994 年	1.225	0.563	2026～2030 年	0.459	0.516
1995～1999 年	0.996	0.564	2031～2035 年	0.405	0.494
2000～2005 年	0.645	0.576	2036～2040 年	0.356	0.477
2006～2010 年	0.763	0.574	2041～2045 年	0.314	0.461
2011～2015 年	0.672	0.563	2046～2050 年	0.277	0.438

选取近 5 年（2001～2005）的能源强度与经济增长率的数据进行拟合，得出对应最大增长率的能源强度为 1.865toe/万元，从而近 5 年的能源净进口价格近似为$\theta=\frac{\varepsilon(1-\alpha)}{\tau}=$ 1069.7 元/toe。而对于效用函数（5.5′）中的参数 σ 和 ρ，由于没有关于效用函数的具体量化指标，因此不能通过现有数据进行估算，只能根据中国的实际数据对其进行校准，取 $\sigma=1.5$，$\rho=0.195$。反映出我国居民风险规避型（风险厌恶系数大于 1）的特征，并且较高的时间偏好率说明对未来的不确定性，从而更具当期消费的意愿和潜力。

对模型模拟结果与中国经济增长率实际值进行比较（表 5.4），可以发现，实际值与理论最优值非常接近，说明我们对参数的估计和选取是合理的。但由于模型获得的是经济平稳增长条件下的增长率，而现实经济则受很多因素的冲击，从而导致两者之间存在一定差距。

表 5.4　2000～2006 年中国实际经济增长率和模拟结果的对比

年份	能源强度/(toe/万元)	实际经济增长率/%	最优经济增长率/%	增长率差距/%
2000	1.081	8.00	9.76	-1.76
2001	1.040	7.50	9.72	-2.22
2002	1.016	8.30	9.73	-1.43
2003	1.072	10.00	9.96	0.04
2004	1.128	10.10	10.18	-0.08
2005	1.118	10.40	10.23	0.17
2006	1.116	11.10	10.55	0.55

此外，由表 5.4 我们还可以看出，即便在能源强度降低（2004～2006 年）的情况下，模拟的经济增长率仍呈不断上升的趋势。可见，能源对经济增长的瓶颈作用并没有显现出来。这是因为我国人口还未进入老龄化阶段，劳动力投入和技术进步对经济增长起到了促进的作用。

5.3　能源消费碳排放预测

根据 5.1 节所介绍的预测流程，将第 4 章预测的三种情景（基准情景、考虑能源结构演变情景以及考虑产业结构演变情景）下的能源强度代入式（5.14）可以得到历年稳态最优的经济增长率，同时得出历年的经济总量，其与能源强度的乘积即为满足经济最优增长条件下的能源消费量。

进而在将能源消费总量细分为煤、石油、天然气以及水电核电等非碳能源四类的基础上，基于 4.2 节利用马尔可夫模型对能源结构的预测，可以计算各能源品种的消费量。

进一步地，要得出各能源品种的碳排放量，还需对各自的碳排放系数进行估算。这里我们采用《国际能源统计年鉴 2005》（*International Energy Annual* 2005）中 1980～2005 年各能源品种的消费量及其对应的碳排放量数据进行线性拟合①。拟合结果如图 5.2 所示。

从图 5.2 可以看出，能源消费量与其对应的碳排放量之间具有非常好的拟合优度（分别达到 0.9673、0.9889 和 0.988），得到的煤、石油和天然气的碳排放系数（每单位标准油所释放的单位碳等价物）分别为 1.0052、0.753 和 0.6173。

最终将各能源品种的碳排放量加和得到能源消费产生的总排放量。下面对三种情景下的碳排放趋势分别加以讨论。

① 碳排放系数受能源含碳量和燃烧效率的影响，这里假设仅与能源品种的含碳量有关，从而可以近似认为能源消费量与相应的碳排放量之间存在线性关系

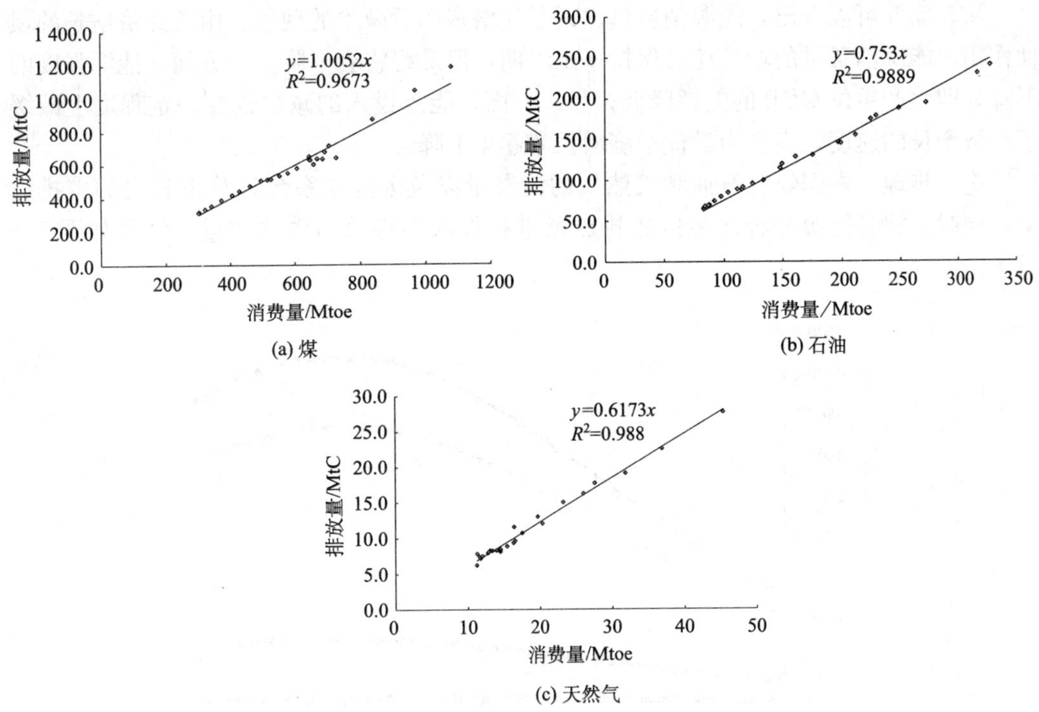

图 5.2　煤、石油和天然气碳排放系数拟合

5.3.1　基准情景下的碳排放 EKC 曲线

根据 5.2 节给出的经济-能源关系模型，经济增长率随能源强度的变化呈先升后降的倒 U 形变化趋势。在不考虑能源结构以及产业结构演变的情况下，由式（4.9）可知，能源强度将随时间不断下降，从而未来经济增长率也将随时间下降，经济总量虽然不断增长，但增长速度放缓。一方面经济总量增长，另一方面能源强度下降，受两方面的共同作用，能源消费总量也随时间呈现出先增后减的趋势，结果如表 5.5 所示。

表 5.5　基准情景下中国经济及能源消费预测（2010～2050 年）

年份	能源强度/(toe/万元)	最优经济增长率/%	GDP①/亿元	能源总消费量/Mtoe②
2010	0.9048	10.16	226 848.9	2 052.4
2015	0.7323	9.45	361 347.8	2 646.1
2020	0.5927	8.58	555 235.4	3 290.8
2025	0.4797	7.57	816 727.1	3 917.9
2030	0.3883	6.48	1 143 850.1	4 441.1
2035	0.3142	5.31	1 518 302.3	4 771.2
2040	0.2543	4.15	1 907 062.2	4 850.4
2045	0.2059	3.04	2 269 369.9	4 671.6
2050	0.1666	1.92	2 556 932.8	4 260.2

① 按 2000 年价格计算；

② Mtoe＝10^6 t 标准油。

从表5.5可以看出，能源消费量出现了先增多而后减少的现象。由于经济增长的惯性作用，能源消费量的增长还会保持一定时期，但最终将会下降。一方面，能源强度的下降，即生产单位GDP的能耗降低；另一方面，能源投入的减少也在一定程度上减缓了经济增长的速度，表现为最优经济增长率逐年下降。

进一步地，根据煤、石油和天然气的消费量以及碳排放系数计算出各自的碳排放量，同时，将各能源品种产生的碳排放量进行加和即得总的碳排放量。结果如图5.3所示。

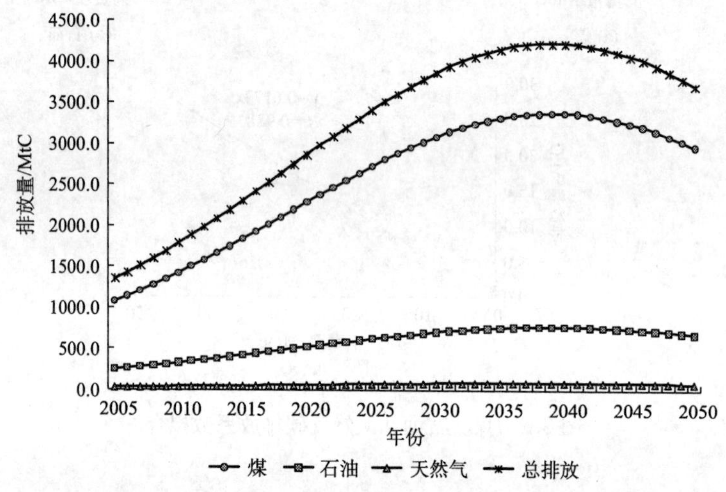

图5.3 基准情景下能源消费所产生的碳排放预测

图5.3显示，与能源结构中煤占主要地位类似，排放总量的大部分也是来自于煤的使用。但受能源强度下降的影响，煤、石油、天然气产生的二氧化碳排放以及总排放量在2050年前都呈现先升后降的趋势，达到高峰的年份均为2039年，对应的排放高峰值为3370.1MtC、767.2MtC、83.9MtC以及4221.2MtC。

5.3.2 能源结构修正的碳排放EKC曲线

实际上，在过去的20年中，我国能源消费结构一直在变化，如果这个变化服从马尔可夫过程，可以预见，能源结构将更趋于清洁（表4.5）。由于不同能源品种的技术进步水平各异，因此，能源结构演变会对综合能源强度产生影响，进而给未来的经济增长率、经济总量以及能源需求带来影响。另一方面能源结构的变化也会对综合碳排放系数产生影响，带来总排放量的变化。

利用4.2节考虑能源结构下的能源强度预测结果，重新计算未来经济以及能源消费数据，得到结果如表5.6所示。

表 5.6 考虑能源结构情景下中国经济及能源消费预测（2010～2050 年）

年份	能源强度/(toe/万元)	最优经济增长率/%	GDP①/亿元	能源总消费量/Mtoe②
2010	0.9050	10.16	226 506.6	2 049.9
2015	0.7300	9.44	358 388.6	2 616.4
2020	0.5870	8.54	545 604.4	3 202.5
2025	0.4705	7.49	792 693.4	3 729.7
2030	0.3761	6.34	1 093 001.4	4 111.2
2035	0.3000	5.11	1 423 209.8	4 269.3
2040	0.2387	3.89	1 748 090.5	4 173.1
2045	0.1896	2.71	2 028 515.2	3 846.5
2050	0.1504	1.53	2 221 430.3	3 340.3

① 按 2000 年价格计算；

② Mtoe＝10^6t 标准油。

由于能源结构影响下的能源强度具有更快的下降速度，因此经济增长率、经济总量以及能源需求相比基准情景都略有下降。进一步计算能源结构影响下的碳排放量走势，如图 5.4 所示。

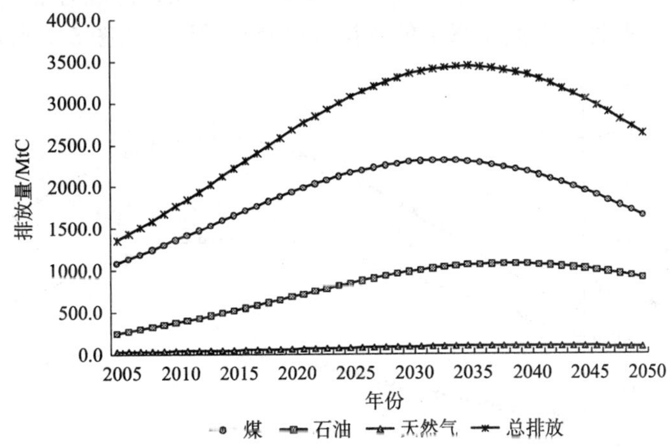

图 5.4 考虑能源结构情景下能源消费所产生的碳排放预测

考虑能源结构之后，碳排放量有了大幅度降低。究其原因，是由于不同能源投入部门所使用的能源种类在技术进步潜力与速度上存在差异。而且由于能源结构演变的原因，各能源种类碳排放高峰的出现年份也出现了很大的分异。其中，煤的碳排放高峰由 2039 年提前到 2033 年，峰值排放为 2299.1MtC；而石油与天然气的高峰仍出现在 2039 年，但峰值排放分别降至 1068.9MtC 和 89.1MtC。这与煤占总能源消费量的比例逐渐降低有关。最终使总排放量在 2035 年达到峰值 3434.4MtC 后开始降低。

5.3.3 产业结构修正的碳排放 EKC 曲线

由 4.3 节我们知道，产业结构的变化也会对能源强度产生影响，进而影响经济增长率、经济总量、能源消费总量以及由此产生的最终碳排放。

利用 4.3 节考虑产业结构演变下的能源强度预测结果，进一步对经济增长率、经济总量以及能源消费量进行修正，得到的结果如表 5.7 所示。

表 5.7　考虑产业结构情景下中国经济及能源消费预测（2010～2050 年）

年份	能源强度/(toe/万元)	最优经济增长率/%	GDP①/亿元	能源总消费量/Mtoe②
2010	0.8614	9.99	225 306.2	1 940.8
2015	0.6880	9.21	353 024.0	2 428.7
2020	0.5523	8.28	531 300.1	2 934.4
2025	0.4431	7.23	762 669.7	3 379.5
2030	0.3549	6.09	1 039 074.3	3 687.2
2035	0.2836	4.88	1 337 462.6	3 792.8
2040	0.2262	3.66	1 624 982.2	3 675.3
2045	0.1801	2.51	1 866 657.8	3 361.0
2050	0.1431	1.35	2 025 278.8	2 898.1

① 按 2000 年价格计算；

② Mtoe=10^6t 标准油。

从表 5.7 可以看出，当分产业考虑技术进步对能源效率的促进作用以及产业结构随时间的演变趋势时，综合能源强度有更快的下降趋势，从而带动能源需求一定程度的降低。

相应地，各能源种类在此情景下的碳排放以及总排放量如图 5.5 所示。

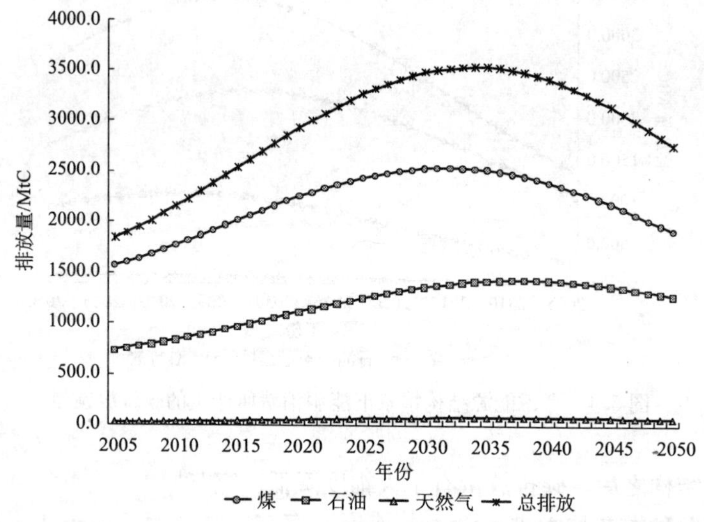

图 5.5　考虑产业结构情景下能源消费所产生的碳排放预测

由图 5.5 以及计算结果可以看出，产业结构的变动进一步降低了能源需求量和碳排放量，与 4.3 节所分析的情况一致，即产业结构中第一、二产业比例的下降以及第三产业比例的上升使得全社会综合能源强度比假设产业结构不变的情况有所下降，进而也将使未来的能源消费量以及碳排放总量有不同程度的下降。考虑产业结构演化后，煤的排放高峰提前至 2032 年，峰值排放为 2035MtC，石油和天然气的排放高峰提前至 2038 年，峰值排放分别为 944MtC 和 78.6MtC，而总排放仍在 2035 年达到最大，排放量减至 3051MtC。

图 5.6 给出了 2005～2050 年三种情景下我国的碳排放预测情况。这里对于基准情

况（指 5.3.1 节不考虑能源结构与产业结构变动的情况），首先做了能源结构变化校正，接着分析了产业结构调整对碳排放的影响[①]。

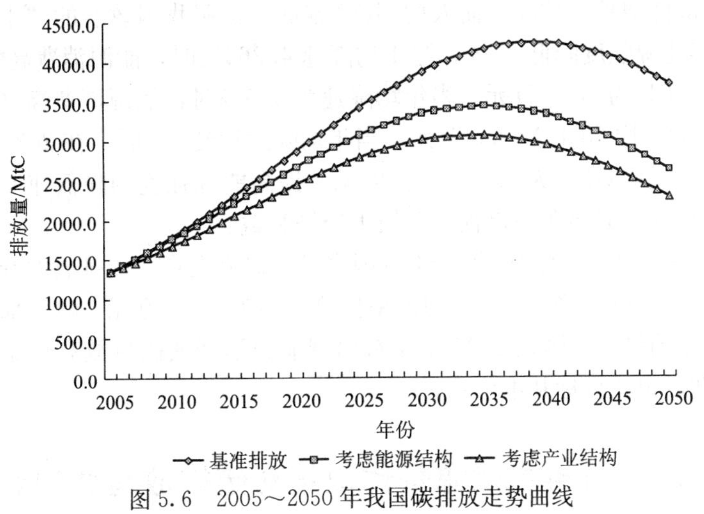

图 5.6　2005～2050 年我国碳排放走势曲线

碳排放高峰从基准情景下的 2039 年，提前到考虑能源结构与产业结构调整后的 2035 年。高峰时对应的人均 GDP 约为 8.6 万元（2000 年不变价），若按 2007 年平均汇率 760.4 元/100 美元换算，相当于 1.13 万美元。此外，从人均排放情况来看，人均碳排放的高峰在 2032 年出现，为 1.98tC，远低于 2006 年主要经济体的人均排放水平，其中美国 5.43tC，欧盟 2.32tC，日本 2.70tC，俄罗斯 3.04tC，丹麦 2.85tC，德国 2.74tC，英国 2.55tC。到 2050 年，我国人均碳排放在 1.4tC 的水平上。

5.3.4　能源强度的下降速率对碳排放高峰的影响

从不同情景的碳排放结果可以看出，能源消费量何时达到峰值而后开始下降与能源强度的下降速率关系密切。为了评估能源强度对能源消费高峰的影响程度，我们根据中国的实际数据进行模拟，发现不同的能源强度下降速率对能源消费高峰出现的年份有较大影响，结果如表 5.8 所示。

表 5.8　不同的能源强度降低速率下的模拟结果

能源强度降低速率/%	能源消费（碳排放）高峰出现年份	能源消费高峰下的经济增长率/%	能源消费高峰下的人均 GDP[①]/元
−4.365	2037（2036）	4.39	104 252
−4.5	2036（2036）	4.37	97 655
−0.5	2031（2031）	5.02	72 326

①人均 GDP 为 2000 年价格元；“十一五”规划要求的年降低速率。

① 图 5.6 中的基准排放曲线为不考虑能源结构与产业结构演变的情景，考虑能源结构曲线是在基准排放的基础上考虑能源结构变化影响后的计算结果，类似地，考虑产业结构曲线是在基准排放的基础上考虑产业结构变化影响后的计算结果

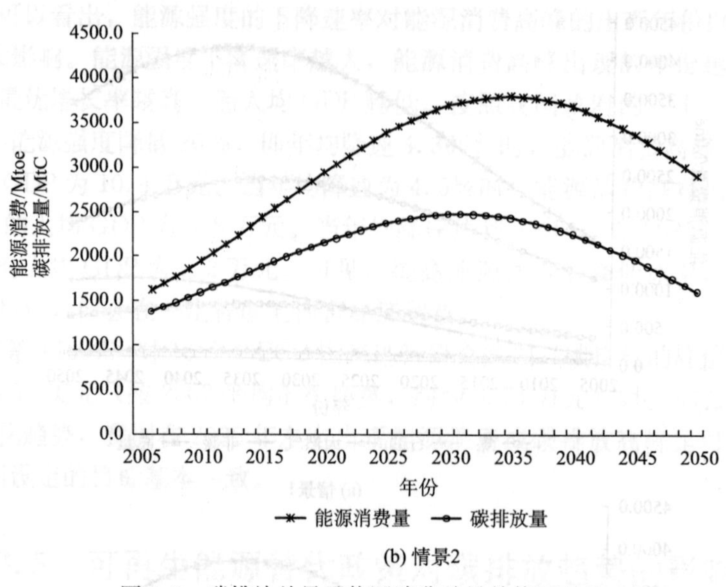

(b) 情景2

图 5.8 碳排放总量及能源消费总量趋势图对比
(2006～2050 年)

2. 情景 2 (欧盟目标情景)

根据欧盟设定的目标，我们假设：在 2020 年前，我国处于赶超和引进现有技术阶段，替代效率较高，设定与欧盟同样的目标；而后以每 24 年提高 14 个百分点的速度① 实现可再生能源的替代。模拟结果分别如图 5.7 (b) 和图 5.8 (b) 所示。化石能源消费高峰值都有所下降，碳排放高峰提前到 2032 年出现，高峰值 2639.7MtC，较情景 1 减少 326.6MtC。

对比情景 1 和情景 2，单独改变“非碳”能源的比例对碳排放高峰出现年份有微弱的影响，但可以在很大程度上减小高峰碳排放量。然而，实现难度很大。

3. 情景 3

在情景 1 的基础上，使化石燃料比例按马尔可夫过程自动调整。模拟结果如图 5.9 (b)和图 5.10 (b) 所示。

在该情景下，碳排放高峰 2032 年出现，为 2856.66MtC，比基准情景（不考虑中长期规划）减少 194.44MtC，比情景 1 减少 109.74MtC，比情景 2 增加 216.86MtC。虽然情景 3 不如情景 2 的减排效果明显，但实现难度不大。

总之，碳排放高峰与能源消费高峰密切相关，通过“非碳”能源替代以及化石燃料结构调整，可以达到减排的目标，降低高峰排放量，但对碳排放高峰的出现年份影响甚微。

① 欧盟 1997 年提出的目标：可再生能源在一次能源消费中的比例从 1996 年的 6%提高到 2010 年的 12%

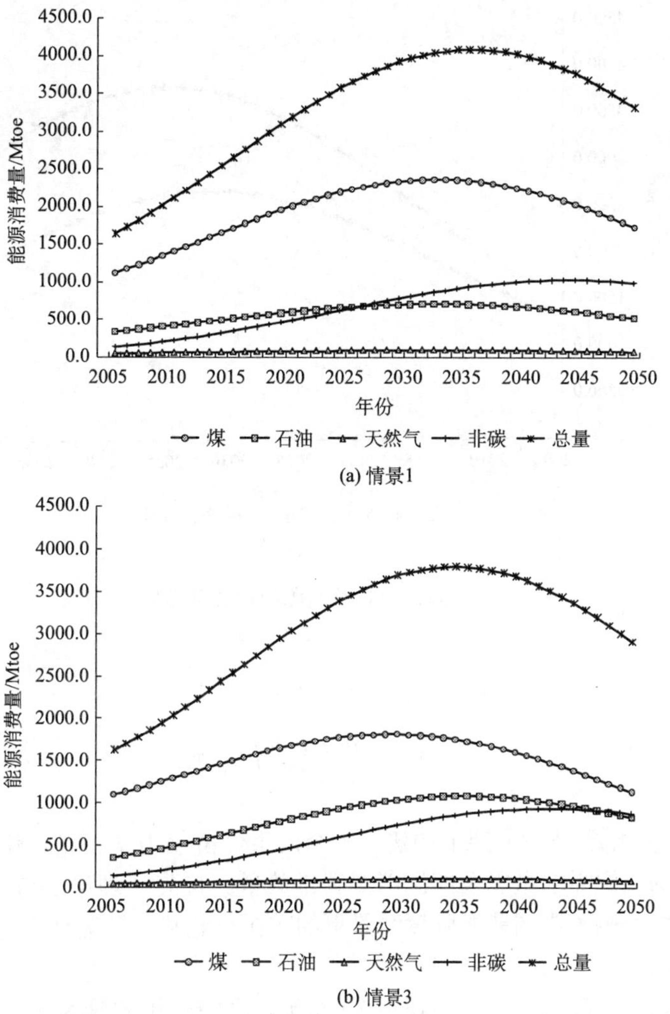

图 5.9　分种类能源消费量和能源消费总量趋势图对比（2006～2050 年）

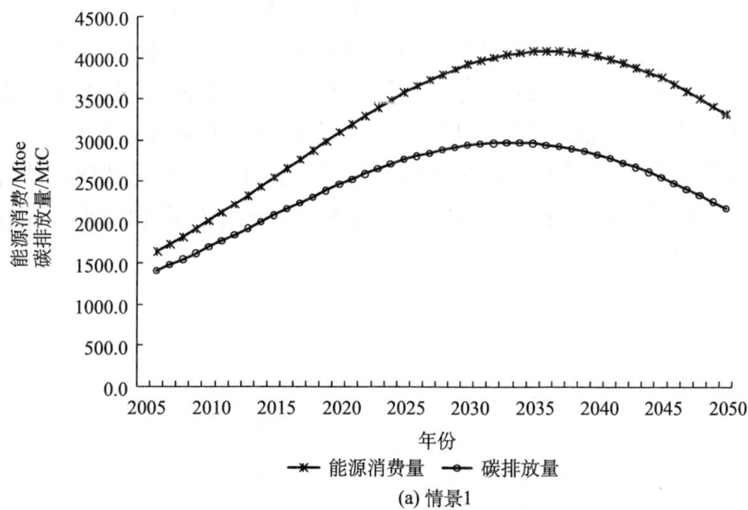

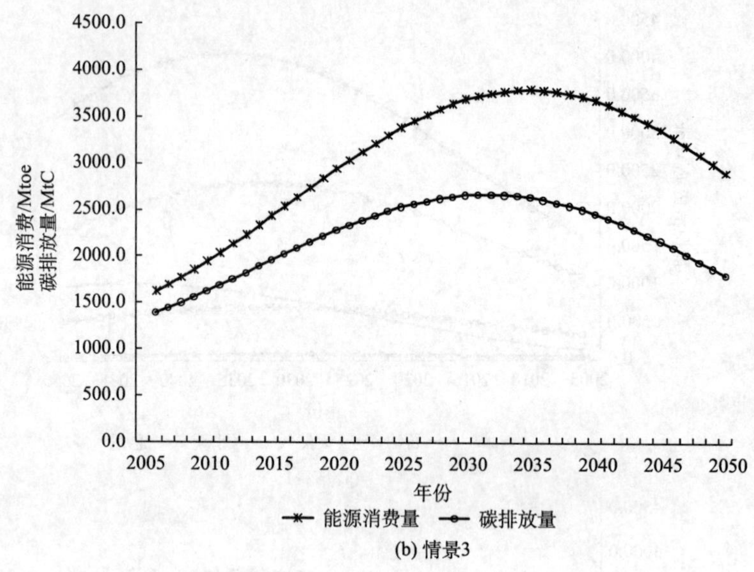

图 5.10 碳排放总量及能源消费总量趋势图对比（2006～2050 年）

5.4 总结与讨论

本章在经济-能源-环境框架下构建了一个内生经济动力学模型，研究了经济平稳最优增长条件下的能源需求量以及能源消费碳排放量。首先从理论上得出了 EKC 曲线存在的条件，进而预测了不同能源强度情景下的碳排放趋势。预测结果进一步验证了能源与碳排放高峰的存在。

在基准情景下，碳排放高峰出现在 2039 年，高峰碳排放量为 4221MtC；考虑能源结构演变后的碳排放高峰出现在 2035 年，高峰碳排放量为 3434MtC；进一步考虑产业结构演变后的碳排放高峰仍出现在 2035 年，但高峰碳排放量降至 2051MtC。

研究发现，能源强度的降低速率对碳排放高峰出现的年份有很大的影响。通过与 OECD 国家的经验比较，将碳排放高峰时对应的人均 GDP 保持在 12 813 美元，即 9.74 万元左右是合适的，这也意味着我国在 2035 年左右出现高峰是可行的。

此外，大幅度提高可再生能源的比例、利用“非碳”能源代替化石能源可以达到减排的目标，降低高峰碳排放量，但对碳排放高峰出现的年份影响很小，而且实现这一目标的技术难度较大。

第 6 章　中国碳的净排放曲线估计

第 5 章对能源消费所产生的碳排放进行了预测，验证了未来能源消费碳排放将表现为倒 U 形的 EKC 曲线，并且在 2035 年左右迎来排放高峰，随后开始下降。然而二氧化碳排放除了由能源消费产生外，还有一部分是工业生产（主要是水泥生产）过程产生的。为此，要得到中国完整的碳排放曲线，还需要对水泥生产所产生的碳排放进行预测。除了水泥以外，我们还需要考虑中国的碳汇作用，排放量减去碳汇的吸收量，得到的碳排放量即为碳的净排放。

6.1　水泥的碳排放

本书第 3 章 3.2 节对水泥生产碳排放的估算方法进行了介绍，水泥碳排放与水泥的生产总量有直接关系，因此我们首先需要对水泥的未来产量进行估计。

6.1.1　水泥产量预测

水泥生产主要是满足建筑业的需要，因此可以假定水泥产量与城市化水平之间存在某种形式的联系，且随着城市化水平的提高，水泥产量也会增加，一方面满足原有建筑的更新维护的需要；另一方面满足新增建筑的需求。于是，我们将城市化率以及城市化率增量作为自变量，水泥产量作为因变量，设定如下统计关系模型

$$y = a_0 + a_1 u + a_2 \Delta u + \varepsilon \tag{6.1}$$

式中，u 和 Δu 分别为城市化率以及城市化率的增量；y 为水泥产量；ε 为残差；a_0、a_1 和 a_2 分别为待估计参数。利用 1980～2008 年的数据对式（6.1）进行回归拟合，得到结果如下

$$\begin{aligned} y = &-964.4 + 5052.9u - 11\,599.6\Delta u \quad (R^2 = 0.953) \\ &(0.000) \quad (0.000) \quad (0.021) \end{aligned} \tag{6.1'}$$

式（6.1′）中方程下面括弧中为各估计参数的显著性水平，未通过显著性检验的项均从模型中去除。可见式（6.1′）的拟合优度 R^2 较高，故选择其为最终的关系模型。

基于式（6.1′），对水泥产量的预测首先需要完成对未来城市化水平的预测。Northam（1979）将世界各国城市化发展进程的轨迹概括为一条被拉长的 S 形曲线。其一般形式为

本章执笔人：马晓哲、吕劲文、王铮

一部分是生物质能源替代矿物化石能源而较少或避免的碳排放部分。其中，森林生态系统的总固碳量 CT_t 可表示为

$$CT_t = Cb_t + Cs_t + Cp_t \tag{6.3}$$

式中，Cb_t、Cs_t 和 Cp_t 分别为 t 时刻储存于活立木、土壤有机物以及木质产品中的碳量，单位均为 MgC/hm^2。与生物质能源替代矿物化石能源而避免的碳排放 $Cbio_t$ 一起构成了造林减少的总的大气碳含量

$$A = CT_t + Cbio_t \tag{6.4}$$

CO2FIX 模型的结构如图 6.2 所示。

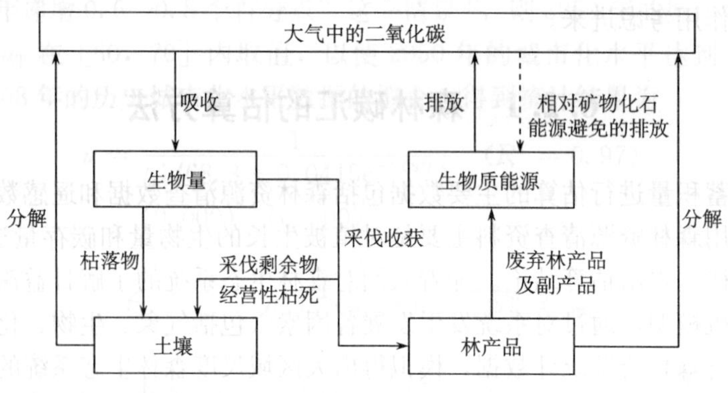

图 6.2　CO2FIX 模型结构图

1. 生物量模块

生物量模块考虑了植被干、枝、叶、根、死亡率（包括自然死亡和经营性枯死）以及采伐等几个因素对单位面积上活立木碳存量的影响。其中树干的生长量的影响最大。$t+1$ 时刻单位面积上树群 i 的碳存量（$Cb_{i,t+1}$）由如下几项决定：t 时刻单位面积上的碳存量（Cb_{it}），生物量的增长量（Gb_{it}），枝、叶、根的周转量（T_{it}），植物的自然死亡量（Ms_{it}），树木采伐量（H_{it}），由于采伐造成的经营性枯死量（Ml_{it}）。可用下式表达

$$Cb_{i,t+1} = Cb_{it} + Kc[Gb_{it} - T_{it} - Ms_{it} - H_{it} - Ml_{it}] \tag{6.5}$$

式中，Kc 为生物量与碳含量之间的转换常数，单位为 Mg C/Mg 生物量干重（即每毫克生物量干重中所含的毫克碳量）。生物量的增长量（单位：Mg/hm^2，每公顷的毫克量）可用下式计算

$$Gb_{it} = \left\{Kv_i Ys_{it}\left[1 + \sum(F_{ijt})\right]\right\} \times Mg_{it} \tag{6.6}$$

式中，Kv_i 为树群 i 的蓄积与干生物量的转换系数（即木材密度，单位：mg DM①$/m^3$）；Ys_{it} 表示树群 i 在时间 t 的树干蓄积量；F_{ijt} 为树群 i 的生物量组成部分 j（叶、枝、根）在时间 t 相对树干的生物量比例（由用户输入模型的参数）；Mg_{it} 为树群 i 中树木种群间

① DM：Dry Matter，干重

第 6 章　中国碳的净排放曲线估计

第 5 章对能源消费所产生的碳排放进行了预测，验证了未来能源消费碳排放将表现为倒 U 形的 EKC 曲线，并且在 2035 年左右迎来排放高峰，随后开始下降。然而二氧化碳排放除了由能源消费产生外，还有一部分是工业生产（主要是水泥生产）过程产生的。为此，要得到中国完整的碳排放曲线，还需要对水泥生产所产生的碳排放进行预测。除了水泥以外，我们还需要考虑中国的碳汇作用，排放量减去碳汇的吸收量，得到的碳排放量即为碳的净排放。

6.1　水泥的碳排放

本书第 3 章 3.2 节对水泥生产碳排放的估算方法进行了介绍，水泥碳排放与水泥的生产总量有直接关系，因此我们首先需要对水泥的未来产量进行估计。

6.1.1　水泥产量预测

水泥生产主要是满足建筑业的需要，因此可以假定水泥产量与城市化水平之间存在某种形式的联系，且随着城市化水平的提高，水泥产量也会增加，一方面满足原有建筑的更新维护的需要；另一方面满足新增建筑的需求。于是，我们将城市化率以及城市化率增量作为自变量，水泥产量作为因变量，设定如下统计关系模型

$$y = a_0 + a_1 u + a_2 \Delta u + \varepsilon \tag{6.1}$$

式中，u 和 Δu 分别为城市化率以及城市化率的增量；y 为水泥产量；ε 为残差；a_0、a_1 和 a_2 分别为待估计参数。利用 1980～2008 年的数据对式（6.1）进行回归拟合，得到结果如下

$$\underset{(0.000)}{y = -964.4} + \underset{(0.000)}{5052.9u} - \underset{(0.021)}{11\,599.6\Delta u} \quad (R^2 = 0.953) \tag{6.1$'$}$$

式（6.1′）中方程下面括弧中为各估计参数的显著性水平，未通过显著性检验的项均从模型中去除。可见式（6.1′）的拟合优度 R^2 较高，故选择其为最终的关系模型。

基于式（6.1′），对水泥产量的预测首先需要完成对未来城市化水平的预测。Northam（1979）将世界各国城市化发展进程的轨迹概括为一条被拉长的 S 形曲线。其一般形式为

本章执笔人：马晓哲、吕劲文、王铮

$$u = \frac{1}{(1/u_T + u_0 e^{-rt})} \tag{6.2}$$

式中，u_0 为城市化起步水平；u_T 为城市化的终期水平；r 为城市化发展速度；t 为时间。周立彩等（2001）、屈晓杰等（2005）认为，城乡之间人口增长率的差异可能导致城市化水平不严格符合标准的S形曲线轨迹，但由于我们在此只是对城市化的长期趋势进行预测，因此可以忽略该差异造成的短期内的微小波动。

城市化终期水平的设定，根据《2001～2002 中国城市发展报告》给出的不同情景下未来 50 年城市化水平数据，并且参照 1980～2008 年的历史城市化水平数据，我们选定城市化率"年递增 0.6～0.8 个百分点"这一情景①，则 2050 年的城市化率为 60%～70%。于是令 u_T 在［60，70］内取值，以使 2050 年的城市化水平达到 65%左右，通过对 1980～2008 年的历史城市化水平数据的拟合，得到统计结果为

$$u = \frac{1}{(1/68.3 + 0.0415e^{-0.057t})} \quad (R^2 = 0.97)$$
$$(0.000) \quad (0.000) \tag{6.2'}$$

6.1.2 水泥碳排放预测结果

利用公式（6.2′）对中国水泥产量的长期趋势进行估计，并与 3.2 节水泥生产碳排放估算方法一起得到二氧化碳排放的长期预测结果（图 6.1）。根据水泥产量及其生产排放预测结果，随着水泥需求量趋于稳定，水泥生产所产生的碳排放也呈现增长放缓的迹象，到 2050 年基本控制在 248MtC 左右。

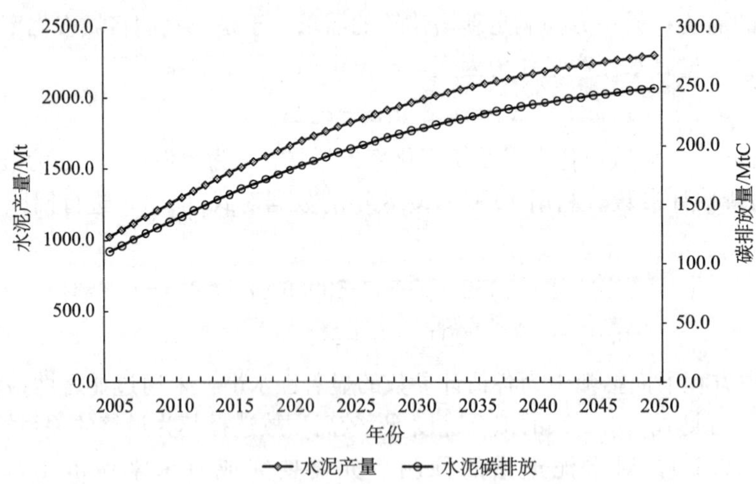

图 6.1　2005～2050 年中国水泥工业二氧化碳排放

---

① 1980～2008 年城市化率平均年递增 0.9 个百分点，考虑到S形曲线后期增幅明显低于前期，选取0.6～0.8

6.2　中国森林碳汇对碳排放的影响

据 IPCC 预测，通过人工造林再造林，1995～2050 年，全球可增加碳储量 60～87GtC①，这相当于世界同期化石燃料燃烧碳排放的 12%～15%。个别国家也承诺通过增加森林碳汇来抵偿其化石燃料燃烧带来的碳排放。因此，准确地估计并分析森林碳汇的潜能，明确森林在减缓全球变暖中的作用就显得至关重要（Zhang et al.，2003）。同时，考虑森林碳汇的固碳作用，对于准确预测最终进入大气的二氧化碳量，进而分析气候变化的趋势与程度也显得尤为重要。所以，在核算完整的碳排放曲线时，本节也将森林碳汇的吸收作用考虑进来。

6.2.1　森林碳汇的估算方法

对森林碳蓄积量进行估算的主要数据包括森林资源清查数据和遥感数据两种。一方面，传统地利用森林资源清查资料主要是对植被生长的生物量和碳存量进行统计分析，进而总结其规律，得出估算结论。随着人们对森林生态系统的了解日益深入，各国学者开始应用计算机模型，通过对系统发生发展各因素（包括气象、生物、化学等方面）的综合分析并结合森林资源统计数据，模拟得出大区域尺度森林生态系统的生产力和碳存量。另一方面，遥感技术的发展为人们重新评估森林植被碳存量及其动态变化提供了可能。

采用森林资源清查数据进行估算的方法较为简便直观，但却未能全面考虑森林土壤以及林产品等其他森林生态系统组成部分对大气碳平衡的影响。利用遥感影像进行反演判读，可以估算出森林植被的生物量、碳密度及其动态变化，但其缺陷在于遥感影像的判读技术尚不成熟，学者们还无法依据影像估算出土壤等森林生态系统组成部分的碳含量，并且对于未来森林的碳汇无法采用该方法。而应用模型对系统进行模拟，能够较为全面地揭示碳在生态系统中的循环及其演化机制，其中以 CO2FIX 模型最为全面成熟。

CO2FIX 模型由荷兰瓦格宁根大学开发，是基于生态系统层级（ecosystem-level）的碳平衡模型。该模型可用于模拟计算森林生态系统中植被、土壤和木质产品链的碳存量（C stocks）和碳通量（C fluxes），模拟时间以一年为单位。经过不断地改进，该模型从原来基于 DOS 的 CO2FIX V1.0 版本发展到面向对象的 CO2FIX V1.2（1999 年）版本，再到 CO2FIX V2.0 版本（2001 年）以及最新的 CO2FIX V3.1 版本（2004 年）。模型的结构和功能不断完善，V2.0 版本主要包括生物量模块、土壤模块和林产品模块，已可用于模拟多树种混交林和异龄林，并考虑了林分密度、种间竞争、林产品的使用方式和土壤碳动态等因素的影响；V3.1 版本进一步增加了生物质能源模块（bio-energy module）、经济模块（financial module）和碳核算模块（carbon accounting module）等。

模型中，由于造林而减少的大气碳含量包括两个部分：一部分是森林生态系统直接从大气中吸收的部分，最后转化成存在于活立木、土壤有机质以及木质产品中的碳；另

① $1Gt=10^9t$

一部分是生物质能源替代矿物化石能源而较少或避免的碳排放部分。其中，森林生态系统的总固碳量 CT_t 可表示为

$$CT_t = Cb_t + Cs_t + Cp_t \tag{6.3}$$

式中，Cb_t、Cs_t 和 Cp_t 分别为 t 时刻储存于活立木、土壤有机物以及木质产品中的碳量，单位均为 MgC/hm^2。与生物质能源替代矿物化石能源而避免的碳排放 $Cbio_t$ 一起构成了造林减少的总的大气碳含量

$$A = CT_t + Cbio_t \tag{6.4}$$

CO2FIX 模型的结构如图 6.2 所示。

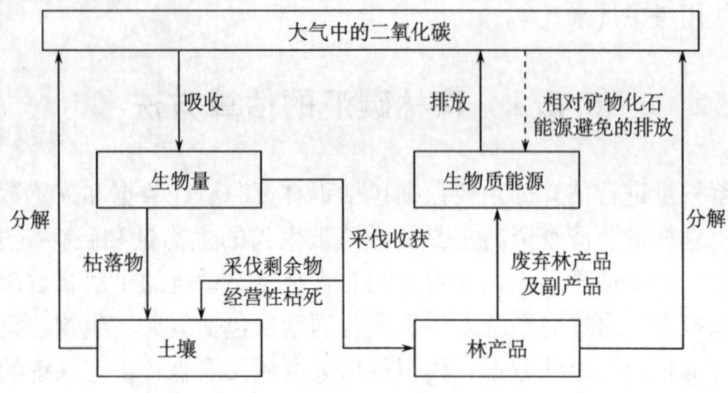

图 6.2　CO2FIX 模型结构图

1. 生物量模块

生物量模块考虑了植被干、枝、叶、根、死亡率（包括自然死亡和经营性枯死）以及采伐等几个因素对单位面积上活立木碳存量的影响。其中树干的生长量的影响最大。$t+1$ 时刻单位面积上树群 i 的碳存量（$Cb_{i,t+1}$）由如下几项决定：t 时刻单位面积上的碳存量（Cb_{it}），生物量的增长量（Gb_{it}），枝、叶、根的周转量（T_{it}），植物的自然死亡量（Ms_{it}），树木采伐量（H_{it}），由于采伐造成的经营性枯死量（Ml_{it}）。可用下式表达

$$Cb_{i,t+1} = Cb_{it} + Kc[Gb_{it} - T_{it} - Ms_{it} - H_{it} - Ml_{it}] \tag{6.5}$$

式中，Kc 为生物量与碳含量之间的转换常数，单位为 Mg C/Mg 生物量干重（即每毫克生物量干重中所含的毫克碳量）。生物量的增长量（单位：Mg/hm^2，每公顷的毫克量）可用下式计算

$$Gb_{it} = \left\{Kv_i Ys_{it}\left[1 + \sum(F_{ijt})\right]\right\} \times Mg_{it} \tag{6.6}$$

式中，Kv_i 为树群 i 的蓄积与干生物量的转换系数（即木材密度，单位：mg DM[①]/m^3）；Ys_{it} 表示树群 i 在时间 t 的树干蓄积量；F_{ijt} 为树群 i 的生物量组成部分 j（叶、枝、根）在时间 t 相对树干的生物量比例（由用户输入模型的参数）；Mg_{it} 为树群 i 中树木种群间

---

① DM：Dry Matter，干重

或种群内的生长修正值。

模型中提供了两种计算树干生物量生长的方法：①根据树木或林分年龄计算（数据可由传统的收获表获取）；②根据植物地上部分的最大生物量与林分总生物量计算。一般生长模式如 Chapman-Richards、Schnute 模式，而在热带林中往往以直径取代林龄，所以增列第二种方法。

由于林分内的树木生长受其他树种的影响，CO2FIX 模型在模拟林分生长时需要考虑树木之间的相互作用，这种作用主要表现为竞争关系。模型采用一个简单的参数 Mg_{it}（无量纲量）来表示这种关系，其数学表达式为

$$Mg_{it} = f(\frac{B_t}{B_{max}}) \quad 或 \quad Mg_{it} = \prod Mg_{ikt} \tag{6.7}$$

式中，B_t 为 t 时刻的地上总生物量；B_{max}为最大林分总生长量；Mg_{ikt}为树群 i 相对于其他树群 k 的生长修正值，数学表达式为

$$Mg_{ikt} = f(\frac{B_{it}}{B_{imax}}) \tag{6.8}$$

式中，B_{it}为 t 时刻树木或林分 i 的地上总生物量；B_{imax}为树木或林分 i 的最大林分总生长量。因此当两个树群同时存在时，将有 4 个相应的生物量修正值。

植被的自然死亡量 Ms_{it}可为林龄的函数或相对生物量的函数，可用下式表示

$$Ms_{it} = f(\text{age}) \quad 或 \quad Ms_{it} = f(\frac{B_{it}}{B_{imax}}) \tag{6.9}$$

当树木或林分的年龄已知时，假定树木存在最大年龄，树木死亡率将随年龄的增加而增加。若无相对林龄枯死量资料，则死亡率由相对生物量（t 时刻活立木总林分生物量/最大林分生物量）决定。

植被生物量各组成部分的周转率 T_{it}（单位：Mg/hm^2）可由下式计算

$$T_{it} = \sum B_{ijt} \times Kt_{ij} \tag{6.10}$$

式中，B_{ijt}为 t 时刻树群 i 的生物量组成部分 j（叶、枝、根）的生物量增长量；Kt_{ij}为各部分的年更新率（turnover rate），如落叶树种的树叶更新率为 1。

树木的采伐在模型中主要体现为间伐和主伐。采伐的生物量 H_{it}（单位：Mg/hm^2）可由下式计算

$$H_{it} = \sum (B_{ijt} \times fH_{it}) \tag{6.11}$$

式中，B_{ijt}为 t 时刻树群 i 的生物量组成部分 j（叶、枝、根）的生物量；fH_{it}为树群 i 在时刻 t 的采伐量占所有生物量的比例。被采伐的植被的生物量将按比例分别被分配到原木、纸浆材和采伐剩余物中。

由于人为的采伐将提高留存树木的死亡率，其值高低主要取决于树种、采伐技术以及作业方式。由于采伐作业引起的树木死亡率与采伐强度直接相关，而采伐强度可通过采伐的树木株数、断面积、蓄积量或生物量来描述。因此，采伐造成的生物量损失 Ml_{it}（单位：Mg/hm^2）可由下式计算

$$Ml_{it} = B_{it} \times Kl_{it} \tag{6.12}$$

采伐造成的树木死亡可持续数年，通常情况下，开始时死亡率较高，随后逐渐降低

至零。因此，假定采伐损失枯死系数 Kl_{it} 为采伐后时间 p 的线性函数，且与如下三个参数相关：初始死亡率 Mo_i、持续时间 τ 以及初始采伐密度 Io_i。

$$Kl_{it} = f(Io_i, Mo_i, \tau, p) \quad (6.13)$$

2. 土壤模块

土壤模块包括三个残体部分以及五个分解物部分。残体的主要来源包括叶、枝、根等生物量组成部分的周转、自然死亡、采伐引起的死亡及其残落物等。其中，非木质残体主要来自落叶和细根，细木质残体主要来自树枝和粗根，粗木质残体主要来自树干和树桩等。CO2FIX 模型中引用了由芬兰学者开发的 YASSO 动态土壤模块用以估算土壤中的碳固存以及碳通量，二者都以一年为周期，且无需任何难以获取的特殊信息，土壤碳的输入因子可直接由生物量模块导入。目前该模型版本中还未考虑土壤各分层中相应的碳汇量，而是将土壤层视为一个整体。图 6.3 显示了该土壤碳库的动态过程。

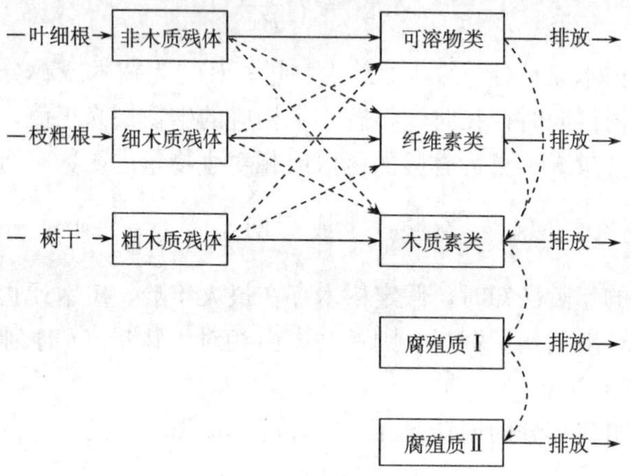

图 6.3 土壤碳库动态过程图

实线表示主要转化途径，虚线表示较少一部分转化途径

植物残体（非木质残体，下标 nwl；细木质残体，下标 fwl；粗木质残体，下标 cwl）以及分解物（可溶物类，下标 ext；纤维素类，下标 cel；木质素类，下标 lig；腐殖质类，下标 hum1 和 hum2）在土壤中的动态变化可由下列方程表述

$$\frac{dx_{nwl}}{dt} = u_{nwl} - a_{nwl}x_{nwl} \quad (6.14)$$

$$\frac{dx_{fwl}}{dt} = u_{fwl} - a_{fwl}x_{fwl} \quad (6.15)$$

$$\frac{dx_{cwl}}{dt} = u_{cwl} - a_{cwl}x_{cwl} \quad (6.16)$$

$$\frac{dx_{ext}}{dt} = c_{nwl\_ext}a_{nwl}x_{nwl} + c_{fwl\_ext}a_{fwl}x_{fwl} + c_{cwl\_ext}a_{cwl}x_{cwl} - k_{ext}x_{ext} \quad (6.17)$$

$$\frac{dx_{cel}}{dt} = c_{nwl\_cel}a_{nwl}x_{nwl} + c_{fwl\_cel}a_{fwl}x_{fwl} + c_{cwl\_cel}a_{cwl}x_{cwl} - k_{cel}x_{cel} \quad (6.18)$$

$$\frac{dx_{lig}}{dt} = c_{nwl\_lig}a_{nwl}x_{nwl} + c_{fwl\_lig}a_{fwl}x_{fwl} + c_{cwl\_lig}a_{cwl}x_{cwl} + p_{ext}k_{ext}x_{ext} + p_{cel}k_{cel}x_{cel} - k_{lig}x_{lig} \tag{6.19}$$

$$\frac{dx_{hum1}}{dt} = p_{lig}k_{lig}x_{lig} - k_{hum1}x_{hum1} \tag{6.20}$$

$$\frac{dx_{hum2}}{dt} = p_{hum1}k_{hum1}x_{hum1} - k_{hum2}x_{hum2} \tag{6.21}$$

式（6.14）～式（6.16）表示三种植物残体的动态变化过程。其中，u_i 为 t 时刻枯落的植物残体，x_i 为 t 时刻植物残体中的有机碳含量，a_i 为植物残体的分解速率。式（6.17）～式（6.21）为五种分解物在土壤中的动态变化过程。其中，x_j 为时刻 t 分解物中的有机碳含量，c_{i_j} 为三种植物残体中前三个分解部分（可溶物类、纤维素类、木质素类）的含量，k_j 为五种分解物的分解速率，p_j 为上级分解物转化为下级分解物的比例。

植物残体的分解速率 a_i 和分解部分的分解速率 k_i 取决于大于零摄氏度的有效积温 T 以及北半球5～9月降水与潜在蒸发之差 $D=P-E$。

$$a_i(T,D) = a_{i0}\{1 + s \times 0.000\,387(T - 1903) + 0.003\,25[D - (-32)]\} \tag{6.22}$$

$$k_i(T,D) = k_{i0}\{1 + s \times 0.000\,387(T - 1903) + 0.003\,25[D - (-32)]\} \tag{6.23}$$

式中，a_{i0} 和 k_{i0} 分别为标准条件（T=1903℃，D=－32mm）下两种分解速率的数值。对于腐殖质，参数值 s 的值选取可能小于1，以减小温度敏感性对腐殖质分解的影响；对于其余分解速率，s 的值等于1。假如模型应用于南半球，则为每年的相应的降水月份。而在湿热的区域（如热带雨林），则降水与潜在蒸发之差的时间段就不再重要，因为在这样的区域气温高时，分解速率总是很快的。

3. 产品模块

该模块全程跟踪林产品中的碳在采伐后的走向。在采伐的同年，完成了多个中间过程及分配步骤，直至碳被最终留存于木质产品中、被填埋或转化为生物质能源。当最终产品在使用年限后被遗弃时，它们将被回收再利用，或填埋，或用作生物质能源。在填埋分解或用作生物质能源后，碳被直接排放回大气中（图6.4）。

树干和采伐的树枝是产品模块的物质来源。在该模块中，只考虑初始形成的生物质中的碳，而树胶等则不予考虑。采伐收获的树干和树枝被分为原木和纸浆木材，采伐剩余物则被有选择性地用于生物质能源。首先，原木被用作锯材、板材和纸浆木材等三种商品，而纸浆木材被用作板材和纸浆材，转变过程的损失被转化为生物质能源。产品模块将最终产品分为长期终端产品、中期终端产品和短期终端产品三类。每种商品都将被加工为上述三类产品，过程损失将被用于下一级别的生产，或用于生物质能源，或被填埋。在模型中，应用下式进行计算，即

$$P_{k,t+1} = P_{kt} \times [1 - \ln(t)/L_k] \tag{6.24}$$

式中，P_{kt} 为第 k 种（长、中、短期）产品在 t 时刻的碳量；L_k 指该产品的使用年限的一半。

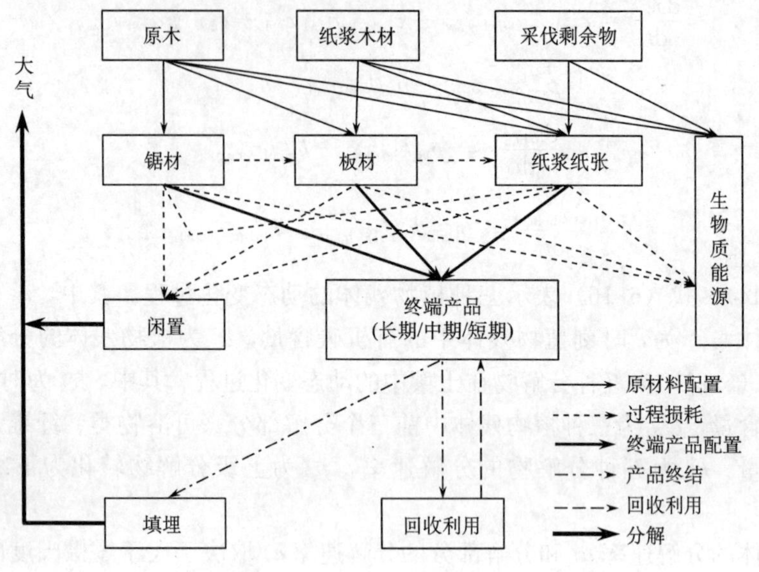

图 6.4　林产品模块框架图

4. 生物质能源模块

化石能源的燃烧使固存上百万年的碳释放到大气中。相比较而言，如果植被不断进行生长与砍伐的循环，那么生物质能源的燃烧只是使短期固定的碳释放到大气中，不会额外增加大气中的碳含量。如果森林被砍伐后没有续种，或者因为自然灾害而永久地丢失，那么由于生物质燃烧排放的二氧化碳将无法被捕获，此时这些二氧化碳将成为净排放，需要加以考虑。利用生物质能源替代化石燃料是缓解温室气体排放的一种手段，与森林固碳相比，由于生物质能源的使用所减少的二氧化碳将不会再返回到大气中。在CO2FIX模型中，考虑了两种形式的生物质能源：一种是工业生产剩余物（如废弃的产品、生产过程的损失）；另一种是采伐的剩余物。

使用生物质能源以实现碳减排有两种途径：①用生物质能源替代化石能源；②改进现有的生物质能源使用技术。单位面积上给定的生物质能源的减排能力取决于 4 个参数：①每年生物质燃料的产量；②生物燃料和化石燃料的含能量；③生物燃料和化石燃料的使用效率；④现有的以及取代的能源和技术的有关排放要素。

生物质能源燃烧释放二氧化碳，而矿物能源的利用则会排放除二氧化碳以外的其他温室气体，如甲烷、一氧化二氮、一氧化碳以及非甲烷有机化合物等。对于非二氧化碳的温室气体的排放，需要在生物质技术和被替代技术之间进行合适的减排分析。模型中假设原有的技术及其替代技术产生等量能量所排放的每一种温室气体是不一样的。计算公式为

$$\mathrm{GHGmit}_j = E_{sj} - E_{aj} \tag{6.25}$$

式中，GHGmit_j 为温室气体 j 相对减少的排放量；E_{sj} 为采用原有能源和技术所排放的 j 种温室气体；E_{aj} 为采用生物质替代能源和技术所排放的 j 种温室气体。其中，E_{aj} 可用下式计算

$$E_{aj} = \mathrm{FI}_a \times \varepsilon_{aj} \tag{6.26}$$

式中，FI_a 为生物质能源输入量（单位：mgDM/a）；ε_{aj} 为生物质能源对各种温室气体 j 的排放系数（单位：mg gas · mg DM^{-1}）。而 E_{sj} 可用下式计算

$$E_{sj} = \mathrm{FI}_s \times \left(\frac{\mathrm{EC}_a}{\mathrm{EC}_s}\right)\left(\frac{\tau_a}{\tau_s}\right) \times \varepsilon_{sj} \tag{6.27}$$

式中，EC_a 为可替代能源的含能量；EC_s 为被替代能源的含能量；τ_a、τ_s 分别为替代能源和被替代能源的能源效率；ε_{sj} 为原有能源和技术对各种温室气体 j 的排放系数。为获取各种温室气体的综合影响，依据各种气体对全球变暖的潜在影响赋予权重，温室气体的总减排量可用下式表达

$$\mathrm{TOTGHGmit} = \sum(\mathrm{GHGmit}_j \times \mathrm{GWP}_j) \tag{6.28}$$

式中，TOTGHGmit 为总减排量；GHGmit_j 为温室气体 j 的减排量；GWP_j 为温室气体 j 的全球变暖潜能值。

6.2.2 森林碳汇估算参数及数据来源

要想采用大规模造林绿化的方式增加碳吸存，可利用的土地面积是一个重要的因素。依据第六次全国森林资源清查资料（表 6.1），全国共计无林地 5732.32 万 hm^2，包括宜林荒山荒地、采伐迹地、火烧迹地、宜林沙荒地，约占国土总面积的 6%。

表 6.1 各省（自治区、直辖市）可用于造林的无林地面积（单位：万 hm^2）

地区	无林地面积	地区	无林地面积	地区	无林地面积	地区	无林地面积
全国	5732.32	黑龙江	179.51	河南	78.54	贵州	216.47
北京	30.89	上海	缺数据	湖北	59.20	云南	421.81
天津	1.73	江苏	12.74	湖南	94.15	西藏	14.56
河北	234.84	浙江	36.90	广东	91.62	陕西	250.11
山西	368.53	安徽	27.81	广西	195.99	甘肃	296.23
内蒙古	2075.44	福建	82.51	海南	18.94	青海	191.49
辽宁	123.85	江西	70.41	重庆	81.16	宁夏	68.82
吉林	20.54	山东	46.56	四川	247.14	新疆	93.83

资料来源：中华人民共和国林业部，2005

计算原有森林的碳汇潜力所需的各省树种各龄组面积源自《全国森林资源统计1999～2003》中的“林分各优势树种各龄组面积蓄积统计表”，并依据“用材林各优势树种各龄组面积蓄积统计表”选择树种进行种植。各省选种树种 1～8 种不等，并将各省造林地平均分配至各选种树种。各省原有森林的碳汇潜力的估算考虑幼龄林、中龄林和近熟林，由于模型计算所需的植物在各地生长数据较难获取，树种选择依据“林分各优势树种各龄组面积蓄积统计表”中的各省幼龄林面积占总面积的比例总和大于等于70%的树种，而忽略一些面积有限的树种。这样的选取将带来一定的偏差。

生物量模块的主要参数设置如表 6.2 所示。硬阔类和软阔类数据分别用栲树和檫树替代，其单位面积蓄积连年生长量（CAI）均以 900 株/hm^2 进行计算。各树种的枝、

叶、根相对树干的生长比例通过各部分的年净生产力数据获取。部分树种的数据无法获取，采用与其轮伐周期相似、种类相似的树种替代。例如，云南松、思茅松、冷杉的枝叶根生长量用高山松替代，阔叶混、针阔混在模型中的数据分别用杨树和栎类替代。鉴于大部分生产力高的土地已用于发展森林，剩下的土地的生产力通常比较低，所以估计新造林地的森林年生长量将要减少 40%，这种假设可避免对大面积新营造森林的碳吸收能力估计过高，当然这种估计带有一定的主观性（徐德应，1996）。树种的干碳含量（carbon content）均采用 IPCC 缺省值 0.5（MgC/Mg DM），各树种的木材密度计算参考中国林业科学院木材工业研究所（1982），均取自各地方的平均值，植被的轮伐期参考《国家森林资源连续清查技术规定》。模型提供的输出结果包括各个组成部分（活立木、土壤、林产品以及生物质能源）的单位面积累计固碳量以及林分系统从大气中获取的净固碳量。生物量模块中各树种的自然死亡率及间伐期、间伐比例以及相应的原木和纸浆材的分配比例见书后附表 3.1。

表 6.2 模型生物量模块使用参数

树种	木材干质量密度/(Mg/m^3)	枝/叶/根年更新率	生长期/月	轮伐期/a
冷杉	0.366	0.05/0.33/0.1	3～10	60
云杉	0.342	0.05/0.33/0.1	3～10	70
柏木	0.478	0.05/0.33/0.1	4～10	37
落叶松	0.490	0.05/1.00/0.1	4～10	40
油松	0.360	0.05/0.33/0.1	3～10	40
马尾松	0.431	0.05/0.33/0.1	3～11	30
云南松	0.483	0.05/0.33/0.1	3～10	60
思茅松	0.454	0.05/0.33/0.1	3～10	60
高山松	0.413	0.05/0.33/0.1	3～10	60
杉木	0.307	0.05/0.33/0.1	3～11	25
水杉	0.270	0.05/1.00/0.1	4～11	18
栎类	0.676	0.05/1.00/0.1	3～10	45
桦木	0.541	0.05/1.00/0.1	4～10	45
硬阔类	0.598	0.05/0.33/0.1	3～11	35
桉树	0.578	0.05/0.33/0.1	3～12	10
杨树	0.396	0.05/1.00/0.1	4～11	40
软阔类	0.443	0.05/1.00/0.1	3～11	20
针阔混	0.405	0.05/0.50/0.1	3～10	45
阔叶混	0.482	0.05/0.50/0.1	4～11	40

土壤模块中的气象数据（包括月平均气温和月平均降水量）由 www.worldclimate.com 提供。由于本章研究区域以省（自治区、直辖市）为单位，且有的省（自治区、直辖市）（如甘肃、内蒙古等）呈现明显的区域地带性，以网站上提供的各省省会气象条件替代全省，可能产生一定的偏差。考虑到全国无林地中大多是宜林沙荒地（火烧迹地和采伐迹地比例较小），因此土壤模块中初始的枝、干、叶均假设为零，即默认为上述无林地均长期无人种植。其余参数采用默认值。

林产品模块中，模型提供了高、低两组参数，考虑到我国的实际情况，选用低处理以及低回收效能（low processing and recycling efficiency）的参数。

生物质能源模块，本研究均采用模型提供的默认参数。对于采伐残落物以及工业废弃木质残体均考虑替代部分煤的使用，即用于薪材，并采用改良炉灶（improved stove）技术。

6.2.3 森林碳汇估算结果

通过造林增加碳固存，可利用的土地面积是主要的限制因素，因此，若要预测未来的碳汇潜力，首先需要对我国现有森林面积与无林地面积进行核算，该数据主要来自第六次全国森林资源清查资料和国家林业局统计数据；另外，不同树种以及龄组构成也对森林碳汇的核算具有重要影响，现有森林的树种构成及龄组面积源自《林分各优势树种各龄组面积蓄积统计表》，在无林地上植树参照《用材林各优势树种各龄组面积蓄积统计表》选择树种。各省选种树种 1～8 种不等，并将各省造林地平均分配给各选种树种。

原有森林的碳汇计算分为两个部分：一为非用材林部分，其碳汇假定进入成熟期后即达到动态平衡；二为用材林部分，其碳汇计算假定成熟后当年完成采伐并种植同一树种。对于新造林，假设我国从 2005 年开始无林地造林工程，至 2020 年完成新增造林面积 4000 万 hm^2 这一承诺目标，且继续保持这一造林速度直至 2027 年实现全国所有无林地（5732.32 万 hm^2）的造林目标。

计算结果表明，至 2050 年我国森林生态系统可累积从大气中固定二氧化碳量为 8437.8MtC，其中，无林地造林可固定 3501.7MtC，原有森林可固定 4936.1MtC。

从图 6.5 可以看出，我国总森林碳汇的累积固碳量随时间不断增加。其中，2015 年以前的固碳量几乎全部来源于原有森林碳汇，此时，新造林在幼龄阶段，固碳能力还没有发挥出来，所以新造林带来的碳汇量远不及原有森林。而 2015 年之后，新造林开始进入中龄，此时的固碳能力大大增加，弥补了原有森林进入成熟阶段造成的固碳能力减弱部分。最终，总的森林碳汇累积固碳量在 2050 年前还保持继续增长，森林年新增固碳量仍为正值（图 6.6）。从图 6.6 还可以看出，每年的新增固碳量波动较大，这主要是受林木不同年龄阶段的碳汇潜力以及人工轮伐对植被更新的影响。从总体的下降趋势可以判断，森林碳汇的固碳潜力具有瓶颈作用，主要是由于可造林面积有限造成的。

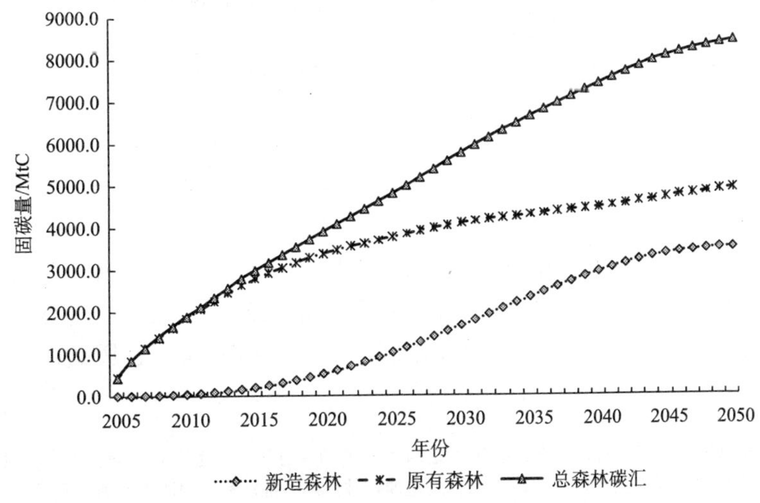

图 6.5　2005～2050 年我国森林碳汇累积固碳量

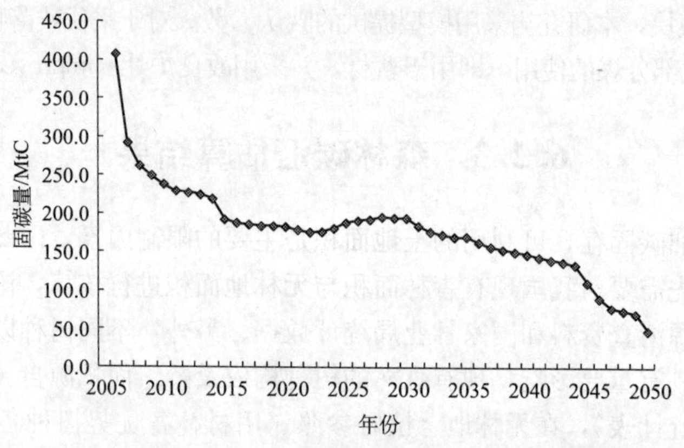

图 6.6　2005～2050 年我国森林碳汇新增固碳量

我国现有森林面积为 17 278.70 万 hm^2，其中幼龄林所占比例较大，因此具有较大的碳汇潜力。2005～2050 年，现有森林可固定大气中的碳累计 4936MtC（图 6.7 大气曲线），并可通过生物质能源的使用减少 2540MtC 的化石能源碳排放入大气中（图 6.7 中总量曲线[①]与大气曲线之差）。此外，碳汇的组成中，活力木的固碳潜力所占比例最大，至 2050 年累计固碳量为 1916MtC；土壤和林产品的固碳量相对较小，至 2050 年的累计固碳量分别为 1627MtC 和 1394MtC。由于在计算原有森林生态系统的碳汇潜能时忽略了部分树种，理论上中国现有森林的固碳潜能应略优于上述估算值。

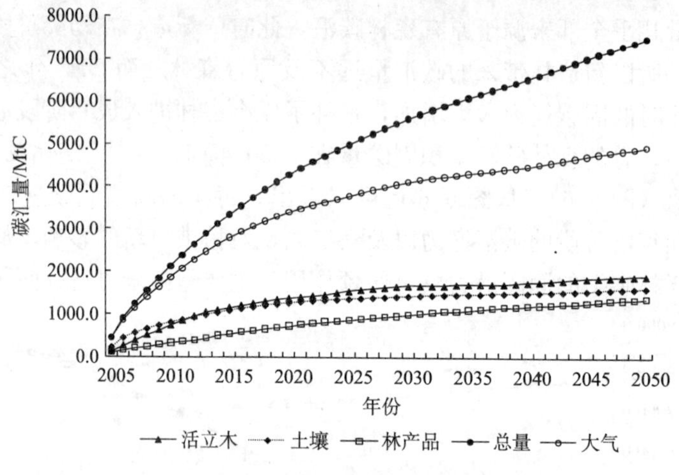

图 6.7　2005～2050 年中国原有森林累计碳汇

由于可造林面积有限，新造林的碳汇能力明显低于现有森林。2005～2050 年，5732.32 万 hm^2 的无林地造林可从大气中固定碳 3502MtC。无林地造林碳汇量在研究时限内增长较快，其中活立木仍占较大比例，2005～2050 年累计固碳 1740MtC，占无

① 图 6.7 中总量曲线表示森林生态系统所固定的大气中的碳总量。若考虑到森林的砍伐及生物质能源的使用，使得部分固定的碳又返回到大气中，那么二者之差即森林生态系统从大气中所固定的净碳量，在图中由大气曲线表示。图 6.8 类似

林地造林净固碳量的 50%；土壤和林产品的固碳量变化均较为平缓，但一直持续增长，至 2050 年可分别固碳 1114MtC 和 648MtC。

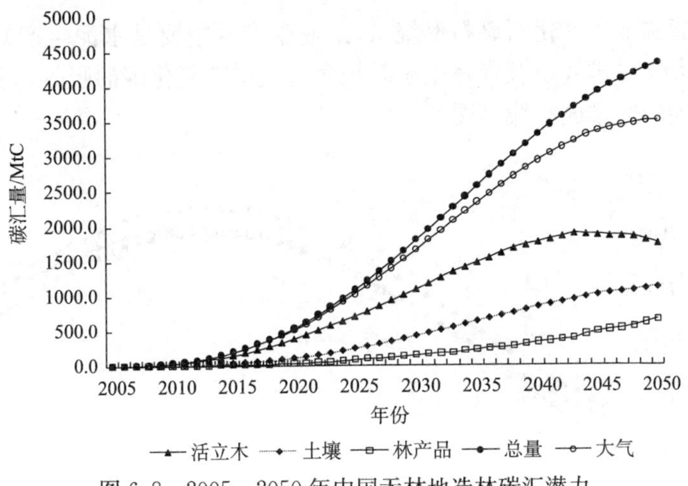

图 6.8 2005～2050 年中国无林地造林碳汇潜力

由于森林生态系统的碳汇潜力与林业用地面积关系密切，因此各省的碳汇潜力存在很大差异（图 6.9）。其中，内蒙古的无林地面积占全国无林地面积的 36.21%，其到 2050 年可累积吸收大气中的碳量为 1992MtC，占全国总量的 23.6%。黑龙江、云南等省的碳汇总量亦较大，分别达到 667MtC 和 576MtC。而上海、天津、北京三大直辖市以及江苏省造林碳汇潜力均较小，可见城市发展水平高，建筑占用了大量的可造林面积，由此导致碳汇潜力较小。而新疆、青海和西藏等内陆省（自治区），虽地域广阔，但受气候、土壤等自然地理条件的限制，其森林生态系统的净固碳潜力也十分有限。

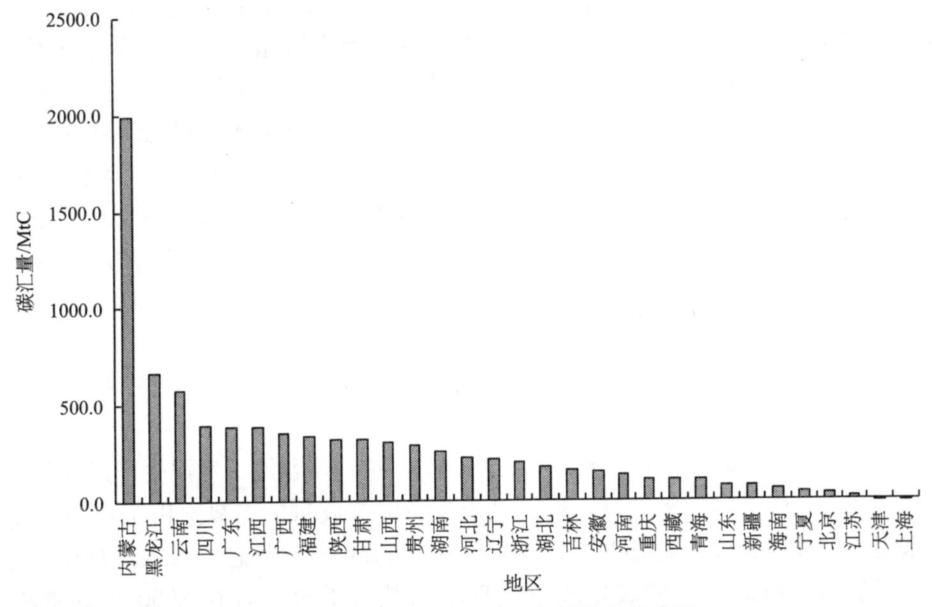

图 6.9 各地区 2005～2050 年累计森林碳汇

6.3 中国 CO_2 净排放曲线

综合考虑能源消费（化石燃料燃烧）、工业生产（主要是水泥生产）等排放源导致的二氧化碳向大气中排放以及森林生态系统对大气中二氧化碳的吸收，我们加总得到未来我国二氧化碳的净排放曲线（图 6.10）。

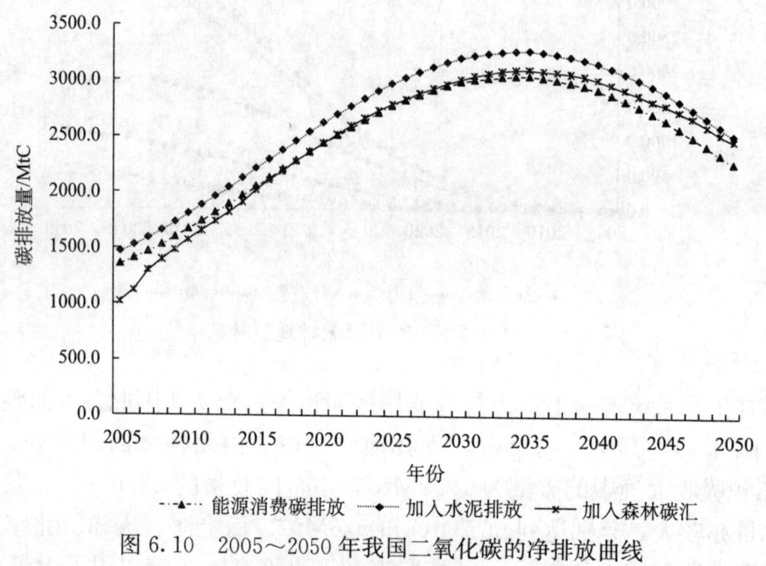

图 6.10 2005～2050 年我国二氧化碳的净排放曲线

从图 6.10 可以看出，由于森林碳汇的年变化具有一定的波动性，因此我国未来的净碳排放曲线也存在小幅的年际波动情况。比较图 6.10 中三条曲线可以看出，2020 年前森林碳汇基本可以抵消水泥生产所排放的二氧化碳，净排放曲线低于能源消费碳排放曲线。但 2020 年以后，净排放曲线开始逐渐超过能源消费碳排放曲线。究其原因，一方面是由于我国城市化进程还处在不断上升的阶段，对水泥的需求也随之上升，因此水泥产量的增加导致水泥排放的上升趋势还在延续，但增幅放缓；另一方面，森林碳汇量由于林木生命周期的影响也正经历下降过程，因此不足以抵消水泥产生的碳排放部分。但总体来看，我国净排放量将从 2005 年的 1015.2MtC 逐渐增加，大约在 2035 年达到高峰，净排放量最高为 3105.4MtC，随后开始下降，在 2050 年基本控制在 2475.6MtC 以内。

6.4 总结与讨论

本章在第 5 章能源消费碳排放预测的基础上，进一步预测了水泥生产过程碳排放以及森林碳汇对大气中碳的吸收量，从而对未来净碳排放量的走势给出了更为全面的估计。水泥生产过程碳排放预测结果显示，随着我国城市化进程趋于稳定，对水泥的需求量也趋于稳定，由此产生的碳排放也呈现增长放缓的迹象，在 2050 年基本稳定在 248MtC 左右。

对森林碳汇的预测估计采用了CO2FIX模型，综合考虑了生物量、土壤以及林产品等模块以及树种、林龄和原有森林和新造林等的碳汇潜力。预测结果表明，至2050年我国森林生态系统可累积从大气中固定的二氧化碳量为8437.8MtC，其中无林地造林可固定3501.7MtC，原有森林可固定4936.1MtC。

综合考虑碳源与碳汇后的净碳排放将从2005年的1015.2MtC逐渐增加，大约在2035年达到高峰，净排放量最高为3105.4MtC，随后开始下降，在2050年基本控制在2475.6MtC以内。

第 7 章　多区域 GDP 溢出下气候保护模型

第 2～6 章主要讨论了我国碳排放现状以及未来的排放趋势，而当前气候变化已经成为继 WTO 谈判后国与国之间矛盾冲突最多、协调难度最大的多边国际问题之一。考虑到采取减排政策将对国家经济产生的影响，当前关于应对气候变化的谈判内容已经不仅是气候问题，更是经济问题、政策问题。针对这种情况，要制定合理、科学的、能保障国家经济平稳增长的国家减排方案，就离不开对气候保护政策的科学模拟计算。因此，本章将建立一个支持我国气候保护政策制定的多区域 GDP 溢出下的气候保护模型。

7.1　气候保护政策模拟系统概述

基于第 1 章对于国际上流行的气候经济学模型的对比分析，读者已经对各个模型的功能有了基本的了解，其中，Nordhaus 所建立的开放的 DICE、RICE 模型是该领域的典型。然而，Nordhaus 的模型有两个弱点：第一是没有考虑内生技术进步；第二是没有考虑各国的 GDP 溢出。对于技术进步问题，Zwaan 等（2002）的 Demeter 模型构建了包含内生技术进步的二氧化碳减排影响模型。其中，技术进步被看作一个累积生产量的函数。模型主要分为两个部分来展开：首先考察不包含干中学的部分；其次再考察包含干中学的部分。王铮等（2006）、王铮等（2007）基于新经济增长理论对原有的气候保护模型进行改进，以发现技术进步条件下排放量的变化，包括引入了增汇作用和技术进步速度。对于各国 GDP 溢出问题，Grubb 等（2002）将由于工业化国家的二氧化碳减排行动对于发展中国家的国际溢出（international spillover）分解成三个部分：一是经济替代效应所产生的溢出；二是技术进步的扩散所传递的溢出；三是工业化国家的减排行动对于发展中国家的政策和政治方面的影响。笔者进行情景模拟发现，发达国家减排的国际溢出对于全球减排具有重大影响，模拟所设定的溢出程度的大小对于气候影响具有很大的敏感性。王铮等（2007）结合 Mundell-Fleming 修正模型与王铮等（2006）结合起来，构建了包含内生技术进步的二氧化碳减排影响模型，就中美气候保护的 GDP 溢出建立了两国模型。

因此，本章将建立一个全球性的包含 GDP 溢出机制和技术进步作用的多区域气候保护政策模拟模型，该模型将适用于国际减排政策模拟，为我国制定科学的减排政策提供决策支持。

本章执笔人：王铮、吴静

7.2 多区域气候保护模型的基本结构

干中学的多区域溢出动态气候经济综合模型（learning by doing multi-regional dynamic integrated model of climate and economy with GDP spillovers，LRICES）是一个全球气候-经济耦合模型。模型考虑了全世界六个国家（地区），分别为中国、美国、日本、欧盟、原苏联和世界其他地区，每个国家（地区）具有各自的经济模拟子系统，国家（地区）经济间存在 GDP 溢出现象，所有国家（地区）共享一个全球气候系统。

多区域 GDP 溢出下的气候保护模型由 4 个子模块组成，分别是宏观经济模块、气候变化模块、人地关系协调的决策选择模块和多区域 GDP 溢出模块。

1. 宏观经济模块

该模块包含一切与经济有关的方程，主要以连贯状态型模型为基础，在投入-产出的关系中考虑了各种气候保护政策的经济支出，它将给国民经济产出和人民的福利等都带来影响，这是本项研究的重点。各国经济系统结构如图 7.1 所示。

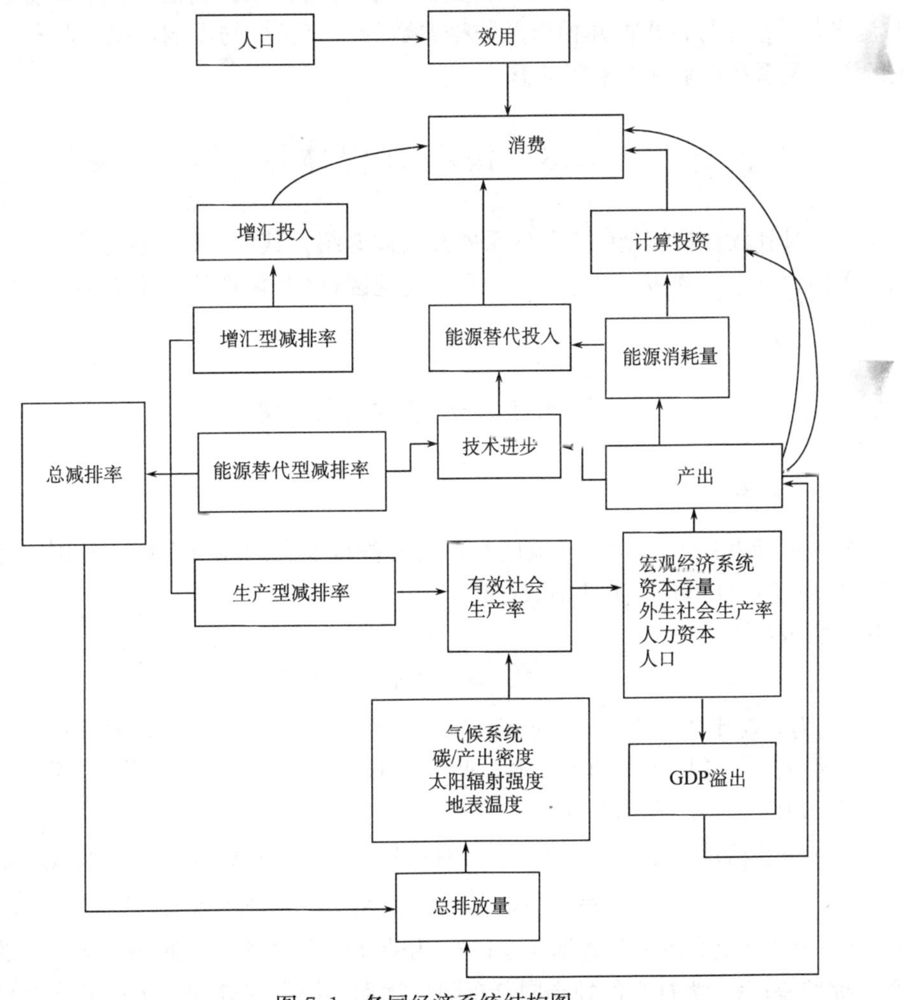

图 7.1 各国经济系统结构图

2. 气候变化模块

该模块考虑到气候系统对各项气候保护政策的响应作用，从物理上描述二氧化碳排放量所涉及的各个关系，对各种气候保护政策的减排效应进行量化计算。

3. 人地关系协调的决策选择模块

该模块综合评估各种气候保护政策的经济效应和减排效应，其中主要涉及了气候保护政策情景的设定；另外，模型还在能源替代中引入干中学思想，随着能源累计生产量的提高，通过学习后其单位生产成本会下降。

4. 多区域 GDP 溢出模块

多区域 GDP 溢出模块通过各国的产出将整个宏观经济模块连接起来，通过这个模块的计算和各国相互值的传递，完成对多区域 GDP 溢出背景下的气候保护政策的模拟。多区域 GDP 溢出模块使得多区域气候保护政策的制定更加科学，符合全球多区域 GDP 溢出的大背景。本系统的多区域 GDP 溢出关系只考虑中国、美国、日本和欧盟之间的 GDP 溢出，受多区域溢出的建模以及数据参数的可获得性的影响，原苏联和世界其他地区的溢出关系在本系统中未能考虑。

7.3 模型方程体系

本节将对气候保护模型的方程体系展开具体介绍，其中下标 i 从 1 到 6，分别代表中国、美国、日本、欧盟、原苏联和世界其他地区；t 是模拟的一个周期，在模型中表示一年。

7.3.1 宏观经济模块

1. 生产函数

本模型所涉及的 6 个国家（地区）均具有各自独立的经济系统，各国（地区）的 GDP 产出通过 C-D 形式的生产函数计算。

用方程表示为

$$Y_{i,t} = A_{i,t}^{*} K_{i,t}^{\alpha} L_{i,t}^{1-\alpha} \tag{7.1}$$

式中，$A_{i,t}^{*}$为有效社会劳动生产率；$K_{i,t}$为物质资本；$L_{i,t}$为人口；α 为资本弹性，这里物质资本和人口（等同于劳动力资本，见 Nordhaus 等（1996））的弹性之和为 1，表明传统生产率因素具有规模不变性。

定义纯外生劳动生产率 $A_{i,t}$是一个具有指数性变化趋势的随机对数模型。即

$$\ln(A_{i,t}) = \ln(A_{i,t-1}) + \gamma_{i,a}\exp(-\delta_{i,a}t) + \sigma_a \in_t \tag{7.2}$$

式中，$\gamma_{i,a}$为劳动生产率的初始增长率；$\delta_{i,a}$为劳动生产率增长率的年变化；σ_a 为随机增长率的标准差；$\in_t$ 为标准的独立同分布随机扰动。该等式表明，随机及永久性扰动改

变了每一时段的生产率水平，这些扰动的标准差为 σ_a。

在 RICE（Nordhaus et al.，1996）中，用有效社会劳动生产率 $A_{i,t}^*$ 来刻画生产减少与温度上升对 GDP 的影响。这里所谓的"有效"，是指 $A_{i,t}^*$ 是描述了可用于消费和投资的产出量，即在产出因控制成本和气候破坏而减少后的数量。所以，它可以表达为 $A_{i,t}$ 与控制成本和气候破坏成本之间的关系。

$$A_{i,t}^* = \left(\frac{1 - b_{i,1}\mu_{i,p}}{1 + (D_{i,t}/9)T_t^2}\right)A_{i,t} \tag{7.3}$$

式中，$\mu_{i,p}$ 为生产型二氧化碳排放控制率；$b_{i,1}$ 为生产型减排破坏系数；$D_{i,t}$ 为温度上升 3℃所导致的各国 GDP 的损失。式（7.3）表明，政策制定的生产型二氧化碳排放控制率将减少有效社会劳动生产率。

2. 资本存量

相应的物质资本的资本积累为

$$K_{i,t+1} = K_{i,t}(1 - \delta_{i,K}) + I_{i,t} \tag{7.4}$$

式中，$\delta_{i,K}$ 为固定资产的折旧率。该方程的含义即为某一时段的资本总额等于上一时段资本总额经过折旧后的总量与上一时段投资额之和。

3. 投资

投资在传统意义上应该是投资率和当年总产出的乘积，但由于要考虑各项气候保护措施投入对经济增长和效用的影响，那么气候保护的投入从哪里来？蒋铁红（2003）是完全扣除在消费上，也就是仅仅通过损失社会福利来进行气候保护，这显然与人地关系协调的意义不符；完全扣除在投资上，那么对经济增长的影响就可能过大，超出国家发展所能承受的范围。因此，我们将气候保护的投入成本按照一定比例折扣到投资和消费上，即同时兼顾经济增长和人地关系的协调。

于是，实际的国内总投资由下式求得

$$I_{i,t} = \eta_i Y_{i,t} - \eta_{i,I}[I_{i,t}^{(cs)} - I_{i,t}^{(f)} + I_{i,t}^{(n)} - M_{i,t}^{(f)} + M_{i,t}^{(n)}] \tag{7.5}$$

式中，η_i 为每年的投资率；$Y_{i,t}$ 为 t 时期总产出；$\eta_{i,I}$ 为气候保护投入在总投资中扣除的百分比，是一个政策参数；气候保护投入的另外一部分（$1 - \eta_{i,I}$）将在实际消费中扣除。气候保护的投入包括：$I_{i,t}^{(cs)}$，t 时期的增汇投入；$I_{i,t}^{(f)}$ 和 $I_{i,t}^{(n)}$，化石和非化石能源消费量的变化所带来的化石和非化石燃料投入资本的变化；$M_{i,t}^{(f)}$ 和 $M_{i,t}^{(n)}$，维护和运作化石燃料和非化石燃料的资本的变化。

4. 消费 C_t

总产出 $Y_{i,t}$ 被用于消费 $C_{i,t}$、投资 $I_{i,t}$，即

$$Y_{i,t} = C_{i,t} + I_{i,t} \tag{7.6}$$

而因为气候保护的成本一部分扣在了投资上，另外一部分则要由消费分担，即实际的居民消费应该为

$$C_{i,t} = Y_{i,t} - I_{i,t} - (1 - \eta_{i,I})[I_{i,t}^{(cs)} - I_{i,t}^{(f)} + I_{i,t}^{(n)} - M_{i,t}^{(f)} + M_{i,t}^{(n)}] \tag{7.7}$$

5. 效用和拉姆齐量

本模型采用效用和拉姆齐量来考虑随着减排时间的推移，全球和各个国家（地区）的效用的变化及其带来的综合减排效果。

效用是评估经济影响和人地协调的基本参数。本模型采用凯恩斯-拉姆齐凯恩斯-拉姆齐效用函数，它的意义是这样的：效用是人均消费 $C_{i,t}/L_{i,t}^{(s)}$ 的函数。特别是，消费者在进行消费时多带有偏爱，即存在“短视性”，因此效用随时间变化，存在时间偏好 ρ。假设代表性消费者所表现出的每消费一个单位货币的相对风险系数为 τ，有

$$U_i(n) = \sum_{t=1}^{n}(1+\rho)^{-t}L_{i,t}^{(s)}\frac{[C_{i,t}/L_{i,t}^{(s)}]^{1-\tau}}{1-\tau} \tag{7.8}$$

式中，$C_{i,t}$ 为 t 阶段的消费。消费群体 $\{C_{i,0}, C_{i,1}, \cdots\}$ 是受限制于生产资源限制的。其中 ρ、τ 两个参数反映了消费者社会福利的不确定性（Pizer，1999）。

为了考虑各国（地区）在减排期间的综合效果，只考虑 GDP 是不够的，必须考虑各国（地区）的总人口带来的影响。现构造拉姆齐量如下

$$Q_{it} = (Y_{it}/L_{it}) \cdot L_{it}^{0.75} \tag{7.9}$$

式中，Q_{it} 为第 i 个国家 t 时期的拉姆齐量值；Y_{it} 为 GDP 产出；L_{it} 为各国的人口。

7.3.2 气候系统响应模块

1. 碳排放总量

连贯状态型模型中的一个重要部分就是将经济活动（以总产出 Y_t 衡量）和全球变暖（以平衡地表温度 T_t 衡量）联系起来，首先将排放量与总产出联系起来，得到各国（地区）t 阶段二氧化碳排放量 $E_t^{(c)}$ 的表达式

$$E_{i,t}^{(c)} = \sigma_{i,t}(1-\mu_{i,c})Y_{i,t}(\frac{A_{i,t}}{A_{i,t}^{*}}) + \text{LU}_{i,t} \tag{7.10}$$

$$\text{LU}_{i,t} = \text{LU}_{i,0}(1-\delta_1)^t \tag{7.11}$$

$$E_t = \sum_{i=1}^{6} E_{i,t}^{(c)} \tag{7.12}$$

式中，$\sigma_{i,t}$ 为 t 阶段排放量比总产出的外生趋势；$\mu_{i,c}$ 为各种气候保护措施的二氧化碳排放控制率之和；$\text{LU}_{i,t}$ 为各国（地区）t 阶段土地利用类型变化引起的二氧化碳排放；$\text{LU}_{i,0}$ 为初始年份各国（地区）的土地利用产生的二氧化碳排放水平；δ_1 为土地利用排放的年递减率；E_t 为世界碳排放总量。

假设排放量比总产出的外生趋势 $\sigma_{i,t}$ 是基于指数变化模型的

$$\ln(\sigma_{i,t}) = \ln(\sigma_{i,t-1}) - \gamma_{i,\sigma}\exp(-\delta_{i,\sigma}t) \tag{7.13}$$

式中，$\gamma_{i,\sigma}$ 为排放量比总产出的初始增长率（负数）；$\delta_{i,\sigma}$ 为排放量比总产出增长率的年际变化。

由于 Nordhaus（1993）、Pizer（1999）等模型对排放强度的估计是基于 20 世纪 90 年代的历史数据，故排放强度下降较当前缓慢，如图 7.2 所示。实际上，当前各国（地

区）在技术进步的作用下，排放强度呈现较快下降趋势。为了弥补这一不足，本研究基于第 3 章关于技术进步对碳排放的影响，估计了当前技术进步条件下排放强度的变化趋势，得到发展中国家排放强度年下降率为 5.4%，发达国家排放强度年变化率为 4.7%。因此，模型为了对比分析不同技术进步水平下减排的经济效益情况，分别以 Nordhaus（1994）、Pizer（1999）的排放强度以及我们所估计的排放强度模拟各种减排情景。为了便于表述，下文统一将前者记为“缓慢技术进步水平”，后者记为“改进的技术进步水平”。后者意味着通过能源技术改进来减少排放，或者称技术性减排。

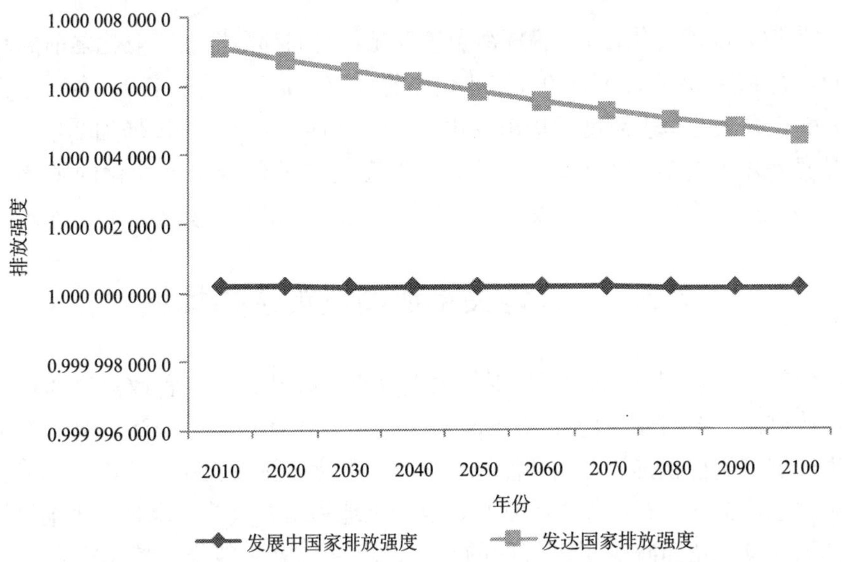

图 7.2　Nordhaus（1993）、Pizer（1999）估计的排放强度变化趋势

2. 二氧化碳的大气浓度

人为活动排放的二氧化碳在大气中的积累如下式

$$M_t - 590 = \beta_i E_{t-1} + (1 - \delta_m)(M_{t-1} - 590) \tag{7.14}$$

式中，M_t 为 t 阶段的二氧化碳的大气浓度（10 亿 t 碳平衡）；β_i 为二氧化碳在大气中的停滞率，如果 β_i 值较低，说明二氧化碳不在大气中积累，一单位的值 β_i 意味着每吨排放出来的二氧化碳变为了 1 吨大气中存在的二氧化碳；δ_m 为衰减率，它假设在前工业化时期 5900 亿 t 的水平上，大气中的二氧化碳是慢慢衰减的，即被绿色植物、海洋等汇逐渐吸收（Pizer，1999）。

3. 大气温度

基于大气中二氧化碳平均浓度导致辐射能力增加的原理，建立一种衡量太阳能转化为大气中的热能的转化机制，如下

$$F_t = 4.1\ln(M_t/590)/\ln(2) + O_t \tag{7.15}$$

式中，F_t 为 t 阶段每平方米的辐射能力（单位：W），该等式的含义就是二氧化碳浓度

增加 2 倍会导致辐射能力以 4.1 倍的速度迅速增加（Pizer，1999）。t 阶段其他温室气体如甲烷等的辐射能力 O_t，假设它对于气候系统模型是外生的。

$$O_t = \begin{cases} 0.2604 + 0.0125t - 0.000\,034t^2 & t < 150 \\ 1.42 & \text{其他} \end{cases} \tag{7.16}$$

增加的辐射能力会导致温度变化如下

$$T_t = T_{t-1} + (1/R_1)[F_t - \lambda T_{t-1} - (R_2/\tau_{12})(T_{t-1} - T_{t-1}^*)] \tag{7.17}$$

$$T_t^* = T_{t-1}^* + (1/R_2)(R_2/\tau_{12})(T_{t-1} - T_{t-1}^*) \tag{7.18}$$

式中，T_t 为地表温度变化；T_t^* 为深海温度变化，它们都是以在工业化之前的水平为基准表示的，若 $M_t=590W$、$O_t=0$（工业化之前），T_t 和 T_t^* 将等于 0；参数 λ 为给定的辐射能力变化导致的地表温度的均衡变化，大气中的二氧化碳浓度增加 2 倍，会导致长期表面温度上升 $4.1/\lambda$，参数 $4.1/\lambda$ 是大气温度随二氧化碳浓度变化的敏感度；参数 R_1、R_2 和 τ_{12} 描述了大气表层、深海比热及它们之间的相对能量转化率（Pizer，1999）。

7.3.3 人地关系协调决策选择模块

多区域 GDP 溢出背景下的气候保护模拟分析系统共包含 4 种政策选择：增汇型二氧化碳排放控制、碳捕获与埋存（carbon capture and storage，CCS）型二氧化碳排放控制、生产型二氧化碳排放控制和能源替代型二氧化碳排放控制。增汇型二氧化碳排放控制就是通过增汇的方式，如种植森林、改变土地利用方式等，森林、土壤等汇吸收空气中的二氧化碳，从而减少了大气中的碳。CCS 型二氧化碳排放控制将生产中所排放二氧化碳收集起来，并用一定的技术将之储存，以避免二氧化碳排放到大气中。生产型二氧化碳排放控制是在计算 GDP 时在生产函数中就加以考虑的，体现在对有效社会生产率的修正上。至于能源替代型二氧化碳排放控制，是通过用非化石燃料能源替代化石燃料能源，在确保不影响产出的情况下，采用更多的非化石燃料能源以减少碳排放。

这些政策措施的选取和实施都将给未来的经济发展、气候变化以及人地关系协调等带来不同的影响，因此，人地关系协调意义下，在模型中加入对这些政策的研究模块是非常必要的。这里，我们将增汇型二氧化碳排放控制、CCS 型二氧化碳排放控制、生产型二氧化碳排放控制和能源替代型二氧化碳排放控制的成本投入按照一定比例分别扣在了每年的投资和消费上。

1. 总二氧化碳排放控制率

模型分别考虑增汇型二氧化碳排放控制、CCS 型二氧化碳排放控制、生产型二氧化碳排放控制和能源替代型二氧化碳排放控制的控制率，最后总的控制率将是四者的总和。即

$$\mu_{i,c} = \mu_{i,p} + \mu_{i,s} + \mu_{i,\text{ccs}} + \mu_{i,d} \tag{7.19}$$

式中，$\mu_{i,c}$ 为各国各种气候保护措施的二氧化碳排放控制率之和；$\mu_{i,s}$ 为增汇型控制率；$\mu_{i,\text{ccs}}$ 为生产型控制率；$\mu_{i,d}$ 为能源替代型控制率。

2. 增汇型二氧化碳排放控制的成本投入

$$I_{i,t}^{(cs)} = C_i^{(s)} \mu_{i,s} \sigma_{i,t} Y_{i,t} \left(\frac{A_{i,t}}{A_{i,t}^*} \right) \tag{7.20}$$

式中，$\mu_{i,s}$为增汇型控制率；$C_i^{(s)}$是每减少1吨二氧化碳排放的增汇成本。

3. CCS型二氧化碳排放控制的成本投入

$$I_{i,t}^{(ccs)} = C_i^{(ccs)} \mu_{i,ccs} \sigma_{i,t} Y_{i,t} \left(\frac{A_{i,t}}{A_{i,t}^*} \right) \tag{7.21}$$

式中，$\mu_{i,ccs}$为CCS型控制率；$C_i^{(ccs)}$为每减少1吨二氧化碳排放的CCS投入成本。

4. 能源总消费量

影响能源需求量的因素有很多，主要是社会劳动生产率、人口数以及经济发展水平。

$$E_{i,t}^{(n)} = \zeta_{i,t} Y_{i,t}^* \left(\frac{A_{i,t}}{A_{i,t}^*} \right) \tag{7.22}$$

式中，$E_{i,t}^{(n)}$为能源消费量；$\zeta_{i,t}$为能源消耗量比产出的外生趋势；$Y_{i,t}^*$为GDP；$A_{i,t}^*$为有效社会劳动生产率。和碳排放比产出的外生趋势$\sigma_{i,t}$一样，能源消耗量比总产出的外生趋势$S_{i,t}$也是基于指数变化模型的

$$\ln(\zeta_{i,t}) = \ln(\zeta_{i,t-1}) + \gamma_{i,\sigma} \exp(-\delta_{i,a} t) \tag{7.23}$$

因为碳的排放主要来源于能源的消费，这里外生趋势变化的参数和碳排放比产出的外生趋势参数是一样的。

5. 能源替代量

干中学的重要内容是重新分配能耗。本项研究中，由于考虑采取能源替代政策来控制二氧化碳排放，又因为我国是以化石燃料为主的能源消费结构，排放的二氧化碳绝大部分都来自于化石燃料的燃烧，所以倘若化石燃料和非化石燃料的比例每年按照控制率$\mu_{i,d}$递减，那么，$\mu_{i,d}$也就是能源替代型二氧化碳控制率，即得到

$$N_{i,t} = F_{i,t} / \lambda_{i,,\mathrm{FN}} (1 - \mu_{i,d}) \tag{7.24}$$

又因为化石能源消费量和非化石能源消费量共同构成了总的能源消费量，即

$$\mathrm{En}_{i,t} = F_{i,t} + N_{i,t} \tag{7.25}$$

如果不采取能源替代政策，那么

$$N_{i,t}^* = F_{i,t}^* / \lambda_{i,\mathrm{FN}} \tag{7.26}$$

于是

$$\Delta F_{i,t} = F_{i,t}^* - F_{i,t} \tag{7.27}$$

$$\Delta N_{i,t} = N_{i,t} - N_{i,t}^* \tag{7.27'}$$

式中，$\Delta F_{i,t}$和$\Delta N_{i,t}$分别为t时期没有采取能源替代政策的化石和非化石能源消费

量较 t 时期采取能源替代政策后的化石和非化石能源消费量的变化量。

6. 干中学过程

干中学通过累积生产量的比例函数嵌入到模型中，这个比例函数意味着如果只有较少的累积生产量，那么，相对于较高水平的累积生产量，需要更多的特定能源资本和维护、运作资本才能生产出一定水平的能源。

由于能源替代政策的实施，化石和非化石能源消费量的变化所带来的化石和非化石能源资本投入的变化分别为 $I_{i,t}^{(f)}$ 和 $I_{i,t}^{(n)}$，带来的维护和运作化石燃料和非化石燃料的资本的变化分别为 $M_{i,t}^{(f)}$ 和 $M_{i,t}^{(n)}$，它们的关系一般可由以下方程表达（Zwaan，2002）

$$I_{i,t-1}^{(n)} = g[X_{i,t}^{(n)}]a_{i,N}\Delta N_{i,t} \tag{7.28}$$

$$M_{i,t}^{(n)} = g[X_{i,t}^{(n)}]b_{i,N}\Delta N_{i,t} \tag{7.29}$$

$$I_{i,t-1}^{(f)} = g[X_{i,t}^{(f)}]a_{i,F}\Delta F_{i,t} \tag{7.30}$$

$$M_{i,t}^{(f)} = g[X_{i,t}^{(f)}]b_{i,F}\Delta F_{i,t} \tag{7.31}$$

式中，$a_{i,F}$、$b_{i,F}$分别为化石能源使用的资本强度和所需的维护、运作强度；相应地，$a_{i,N}$、$b_{i,N}$分别为非化石能源使用的资本强度和所需的维护、运作强度；$X_{i,t}^{(f)}$、$X_{i,t}^{(n)}$分别为化石燃料和非化石燃料的累积生产量。假设能源的生产完全用于消耗，于是有

$$X_{i,t+1}^{(f)} = X_{i,t}^{(f)} + F_{i,t} \tag{7.32}$$

$$X_{i,t+1}^{(n)} = X_{i,t}^{(n)} + N_{i,t} \tag{7.33}$$

函数 $g(.)$ 通常是用来表示通过学习后生产成本的下降，指数 α 的值是干中学过程的基础，它说明了学习所需技术的速率（Zwaan et al.，2002）

$$g(x) = g_0 x^{\alpha-1} \tag{7.34}$$

学习率为

$$\text{lr} = 1 - 2^{\alpha-1} \tag{7.35}$$

式中，lr 为学习率。然而，方程（7.31）意味着生产成本的不断下降，从长期来看并不现实。在 Demeter 模型中，作者假定生产成本收敛到一个底价，这意味着对于一个成熟的技术，学习率会下降。g_0 为干中学方程中的一个比例系数，用于调整资本强度的初始值（Zwaan et al.，2002）

$$g(x) = g_0 x^{\alpha-1} + 1 \tag{7.36}$$

7.3.4 多区域 GDP 溢出模块

Douven 等（1998）在 McKibbin 等（1991）的基础上发展了 4 个版本的 M-F 模型修正动态版，它是可计算的，本书根据多区域的情况选取了其中的版本 B 作为基础，将两国模型扩展成为多区域 GDP 溢出模型。利用多区域 GDP 溢出模型将多区域的经济系统联系起来，使得多区域的减排政策建立在多区域 GDP 溢出的基础上，更加符合本国的利益。本系统的建模中，中国、美国、日本和欧盟考虑相互之间的 GDP 溢出，由于多区域溢出建模的困难以及数据参数难以获得，原苏联和世界其他地区的溢出关系在

本系统中未能考虑。现实世界中原苏联和世界其他地区也存在着 GDP 溢出关系，体现在下面溢出方程的残差项中。

GDP 溢出模型方程体系如下

$$m^{c}-p^{c^{c}}=\omega_{0}^{c}+\omega_{1}^{c}q^{c}-\omega_{2}^{c}i^{c}+\omega_{3}^{c}(m_{-1}^{c}-p_{-1}^{c^{c}}) \tag{7.37}$$

$$m^{a}-p^{c^{a}}=\omega_{0}^{a}+\omega_{1}^{a}q^{a}-\omega_{2}^{a}i^{a}+\omega_{3}^{a}(m_{-1}^{a}-p_{-1}^{c^{a}}) \tag{7.38}$$

$$m^{j}-p^{c^{j}}=\omega_{0}^{j}+\omega_{1}^{j}q^{j}-\omega_{2}^{j}i^{j}+\omega_{3}^{j}(m_{-1}^{j}-p_{-1}^{c^{j}}) \tag{7.39}$$

$$m^{e}-p^{c^{e}}=\omega_{0}^{e}+\omega_{1}^{e}q^{e}-\omega_{2}^{e}i^{e}+\omega_{3}^{e}(m_{-1}^{e}-p_{-1}^{c^{e}}) \tag{7.40}$$

$$q^{c}=v_{0}^{c}+v_{1}^{c}\lambda^{ca}-v_{2}^{c}(i^{c}-p_{+1}^{c}+p^{c})+v_{3}^{c}q^{a}+v_{4}^{c}q^{j}+v_{5}^{c}q^{e}+v_{6}^{c}g^{c} \tag{7.41}$$

$$q^{a}=v_{0}^{a}+v_{1}^{a}\lambda^{ea}-v_{2}^{a}(i^{a}-p_{+1}^{a}+p^{a})+v_{3}^{a}q^{c}+v_{4}^{a}q^{j}+v_{5}^{a}q^{e}+v_{6}^{a}g^{a} \tag{7.42}$$

$$q^{j}=v_{0}^{j}+v_{1}^{j}\lambda^{ja}-v_{2}^{j}(i^{j}-p_{+1}^{j}+p^{j})+v_{3}^{j}q^{c}+v_{4}^{j}q^{a}+v_{5}^{j}q^{e}+v_{6}^{j}g^{j} \tag{7.43}$$

$$q^{e}=v_{0}^{e}+v_{1}^{e}\lambda^{ae}-v_{2}^{e}(i^{e}-p_{+1}^{e}+p^{e})+v_{3}^{e}q^{c}+v_{4}^{e}q^{a}+v_{5}^{e}q^{j}+v_{6}^{e}g^{e} \tag{7.44}$$

$$\lambda^{ca}=e^{ca}+p^{a}-p^{c} \tag{7.45}$$

$$\lambda^{ja}=e^{ja}+p^{a}-p^{j} \tag{7.46}$$

$$\lambda^{ea}=e^{ea}+p^{a}-p^{e} \tag{7.47}$$

$$(e_{+1}^{ca}-e^{ca})/e^{ca}=i^{c}-i^{a} \tag{7.48}$$

$$(e_{+1}^{ja}-e^{ja})/e^{ja}=i^{j}-i^{a} \tag{7.49}$$

$$(e_{+1}^{ea}-e^{ea})/e^{ea}=i^{e}-i^{a} \tag{7.50}$$

方程体系中，带上标 c 的是中国的变量，带上标 a 的是美国的变量，带上标 j 的是日本的变量，带上标 e 的是欧盟的变量。方程中两个上标的，如 λ^{ca} 代表中美之间的真实汇率（一美元兑多少元人民币）。方程中的所有的变量，除了 i 以外，都取自然对数形式。参数都假定为正。负的角标表示滞后值，正的角标表示将来（预期）值，无脚标表示无延迟。m 为名义货币量，q 为真实 GDP，i 为短期利率水平，e 为两国之间的名义汇率，λ 为两国之间的真实汇率，p 为价格水平，p^{c} 为消费者的价格水平，g 为实际政府支出。

该模型有一个关键的假设，即资本在两国间完全流动。每个区域都有一个货币需求方程式（7.37）～式（7.40）和一个总需求曲线式（7.41）～式（7.44）。式（7.37）～式（7.40）是标准本国 LM 曲线，背后隐藏的假定是货币市场均衡条件：货币供给等于货币需求。式（7.41）～式（7.44）描述的是以真实汇率、真实短期利率、外国 GDP、政府支出解释的实际总需求方程，实际上代表的是开放经济中的 IS 曲线，它表明一国的总需求（相对于国外而言）与实际汇率成正比，与相对真实利率成反比，背后隐藏的假定是国民收入恒等关系：储蓄等于投资。式（7.45）～式（7.47）表示 4 个国家（地区）的真实汇率。式（7.48）～式（7.50）是未抵补的利率平价，表示资本完全流动的情况，该方程强调了汇率自由波动和利率市场化。这些假定只有在完全的市场经济条件下，各个市场同时出清时才会满足，即使是在现实中的发达市场经济国家，这些假定也只能被看作是一种近似，完全有可能被偏离。上述这些结构关系如果不加分析地应用于多区域经济的现实，肯定是武断的。我们引入这个模型，是为了导出在理想状况下各经济变量应该具有的关系，以便我们更好地理解现实中的经济情况，这种对现实经济的近似描述在一定程度上反映各国之间存在的 GDP 溢出关系。

这里的模型可以用于动态预测，在多区域系统内部，由于一国采取气候保护政策所导致的经济影响对其他国 GDP 的影响即 GDP 溢出，因而将货币政策、财政政策、本国利率和本国政府支出等排除在考虑之外，仅仅关注的是式（7.41）～式（7.44）。

由式（7.41）～式（7.44），进一步将各国 GDP 的变化分解为财政政策冲击、货币政策冲击和他国 GDP 变化所带来的冲击，分解结果如下

$$\Delta q^{c} = v_1^{c}\Delta\lambda^{ca} - v_2^{c}\Delta(i^{c} - p_{+1}^{c} + p^{c}) + v_3^{c}\Delta q^{a} + v_4^{c}\Delta q^{j} + v_5^{c}\Delta q^{e} \quad (7.51)$$

$$\Delta q^{a} = v_1^{a}\Delta\lambda^{ea} - v_2^{a}\Delta(i^{a} - p_{+1}^{a} + p^{a}) + v_3^{a}\Delta q^{c} + v_4^{a}\Delta q^{j} + v_5^{a}\Delta q^{e} \quad (7.52)$$

$$\Delta q^{j} = v_1^{j}\Delta\lambda^{ja} - v_2^{j}\Delta(i^{j} - p_{+1}^{j} + p^{j}) + v_3^{j}\Delta q^{c} + v_4^{j}\Delta q^{a} + v_5^{j}\Delta q^{e} \quad (7.53)$$

$$\Delta q^{e} = v_1^{e}\Delta\lambda^{ae} - v_2^{e}\Delta(i^{e} - p_{+1}^{e} + p^{e}) + v_3^{e}\Delta q^{c} + v_4^{e}\Delta q^{a} + v_5^{e}\Delta q^{j} \quad (7.54)$$

式中，Δq 为 GDP 对基点模拟的偏移；$\Delta\lambda$ 为实际汇率对基点的偏移；Δi 为利率对基点的偏移。政府支出 g 没有出现，因为它是外生的。

不考虑实际汇率和利率对基点的偏移，由式（7.51）～式（7.54）可得多区域 GDP 溢出的关系

$$\ln Y^{c} - \ln Y_{-1}^{c} = v_3^{c}(\ln Y^{a} - \ln Y_{-1}^{a}) + v_4^{c}(\ln Y^{j} - \ln Y_{-1}^{j}) + v_5^{c}(\ln Y^{e} - \ln Y_{-1}^{e}) \quad (7.55)$$

$$\ln Y^{a} - \ln Y_{-1}^{a} = v_3^{a}(\ln Y^{c} - \ln Y_{-1}^{c}) + v_4^{a}(\ln Y^{j} - \ln Y_{-1}^{j}) + v_5^{a}(\ln Y^{e} - \ln Y_{-1}^{e}) \quad (7.56)$$

$$\ln Y^{j} - \ln Y_{-1}^{j} = v_3^{j}(\ln Y^{c} - \ln Y_{-1}^{c}) + v_4^{j}(\ln Y^{a} - \ln Y_{-1}^{a}) + v_5^{j}(\ln Y^{e} - \ln Y_{-1}^{e}) \quad (7.57)$$

$$\ln Y^{e} - \ln Y_{-1}^{e} = v_3^{e}(\ln Y^{c} - \ln Y_{-1}^{c}) + v_4^{e}(\ln Y^{a} - \ln Y_{-1}^{a}) + v_5^{e}(\ln Y^{j} - \ln Y_{-1}^{j}) \quad (7.58)$$

式中，Y^{c}、Y^{a}、Y^{j} 和 Y^{e} 分别为中国、美国、日本和欧盟的 GDP。将宏观系统模块中所模拟出来的各国 GDP 值代入式（7.55）～式（7.58），就实现了多区域 GDP 溢出背景下的气候保护政策模型中宏观经济的动态联系。

7.4 模型数据采集

本模型以 2004 年为基准年，因此，模型变量初值指的是 2004 年的初值，同时模型中的价值量以美元表示，如无特别说明，均以 2000 年不变价美元表示。下文将分别讨论模型参数取值及变量初值的采集工作。

7.4.1 模型参数设置

1. 宏观经济模块参数

1）生产函数中的替代弹性参数 γ

在生产函数方程中，γ 为资本替代弹性。参照 Eyckmans 等（2003）的取值，模型设定美国、日本、欧盟和其他国家的资本生产弹性均为 0.25，劳动力生产弹性为 0.75；中国和原苏联的生产弹性为 0.3，相应劳动力弹性为 0.7。

2）资本折旧率 δ_{K}

固定资产在使用过程中会发生折旧，参照 RICE 模型数据，各国资本折旧率为为 0.10。

3）投资率 η

投资率是投资占国民产出的比例。在计算中，我们假定这个比例是固定不变的。根据不同国家的发展情况，模型设定中国、原苏联地区值为 0.3，美国、日本、欧盟和其他国家为 0.25。

4）生产率增长和人口增长参数

关于 6 个国家（地区）生产和人口增长的 4 个参数参照 RICE 模型数据，生产率的初始增长率 γ_a 和人口的初始年增长率 γ_n 根据 RICE 模型 1995 年的数据推算到 2004 年；生产率增长率的年变化 δ_a 和人口增长率的年变化 δ_n 仍和 RICE 模型数据一样（表 7.1）。

表 7.1　生产率增长和人口增长参数

国家/地区	γ_a	δ_a	γ_n	δ_n
中国	0.033	0.006	0.008 52	0.025 32
美国	0.165	0.005	0.009 00	0.034 42
日本	0.165	0.005	0.009 00	0.026 52
欧盟	0.165	0.005	0.009 00	0.026 52
原苏联	0.033	0.006	0.02 00	0.256 60
其他国家	0.033	0.006	0.024 00	0.043 64

资料来源：Nordhaus et al.，1999

5）折扣率（纯时间偏好）ρ

这是效用函数中的一个参数，由于效用是跨时可分的，以速率 ρ 发生折扣。参照 FEEM-RICE 模型，各国取值均为 0.015。

6）每消费一单位货币的相对风险 τ

在 RICE 模型中，它也是经济不确定性的参数之一。在郑一萍（2005）的模型中，该取值为 0.198，在本系统中各国的 τ 都取为 0.198。

2. 气候系统响应模块参数

1）排放量比总产出的初始增长率 γ_σ

根据 RICE 模型，该值与生产率初始增长率 γ_a 相同，各国详细数值见表 7.1（Nordhaus et al.，1999）。

2）排放量比总产出增长率的年际变化 δ_σ

同样，根据 RICE 模型，该值与生产率初始增长率 δ_a 相同，各国详细数值见表 7.1（Nordhaus et al.，1999）。

3）二氧化碳在大气中的衰减率 δ_m

这个参数是气候系统的参数，本书取值是参见 Nordhaus 等（1999），它的值为 0.008 33。1/地表比热 R_1：它为固定参数值，参见 Nordhaus 等（1999），值为 0.048［单位：℃m²/（W·a)］。1/深海比热 R_2：它为固定参数值，参见 Nordhaus 等（1999），值为 0.004 55［单位：℃m²/（W·a)］。

4）传导系数 τ_{12}

这个参数取自 Nordhaus 等（1999），计算中我们需要的是 R_2/τ_{12} 的值，取值为 0.44［单位：W/（℃m²)］。

5）温度上升破坏系数 $D_{i,t}$

根据 Eyckmans 等（2003）计算得到全球气温上升 3℃时，各国的 GDP 损失如表 7.2 所示。可以发现，温度上升对原苏联的 GDP 负面影响是最小的。

表 7.2 温度上升导致的 GDP 损失

国家/地区	温度上升 3℃所导致的 GDP 损失/%
中国	13.71
美国	9.92
日本	10.57
欧盟	10.57
原苏联	7.71
其他国家	14.40

6）二氧化碳在大气中的停滞率 β_i

这个参数为气候变化的不确定性参数，DICE 模型（Nordhaus et al.，1999）中将其分为几种可能进行计算。当不考虑气候变化的不确定性时，其取值为 0.64。

7）大气温度随二氧化碳浓度变化的敏感度 4.1/λ

它也是气候变化的不确定性参数，同理，在 DICE 模型（Nordhaus et al.，1999）中分为几种可能进行计算。当不考虑气候变化的不确定性时，其取值为 2.9。

3. 政策选择模块参数

1）化石燃料在能源消费中的比例 λ_{FN}

根据 IEA 数据，计算得到 2004 年各国（地区）化石能源在能源消费中所占的比例如表 7.3 所示。

表 7.3 2004 年各国（地区）化石燃料在能源消费中的比例

国家/地区	化石能源在能源消费中的比例/%
中国	93.75
美国	88.89
日本	83.33
欧盟	87.50
原苏联	90.00
其他国家	88.89

2）化石能源使用的资本强度 a_F

模型中各个国家化石能源的资本强度是相同的，参照 Demeter（Zwaan et al.，2002）模型的取值，并结合 IEA 的数据进行估算，将其取为 3＄/GJ（2000 年 US＄）。

3）非化石能源使用的资本强度 a_N

非化石能源的资本强度考虑了发展中国家和发达国家在能源技术方面的差异。参照 Demeter（Zwaan et al.，2002）模型的取值，并结合 IEA 的数据进行估算，中国、原苏联和其他国家取值为 3＄/GJ（2000 年 US＄），美国、日本和欧盟取值为 2 年/GJ（2000 年 US＄）。

4）维护和运作化石能源的资本强度 b_F

参照 Demeter（Zwaan et al.，2002）模型的取值，并结合 IEA 的数据进行估算，取值为 1＄/GJ（2000 年 US＄）。

5）维护和运作非化石能源的资本强度 b_N

参照 Demeter（Zwaan et al.，2002）模型的取值，并结合 IEA 的数据进行估算，中国、原苏联和其他国家取值为 9＄/GJ（2000 年 US＄），美国、日本和欧盟取值为 8＄/GJ（2000 年 US＄）。

6）学习率 lr

参照 Demeter（Zwaan et al.，2002）模型的取值，模型中化石能源的学习率较低，为 0.07，非化石能源的学习率为 0.1。这样的学习率可以保证在模拟终期，化石能源的成本降到初始的 85%，非化石能源的成本降到初始的 50%。

7）干中学参数 g_0

它是干中学方程中的一个比例系数，该系数用于调整资本强度初始值。参照 Demeter（Zwaan et al.，2002）模型的取值及 IEA 的数据，结合前面的学习率，当以 2004 年为基准年时，对于化石能源，g_0 取值为 1，非化石能源的 g_0 取值为 2。

4. 多区域 GDP 溢出模块参数

在确定多区域 GDP 溢出模块参数时，必须先完成对式（7.41）～式（7.44）的参数估计。为此，我们选取了年度数据对模型中的参数进行估计，采用最小二乘法为估算方法。根据《中国统计年鉴》、《中国对外经济年鉴》、《国际统计年鉴》以及世界货币基金组织、日本政府、美国联邦政府、日本银行、欧盟等网站①查找得到的中国、日本、美国和欧盟的 1995～2006 年的 GDP、名义汇率、一年期利率水平、价格水平、消费者价格水平指数和政府支出的数据，运用最小二乘估计方法对式（7.41）～式（7.44）进行估计，计算得到表 7.4～表 7.7 参数估计结果。

表 7.4　对式（7.41）的参数估计

参数	v_0^c	v_1^c	v_2^c	v_3^c	v_4^c	v_5^c	v_6^c
估值	0.004	0.067	−0.005	0.432	0.229	−1.533	1.805
Sig. 值	0.002	0.334	0.357	0.105	0.104	0.001	0.000

注：运用 SPSS 13.0 软件估计，Sig. 值小于 0.05 为在 95%的水平上显著，Sig. 值小于 0.10 为在 90%的水平上显著，下同。

表 7.5　对式（7.42）的参数估计

参数	v_0^a	v_1^a	v_2^a	v_3^a	v_4^a	v_5^a	v_6^a
估值	−0.01	−0.174	−0.271	−0.016	0.399	−0.027	0.259
Sig. 值	0.396	0.060	0.001	0.152	0.065	0.165	0.102

表 7.6　对式（7.43）的参数估计

参数	v_0^j	v_1^j	v_2^j	v_3^j	v_4^j	v_5^j	v_6^j
估值	0.042	−0.038	0.127	0.032	−0.082	1.011	0.154
Sig. 值	0.479	0.239	0.057	0.112	0.185	0.001	0.290

表 7.7　对式（7.44）的参数估计

参数	v_0^e	v_1^e	v_2^e	v_3^e	v_4^e	v_5^e	v_6^e
估值	−0.004	0.015	−0.194	0.000 06	0.515	0.167	0.238
Sig. 值	0.102	0.436	0.000	0.746	0.000	0.053	0.014

进一步多区域 GDP 溢出模块式（7.55）～式（7.58）可以表示为

$$\ln Y^c - \ln Y^c_{-1} = 0.432(\ln Y^a - \ln Y^a_{-1}) + 0.229(\ln Y^j - \ln Y^j_{-1}) - 1.533(\ln Y^e - \ln Y^e_{-1})$$

$$\ln Y^a - \ln Y^a_{-1} = -0.016(\ln Y^c - \ln Y^c_{-1}) + 0.399(\ln Y^j - \ln Y^j_{-1}) - 0.027(\ln Y^e - \ln Y^e_{-1})$$

$$\ln Y^j - \ln Y^j_{-1} = 0.032(\ln Y^c - \ln Y^c_{-1}) - 0.082(\ln Y^a - \ln Y^a_{-1}) + 1.011(\ln Y^e - \ln Y^e_{-1})$$

$$\ln Y^e - \ln Y^e_{-1} = 0.000\,06(\ln Y^c - \ln Y^c_{-1}) + 0.515(\ln Y^a - \ln Y^a_{-1}) + 0.167(\ln Y^j - \ln Y^j_{-1})$$

① http://www.imf.org/external/index.htm; http://www.boj.or.jp/; http://www.guardian.co.uk/world/eu; http://www.eia.doe.gov/; http://www.globalfinancialdata.com

从式(7.41)～式（7.44）的估计结果可以看出，式（7.41）中欧盟 GDP 对中国 GDP 有着显著的负溢出作用（sig. ＝0.001），系数 v_5^c 是－1.533，相对于美国和日本 GDP 对中国 GDP 的正溢出作用（sig. 分别为 0.105 和 0.104）的幅度要大得多；式（7.42）中中国和欧盟 GDP 对美国 GDP 有负的溢出作用（sig. 分别为 0.152 和 0.165），但不是很显著，日本 GDP 对美国 GDP 存在显著的正溢出作用（sig. ＝0.065）；式（7.43）中中国 GDP 对日本 GDP 有正溢出作用（sig. ＝0.112），欧盟 GDP 对日本 GDP 产生显著的正溢出作用（sig. ＝0.001），且系数 v_5^j＝1.011，较中国和美国的系数绝对值大得多，美国 GDP 对日本 GDP 有负溢出作用，但不是很显著。式（7.44）中美国和日本的 GDP 对欧盟 GDP 的溢出关系明显（sig. 分别为 0.000 和 0.053），中国的 GDP 对欧盟的 GDP 没有明显的溢出作用（系数 v_3^e 仅为 0.000 06），且相当不显著（sig. ＝0.746）。

7.4.2 模型变量初值确定

1. 宏观经济模块变量

1）产出 Y_t 和人口 L_t

各国家（地区）产出 Y_t，即 GDP 数据和人口数据来自 IEA，详细数据见表 7.8。

表 7.8 2004 年基准年变量

国家/地区	GDP/10 亿美元（2000 年价格）	人口/10^6 人
中国	1 715	1 296.16
美国	10 703.9	293.95
日本	4 932.5	127.69
欧盟	8 920.58	460.12
原苏联	876.72	285.78
其他国家	7 876.07	3 888.73

2）资本存量 Kc_t

资本存量数据不能直接从统计年鉴直接获得，我们借用 Nordhaus 等（1999）RICE 中 1995 年各国家（地区）的资本存量，按照模型中的资本折旧率和各国的投资率，估算得到 2004 年各国的资本存量。其中，中国为 45 648 亿美元，美国 277 112 亿美元，日本 161 738 亿美元，欧盟 314 109.4 亿美元，原苏联 59 790.8 亿美元，其他国家 315 436亿美元。

3）纯外生社会劳动生产率 $A_{i,t}$

根据 2004 年的生产函数中各变量的值，可以计算得到各国的劳动生产率值。其中中国为 0.97，美国为 11.69，日本为 11.51，欧盟为 6.74，原苏联为 1.43，其他国家为 1.2。

2. 气候变化模块变量

1）t 阶段排放量比总产出的外生趋势 σ_t

它的变化是基于指数变化模型的。其初值根据各国基准年的碳排放量和 GDP 估算得到。根据 IEA（2007）的数据，我们计算得到中国 2004 年排放量比总产出的外生趋势为 0.000 746 356，美国为 0.000 150 412，日本为 0.000 068 930 6，欧盟为 0.000 118 826，原苏联为 0.000 718 587，其他国家为 0.000 295 832。

2）地表温度 T_t

辐射能力增加会导致温度发生变化，地表温度 T_t 和深海温度 T_t^* 都以在工业化之前的水平上的变化来表示，根据 IPCC 第四次评估报告，模型中设定 2004 年的地表温度变化为 0.74℃（IPCC，2007）。

3）深海温度 T_t^*

根据 IPCC 第四次评估报告，模型中设定 2004 年的深海温度变化为 0.22℃（IPCC，2007）。

4）t 阶段的二氧化碳大气浓度 M_t

根据 CDIAC（2007）的数据，计算得到 2004 年二氧化碳大气浓度为 794.4 十亿 t 碳平衡。

5）二氧化碳排放量 $E_t^{(c)}$

各国碳排放的数据来自 IEA，2004 年中国碳排放为 1.28GtC，美国为 1.61GtC，日本为 0.34GtC，欧盟为 1.06GtC，原苏联为 0.63GtC，其他国家为 2.33GtC。

3. 政策选择模块变量

1）增汇成本 $C^{(s)}$

增汇的成本存在不确定性。按照 Sedjo（2006）的研究，将美国、日本、欧盟每增汇 1t 碳的成本设为 70 美元，中国、原苏联、其他国家设为 20 美元。

2）化石能源资本投资 $I_t^{(f)}$，维护和运作化石能源资本 $M_t^{(f)}$；非化石能源资本投资 $I_t^{(n)}$，维护和运作化石能源资本 $M_t^{(n)}$

这 4 个参数的计算方程详见 7.3 节，不存在初值确定问题。

3）化石能源消费量 F_t，非化石能源消费量 N_t

跟能源替代率有关，计算方程见 7.3 节，也不存在初值确定问题。

4）化石能源的累积消费量 $X_t^{(f)}$，非化石能源的累积消费量 $X_t^{(n)}$

以 2004 年化石能源和非化石能源的消费量作为初始数据，以后每年值为各年的累积量。

第8章 流行的气候保护方案评估

随着2012年的到来，《京都议定书》第一阶段即将到期，世界各国参与应对全球气候变化的减排政策日趋成为国际热点问题。越来越多的国家、研究机构、学者提出了应对气候变化的全球减排方案，那么这些方案对全球应对气候变化是否真正有效，对我国的经济将产生怎样的影响，对发达国家和发展中国家的利益维护是否公平等问题都需要深入科学的评估。本章将基于第7章建立的多区域GDP溢出背景下的气候保护模型，对多个全球减排方案进行评价。

8.1 国际气候保护方案研究现状

当前，国际上已有的关于减排方案或者排放目标控制的研究主要有：1996年，欧盟提出2100年全球温度的升高必须控制在2℃以内，否则人类将面临无法承受的灾难，但随后有研究认为2100年将全球温度的升高控制在2℃以内需要极大的经济投入，可行性较差；Stern（2006）提出，至2050年将全球温室气体浓度控制在450[①] CO2e以下需要耗费极其巨大的经济投入，而如果温室气体浓度超出550 ppm CO2e，这对于人类来说又具有极大的风险，至2050年将温室气体浓度控制在450～550 ppm CO2e是一个较为现实的目标，Stern的报告引起了国际社会的强烈关注；2006年，BASIC项目（Brazil，South Africa，India，China）巴西项目组提出了Sao Paulo国际减排方案，该方案阐述了附件Ⅰ国家和附件Ⅱ国家不同的减排目标以及对减排行动中的碳市场、适应性、技术转让等各个方面提出了政策建议；2008年，Stern提出，至2050年发达国家的碳排放水平比1990年降低80%，而发展中国家比1990年降低50%；Baer等（2008）提出，在全球气候保护中采用温室发展权（Greenhouse Development Rights），即要保护人类可持续的发展权，该方案提出不以国家为单位进行减排，而是通过设置“发展阈值”来区分贫困和非贫困人口，将人均收入9000美元作为标准，超过这个标准的人口就认为已经摆脱贫困，应该参与承担减排任务；Sørensen（2008）提出了一种简单易懂的配额分配方法，即给人均温室气体排放量设定一个共同的上限，并且允许各国在指定日期前达到最高限额的最优途径，并计算了2100年比2000年温度上升1.5℃目标下，全球主要国家（地区）的排放配额。

国内学者也就国际减排方案的制定展开了研究。王伟中等（2000）研究认为，发展中国家应该坚持人均排放权分配的原则，而要达到控制全球二氧化碳浓度的目标，发达国家就必须承诺按人均原则加大削减力度，只有这样，发展中国家才可以按照区别的责

本章执笔人：吴静、王铮

① ppm：part per million，即百万分之一，表示污染物在大气中的浓度

任采取适当的行动。陈文颖等（2005）提出国际碳排放权分配中“两个趋同”的分配方法，认为“两个趋同”的方法可以给予发展中国家应有的发展空间以实现工业化。潘家华（2008）指出，实现人文发展需要的基本途径是保障基本需要的满足、限制奢侈和浪费性排放、保障气候目标的实现，从而达到代内公平与代际公平。丁仲礼等（2009）提出，在国际排放配额设计中必须遵循四个原则：①减排与扶贫、发展相统一的原则；②排放权人人平等原则；③碳排放与碳固定分别计量原则；④历史排放与今后排放统一分配原则。王铮等（2009）在发展权公平的原则下提出：考虑历史排放，至2050年发达国家的排放水平采用Stern方案，即发达国家排放量比1990年降低80%；中国、原苏联地区以及世界其他地区，从2020年开始减排，至2050年中国的排放量比2005年降低25%，原苏联地区的排放量比2005年降低30%，世界其他地区的排放量比2005年增加不超过30%。

目前，综观各减排方案，根据减排路径的差异，可分为两大类型：一是总量控制的配额分配原则，即计算各国（地区）每年可使用的排放量，再累积至目标年份，得到各国总共可使用的排放量，例如，“丹麦草案”中提出至2050年发达国家人均年排放不超出2.67t碳，而发展中国家人均年排放不超出1.44t碳，那么通过年际累积即可计算得到各国至2050年总的排放量，作为各国的排放配额上限；二是排放水平控制原则，即提出各国在目标年份相对基准年份的排放量降低水平，例如，欧盟提出至2020年排放量比1990年降低30%，那么我们可以计算得到欧盟在2020年的排放量为1990年排放水平乘以70%，这类减排方案并没有明确至2020年欧盟的总排放量究竟是多少。

本章将基于第7章建立的LRICES系统，从配额分配原则和排放控制原则两个角度，针对各种国际减排方案展开政策模拟研究，具体将分析人均累积排放权均等原则、丹麦草案、Stern（2008）方案、Sørensen（2008）方案、联合国开发计划（UNDP）方案等对全球气候变化的有效性以及我国在国际减排方案下所承受的经济冲击展开对比研究。

8.2 配额分配原则下的减排方案分析

8.2.1 人均累积排放权均等原则简介

人均累积排放权均等原则是根据各国人口规模来分配全球未来可使用排放空间的排放权分配原则。它的公平性在于以人作为个体，不论发达国家还是发展中国家，不论男女老少，都具有平等的排放权。然而，发达国家与发展中国家进入工业化阶段的时间存在极大的差异，发达国家在19世纪就开始的工业化过程中已经排放了大量的温室气体，而发展中国家在20世纪以后才逐步进入工业化阶段。发达国家在完成工业化的过程中产生了庞大的历史排放，然而发展中国家的历史排放却微乎其微，Stern（2006）研究认为，从1850年至今，全球70%的二氧化碳排放源于北美洲和欧洲，而发展中国家的排放量仅约为25%。因此，由于发达国家与发展中国家在历史阶段的排放量相差悬殊，若简单地均分发达国家与发展中国家未来的排放权，这对于发展中国家来说是不公平的，那么在人均累积排放权均等方案的设计中，最关键的问题是如何确定历史排放量，即确定历史排放的起点年。下文我们将分别分析不同历史排放起点年下的人均排放权均等方案。

这里先简单介绍人均累积排放权均等方案的计算方法。第一，需要确定全球的二氧化碳浓度控制目标，例如，至2050年将全球二氧化碳浓度控制在500ppm以内；第二，确定历史排放起点年，若以1990年为历史排放起点年，由于1990年全球二氧化碳浓度约为354ppm，计算得到1990～2050年全球可增加的二氧化碳浓度约为146ppm，再除去约50%的二氧化碳被海洋吸收，得到全球可使用的排放量约为618GtC；第三，确定配额计算年，以配额计算年各国的人口规模平均分配未来的排放空间，这里以2005年为配额计算年为例，基于式（8.1）和式（8.2）展开计算，即

$$P_i^{\mathrm{All}} = \mathrm{pop}_{i,2005} \cdot \frac{P_{\mathrm{w}}}{\mathrm{pop}_{\mathrm{w},2005}} \tag{8.1}$$

$$P_i^{\mathrm{R}} = P_i^{\mathrm{All}} - P_i^{\mathrm{H}} \tag{8.2}$$

式中，P_i^{All}为i国在历史排放起点年至目标年份所拥有的总的排放配额；$\mathrm{pop}_{i,2005}$和$\mathrm{pop}_{w,2005}$分别为2005年i国和全球的人口规模；P_{w}为全球可使用的排放空间；P_i^{H}为i国历史排放起点年至配额计算年的历史排放量；P_i^{R}为i国剩余可使用的排放量。

8.2.2 1860年人均累积排放权均等方案研究

首先，以1860年为历史排放起点，为了将2050年全球二氧化碳浓度控制在500ppm以内，在以2007年为分配基准年的条件下，计算得到世界主要国家按人人平等的原则获得的碳排放配额（即各国1860～2050年的排放总量）、历史碳排放总量（即1860～2007年的排放总量）以及剩余碳排放配额（即2008～2050年可以排放的配额），如图8.1所示。

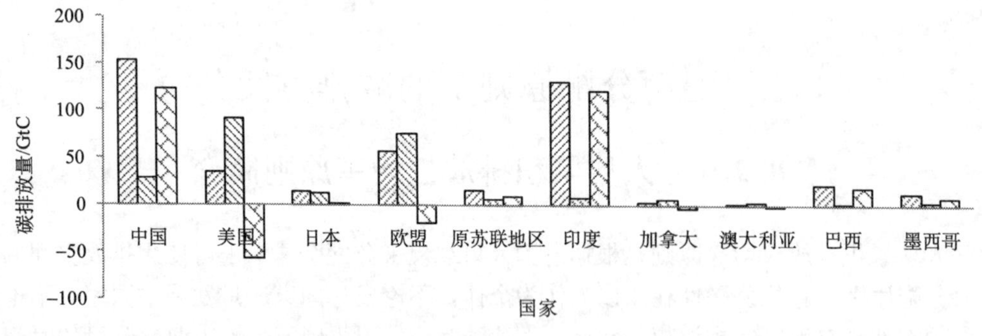

图8.1 人均排放权均等原则下的各国排放配额（以1860年为历史排放起点）

从图8.1可以看到，美国、欧盟、加拿大等发达国家的碳排放已超出各自可拥有的碳排放配额。也就是说，各主要发达国家目前已处于“碳排放赤字”状态，其中以美国的情况最为严重，其历史碳排放量为其配额的261%，“碳排放赤字”为－56.60GtC。同时，欧盟的“碳排放赤字”为－18.72 GtC；而加拿大、澳大利亚虽然净排放量不大，但是由于这两个国家的碳排放配额较小，都位于超额排放之列。另外，日本的历史

碳排放量也已非常接近其配额数，剩余碳排放配额仅为总配额的 10.8%，减排形势也已非常严峻。然而，发展中国家的排放情况则与发达国家完全不同，中国、印度、巴西、原苏联地区等的历史排放量均还处于碳排放配额之下，其中以中国和印度的剩余碳排放配额最大，分别为 124.21GtC 和 121.92GtC，占各自总配额的 80%和 93%。换言之，从历史的公平角度看，当前的二氧化碳升温问题，发达国家完全没有资格对发展中国家指手画脚。

8.2.3 1990 年人均累积排放权均等方案研究

当然，气候变暖已经是人类的共同苦果，在工业化初期，发达国家也没有认识到二氧化碳排放的恶果。考虑到发达国家仍然有进一步发展的需求以及 1990 年人类才在减排二氧化碳问题上取得一致认识，为了缓解发达国家与发展中国家悬殊的配额差距，本研究将历史排放起点推迟到 1990 年。同样以 2050 年全球二氧化碳浓度控制在 500ppm 以内为目标，以 2007 年为配额计算年份，在人均排放权均等的原则下，计算得到各主要国家的碳排放配额、历史排放总量以及剩余的排放配额，如图 8.2 所示。

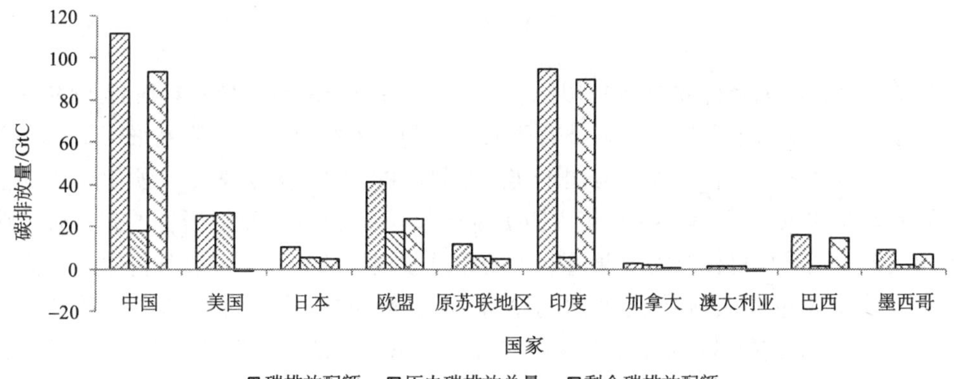

图 8.2 人均排放权均等原则下的各国排放配额（以 1990 年为历史排放起点）

基于图 8.2，在以 1990 年为历史排放起点的方案下，发达国家和发展中国家的剩余排放配额的差距有所缩小。在发达国家行列，出现“碳排放盈余国”，其中排放权盈余较多的国家（地区）为日本、欧盟，剩余排放配额分别占其总配额的 57%和 47%。但加拿大和澳大利亚虽然为“碳排放盈余国”，分别盈余 0.45GtC 和 0.16GtC，但是考虑到加拿大和澳大利亚目前的年排放水平分别约为 0.14GtC 和 0.14GtC，因此，剩余的排放配额不过是“杯水车薪”，必须立即控制碳排放，或未来需要通过购买排放权来替代国内减排。而在该方案中，仅有美国是“排放赤字国”，这可以说是起因于美国政府对《京都议定书》的抵制。图 8.3 显示了美国 1861～2007 年的排放趋势，可以看到美国的排放呈现持续上升的状态，这就导致了即使将历史排放的起点从 1860 年后推到 1990 年，对于美国来说，历史碳排放量都耗损了其大量的碳排放配额，未来的减排任务最艰巨，或者说美国是一个需要向世界购买排放权的国家。

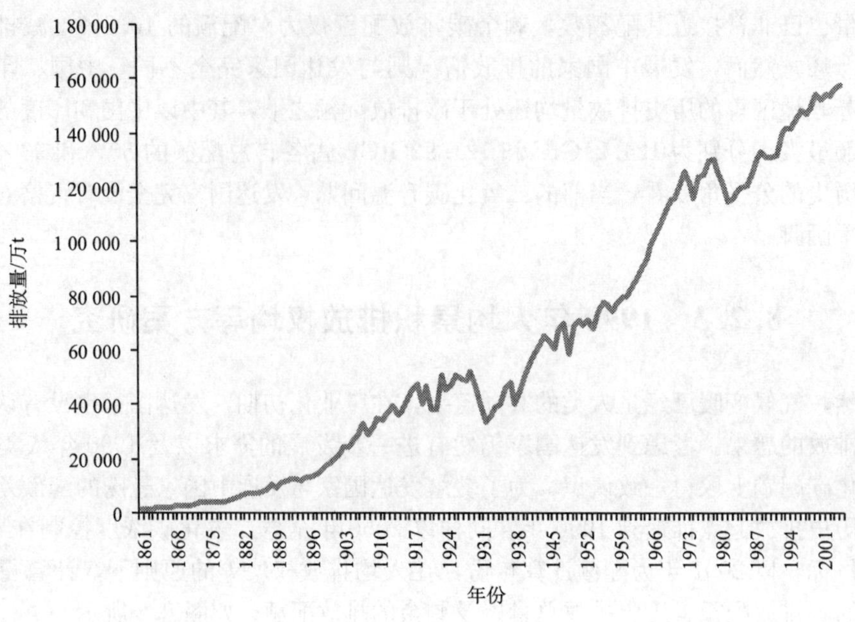

图 8.3　美国历史碳排放

资料来源：CDIAC

为了计算各国剩余排放权与一切照常（business as usual，BAU）情景下的碳排放量的差额，即各国若不实施本国减排需要从他国购买的排放权，本研究采用了第 7 章构建的 LRICES 系统，模拟计算了各国不实施减排时的排放量，如表 8.1 所示。那么在人均排放权均等的原则下（以 1990 年为历史排放起点），进一步获得当各国完全通过碳排放权购买来达到减排目标时需要额外购买的碳排放权。从表 8.1 可以分析得到，美国若完全不减排而通过购买排放权来达到全球 500ppm 的减排目标，则需要购买 82.73 GtC，为全球最大的排放权买入国；中国在 BAU 情景下的排放量稍大于剩余的排放权，需购买的排放权为 2.54 GtC；而主要的排放权出售国（地区）为除了中国、美国、日本、欧盟、原苏联地区以外的世界其他地区。另外，需要说明的是，在表 8.1 中，原苏联地区需要购买较多的排放权，但实际上原苏联地区拥有较多的热空气①，可以缓解其减排的压力。

表 8.1　各国（地区）在人均排放权均等方案下需要购买的排放权（以 1990 年为历史排放起点）

（单位：GtC）

项目	中国	美国	日本	欧盟	原苏联	世界其他地区
至 2050 年 BAU 排放	95.93	81.77	16.95	53.08	44.20	164.31
剩余排放权	93.39	−0.96	5.08	24.11	5.30	239.00
需要购买的排放权	2.54	82.73	11.87	28.97	38.90	−74.68

① 热空气（hot air）：在《京都议定书》中，原苏联地区获得了比实际排放需求更多的排放权，通常将过剩的排放权称为热空气

在以1990年为历史排放起点的人均排放权均等原则下，发展中国家及原苏联地区的碳排放配额随之下降，这主要是由于全球人均排放权下降了。历史排放起点自1860年推后至1990年，其实是不追究发达国家在主要工业化阶段所进行的大量排放，但即使在这种更有利于发达国家的方案设计下，发展中国家所拥有的剩余排放权仍远远超出发达国家。印度为剩余排放配额最大的国家，为其总配额的94%，印度有可能成为主要的碳排放权出售国家。

为了计算以1990年为历史排放起点时人均排放权均等原则对全球气候变化控制的效果，本研究基于LRICES系统展开了模拟计算，结果如表8.2所示。

表8.2　人均排放权均等方案（以1990年为历史排放起点）的模拟结果

项目		缓慢技术进步	改进技术进步
至2050年累积GDP损失/%	中国	−0.013	0.004
	美国	−0.7	−0.5
	日本	−0.34	−0.12
	欧盟	−0.33	−0.019
	原苏联地区	−2.8	−1.9
	其他地区	0.03	0.016
2050年升温/℃		1.48	1.42
2100年升温/℃		2.31	2.02
2050年CO_2浓度/ppm		426.7	414.6
2100年CO_2浓度/ppm		508.89	450.37

由表8.2可知，在以1990年为历史排放起点的人均排放权均等原则下，在缓慢技术进步下，2050年全球升温1.48℃，2100年全球升温2.31℃；在改进技术进步下，2050年全球升温1.42℃，2100年全球升温2.02℃。同时，全球二氧化碳浓度在缓慢和改进技术进步水平下的变化趋势如图8.4所示，其中2050年全球二氧化碳浓度分别为426.7ppm和414.6ppm。可见，该方案实现了2050年全球二氧化碳浓度控制在500ppm以内的目标，但是在缓慢技术进步下，2100年升温超出欧盟提出的2℃以内的

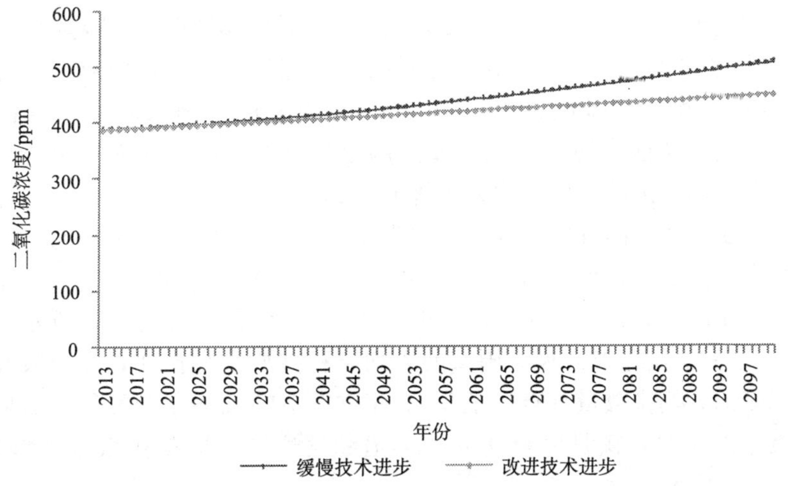

图8.4　人均排放权均等方案下（以1990年为历史排放起点）全球二氧化碳浓度的变化趋势

目标。这主要是由于该方案下的各国（地区）的年排放控制率是以 2050 年全球二氧化碳浓度控制在 500ppm 以内为目标制定的，这个水平的排放控制率可能不适合 2050 年以后的减排需求，将来可能需要对 2050 年以后重新计算年排放控制率。但当技术进步水平得到改进时，该方案则能同时达到 2050 年和 2100 年减排的目标。

从该减排方案对各国（地区）经济冲击的角度分析，在缓慢技术进步和改进技术进步条件下，在研究所涉及的 6 个国家（地区）中，原苏联地区所承受的经济损失较大，这主要是由于没有考虑原苏联地区所拥有的热空气，使原苏联地区的年排放控制率偏大，故经济冲击较大。同时，中国在改进技术进步水平下的年排放控制率为 0，即无需减排，这是因为在改进技术进步条件下，中国至 2050 年的累积排放量为 50.64GtC，小于方案所分配的排放配额。

因此，以 1990 年为历史排放起点，发达国家和发展中国家剩余碳排放权差距较以 1860 年为历史排放起点的方案有所减小，能较好地实现 2050 年全球二氧化碳浓度控制在 500ppm 以内的目标，且在改进的技术进步水平下实现 2100 年全球升温控制在 2℃以内的目标，方案较为可行。但发达国家由于历史排放庞大，故在人均排放权均等原则下必须承担较多的减排责任，而且从人类应该享有的发展权来说，发达国家已经完成了工业化进程，摆脱了贫困，现在他们需要为无节制的历史排放负责任，而发展中国家正在为摆脱贫困而努力，排放是生存的需要。在今后的减排中，发达国家面临较大的排放权缺口，实际上需要购买碳排放权，一方面降低国内减排的成本，另一方面可借此向发展中国家转移资金、转让技术，有利于实现全球气候保护。

8.2.4 “丹麦草案”分析

2009 年 12 月 9 日，在哥本哈根气候大会上，一份由部分发达国家秘密草拟的“丹麦草案”被曝光，草案提出至 2050 年，发达国家人均年排放不超出 2.67t 碳，而发展中国家人均年排放不超出 1.44t 碳[①]。此方案实际上是给定了各国至 2050 年的排放配额。方案一经泄露，便遭到了各国特别是发展中国家的强烈抗议和谴责。由于“丹麦草案”提出了各国至 2050 年的人均排放量，故也是一种配额原则下的减排方案。

研究发现，“丹麦草案”是极为不公平的一个配额方案。按照草案的提议，发达国家至 2050 年人均累积排放量为 101.46t 碳，而发展中国家的人均累积排放量为 54.72t 碳，仅为发达国家的约 54%，发达国家与发展中国家的人均累积排放量差距悬殊。实际上，如果按照全球人均累积排放权相等来计算，当 2050 年全球二氧化碳浓度达到“丹麦草案”同等影响程度，约为 494ppm，即将 494ppm 作为 2050 年全球二氧化碳浓度的控制目标时，分别以 1860 年、1900 年、1980 年、1990 年为历史排放起点，以 2013 年为计算年份，获得世界人均累积排放如表 8.3 所示。那么，与“丹麦草案”中发达国家及发展中国家的人均累积排放量相比较，可以发现，在草案中发展中国家的人均排放量甚至低于 2013 年方案下的人均累积配额，表明了发达国家对于发展中国家的配额是完全建立在不追溯发达国家历史排放量的基础之上的。

---

① http://www.guardian.co.uk/environment/2009/dec/08/copenhagen-climate-summit-disarray-danish-text

更不能接受的是，发达国家侵占了发展中国家的排放权，使发达国家的人均累积排放权达到了101.46t碳。

表8.3　不同人均累积排放量均等方案下的人均累积排放量

年份	1860年方案	1900年方案	1980年方案	1990年方案	2013年方案
人均累积排放量/GtC	127.07	115.19	92.22	83.01	62.94

如果按照“丹麦草案”的排放权分配原则计算，那么，美国可获得32.8GtC的排放权，欧盟可获得50.1GtC。按照年排放量均等计算，美国年均可排约0.86GtC，相对于美国2005年排放水平1.57GtC来说，年均减排约45%；而欧盟在“丹麦草案”下的年均排放量可达到1.32GtC，相对于欧盟2005年的排放量1.27GtC来说，未来欧盟甚至可以比目前排放更多。这违背了全球减排的主旨，“丹麦草案”是一个极为不公平的配额方案。

8.2.5　2005年作为人均排放权均等方案起点年的可行性分析

“丹麦草案”作为一种配额方案，存在不公平性。而较为公平的配额分配应该是在考虑历史排放的前提下，以国家人口规模对未来排放空间进行分配。王铮等（2009）、丁仲礼等（2009）分别讨论了以1860年、1900年、1990年作为历史排放起点年的配额分配方案，而在这些方案中，美国都将出现排放赤字。从国际谈判的角度分析，该方案很可能遭到美国的强烈抵制，意味着需要进一步将历史排放起点年后推。结合当前各国出台的减排方案都不约而同地以2005年作为基准年，如美国、中国等，那么，未来的配额分配也极有可能以2005年为历史排放起点年。我们需要对以2005年作为人均累积排放权均等方案中的历史排放起点年的可行性进行分析，为将来的配额分配做好预案。

如果在控制2050年的大气二氧化碳不超过500ppm的目标下，以2005年为历史排放起点，且以2013年为配额分配的计算年份，则计算得到主要发达国家和发展中国家的排放配额与1860年、1900年、1980年、1990年、2013年方案下的各国排放的碳配额结果如表8.4所示。

表8.4　人均排放权均等方案的几种配额计算结果

方案	项目	中国	印度	巴西	原苏联	美国	日本	欧盟	其他地区
1860年方案	1860～2050总配额/GtC	179.49	165.92	26.88	43.84	42.24	16.61	64.60	393.23
	1860～2012排放量/10亿tC	37.86	10.92	3.09	50.68	100.07	15.01	83.74	73.62
	2013～2050排放配额/GtC	141.63	154.99	23.79	−6.84	−57.83	1.60	−19.14	319.60
1900年方案	1900～2050总配额/GtC	163.17	150.83	24.43	39.85	38.40	15.10	58.72	357.48
	1900～2012排放量/10亿tC	37.86	10.89	3.09	46.72	97.48	14.97	77.20	76.95
	2013～2050排放配额/GtC	125.31	139.94	21.35	−6.87	−59.08	0.13	−18.47	280.53

续表

方案	项目	中国	印度	巴西	原苏联	美国	日本	欧盟	其他地区
1980 年方案	1980～2050 总配额/GtC	126.71	117.13	18.97	30.95	29.82	11.73	45.60	277.60
	1980～2012 排放量/10 亿 tC	32.24	8.95	2.38	26.27	47.19	10.03	34.66	56.36
	2013～2050 排放配额/GtC	94.47	108.17	16.60	4.67	−17.37	1.70	10.94	221.24
1990 年方案	1990～2050 总配额/10 亿 TC	118.96	109.96	17.81	29.06	28.00	11.01	42.81	260.62
	1990～2012 排放量/GtC	27.09	7.64	1.88	16.95	34.92	7.52	28.00	39.20
	2013～2050 排放配额/GtC	91.87	102.32	15.94	12.11	−6.92	3.50	14.81	221.42
2005 年方案	2005～2050 总配额/GtC	97.90	90.50	14.66	23.91	23.04	9.06	35.23	214.49
	2005～2012 排放量/10 亿 tC	13.66	3.51	0.77	6.12	13.13	2.78	8.88	86.85
	2013～2050 排放配额/GtC	84.24	86.99	13.89	17.79	9.91	6.28	26.36	127.63
2013 年方案	2013～2050 年总配额/GtC	91.38	84.47	13.68	22.32	21.50	8.46	32.88	200.19
	历史排放	0.00	0.00	0	0.00	0.00	0.00	0.00	0.00
	2013～2050 排放配额/GtC	91.38	84.47	13.68	22.32	21.50	8.46	32.88	200.19

基于表 8.4 分析得到，在 1860 年、1900 年、1980 年、1990 年方案下，发达国家与发展中国家剩余排放配额差距悬殊，恐难在配额分配的国际谈判中达成一致。而在以 2005 年为历史排放起点的方案中，各发达国家的配额均有显著上升，特别是美国的排放配额已由负值转变为正值，获得 8.21GtC 配额，同时，欧盟的剩余配额也较 1990 年方案翻了一番。同时，在 2005 年方案中，发展中国家的排放配额有所下降，如中国、印度 2013～2050 年的排放配额较 1990 年方案分别下降了约 7GtC、15GtC，但其他方案导致美国的未来配额赤字使得美国将几乎不可能接受那些方案，可行性较差。因此，综合来看，以 2005 年为历史排放起点的配额方案很可能是一个国际折中的选择。那么，这一个折中的方案我们是否可以接受？

按最优经济增长轨道以及当前我国的技术进步水平，朱永彬等（2009）预测到 2050 年我国需要排放 111.44GtC，那么结合 2005 年方案下我国未来可拥有的排放权约为 84.24GtC，我国的排放缺口为 27.2GtC，减排比例占到 24%，我国需要加大技术进步。进一步，根据朱永彬等（2009）计算得知，如果全国技术进步水平提高使各地碳排放降低 1/3，则至 2050 年我国的排放量约为 75.8GtC，如此 2005 年方案的配额才能满足我国的排放需求。因此，2005 年方案将对我国未来的排放需求造成较大的压力。

作为与 2005 年方案的一个对比，我们计算了不考虑历史排放的配额分配方案，即按 2013 年的人口规模分配全球的排放空间。在该方案下，我国的排放配额为 91.38GtC，我国未来的排放缺口为 20GtC 左右。与 2005 年方案相比，我国可获得的排放权从84.24GtC上升至91.38GtC，同时排放缺口下降约7GtC。同时，在2013年方案下，美国等发达国家的排放配额也均有所上升，容易得到发达国家的支持。因此，虽然2013年方案不追溯发达国家的历史排放，但是由于我国近年排放量上升较快，2013年方案甚至比2005年方案更有利于我国获得更多的排放权。

综合比较不同历史排放起点年的人均累积排放权均等方案的计算结果，可以发现，2005年方案是对我国最不利的配额分配方案，我国必须予以抵制。

8.3 排放水平控制原则下的减排方案分析

8.1节，已经提到排放水平控制原则与配额分配原则的差别在于：前者明确了各国至目标年份总时间内的总排放量；后者明确了各国目标年份的年排放量，而不对至目标年份总时间内的总排放量给出定量的限额。由于在配额分配原则下，发达国家难辞其历史排放的责任，故西方国家习惯以排放水平控制原则提出目标年份相对基准年的减排水平。本节将对排放水平控制原则下的Stern方案和UNDP方案以及将2005年作为排放水平控制基准年的可行性作出讨论。

8.3.1 Stern方案分析

作为发达国家的代表，2008年，Stern提出，至2050年发达国家的碳排放水平比1990年降低80%，而发展中国家比1990年降低50%。Stern方案看上去让发达国家承担了更多的责任，但是必须看到Stern方案与人均排放权均等方案的不同，人均排放权均等方案通过目标年限的全球二氧化碳浓度，为各国分配了可量化的碳排放配额，而Stern方案则为各国制定了减排的目标，各国需要在目标年限达到一定量的排放水平，这就提出一个Stern方案是否公平和可行的问题。

为了评价Stern方案，我们需要通过其他途径计算并获得各国在达到目标排放水平的可行的减排途径。本研究仍然采用LRICES系统进行方案模拟。考虑到世界其他地区实际上包含发达国家和发展中国家，而一些发达国家（如加拿大、澳大利亚）的排放形势也较严峻，因此，本研究将这里的“世界其他地区”的减排目标设定为2050年排放水平比1990年水平降低50%，那么，根据统计数据，世界主要国家1990年的排放水平及其2050年的减排目标如表8.5所示。

表8.5 Stern方案下各国减排目标 （单位：GtC）

项目	中国	美国	日本	欧盟	原苏联	其他地区
1990年排放水平	0.65	1.3	0.29	1.2	0.4	2.26
2050年排放目标	0.33	0.26	0.058	0.24	0.2	1.13

为了达到表8.5的减排目标，基于LRICES系统，分别在缓慢技术进步水平和改进技术进步水平下分别进行了政策模拟，结果如表8.6所示。

表 8.6 Stern 方案政策模拟结果

项目		缓慢技术进步	改进技术进步
至 2050 年累积 GDP 损失/%	中国	2	1
	美国	0.67	0.2
	日本	0.36	0.1
	欧盟	0.47	0.07
	原苏联地区	2.5	1
	其他地区	0.68	0.7
2050 年升温/℃		1.2	1.26
2100 年升温/℃		1.58	1.56
2050 年 CO_2 浓度/ppm		376.7	382.33
2100 年 CO_2 浓度/ppm		377.15	371.43

首先，从全球气候变化控制看，在两种技术进步水平下，Stern 方案均能有效地将 2100 年的升温控制在欧盟提出的 2℃以内，在缓慢技术进步下 2100 年全球升温 1.58℃，当技术进步改进时，2100 年全球升温 1.56℃；同时，全球的二氧化碳浓度也显著低于 500ppm，在缓慢和改进的技术进步条件下，全球二氧化碳浓度变化趋势如图 8.5 所示，2050 年全球二氧化碳浓度分别为 376.7ppm 和 382.33ppm。基于图 8.5 可以看到，在缓慢技术进步水平下，全球二氧化碳浓度先呈现下降趋势，至 2073 年达到最低值 375.11ppm，而后转为缓慢上升趋势；而在改进技术进步水平下，全球二氧化碳浓度呈现单调下降趋势，这反映了快速的技术进步更有利于全球应对气候变化。

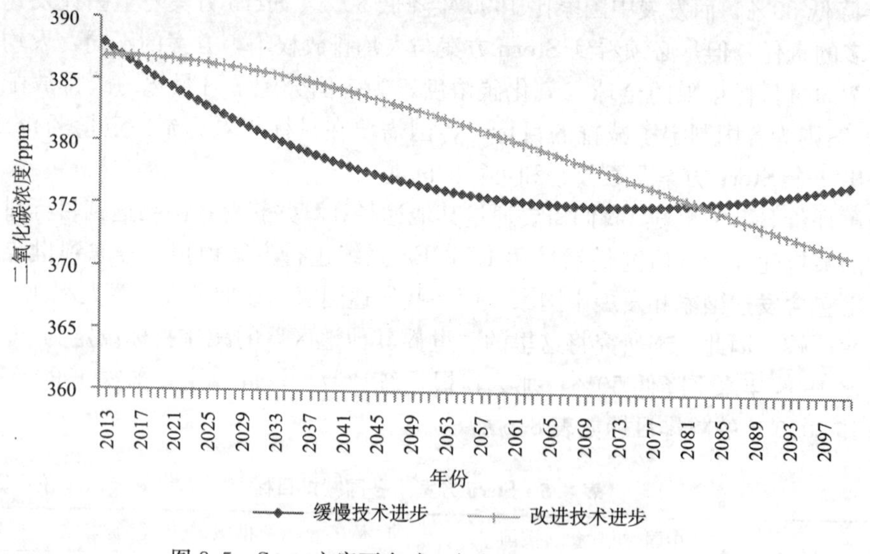

图 8.5 Stern 方案下全球二氧化碳浓度的变化趋势

其次，从经济效益角度分析。在缓慢技术进步水平下，LRICES 系统假设各国（地区）均以固定的年排放控制率进行减排，那么至 2050 年，中国、美国、日本、欧盟、原苏联地区及世界其他地区的 GDP 损失分别为 2%、0.67%、0.36%、0.47%、2.5% 及 0.68%。通过比较可以发现，中国、原苏联地区的 GDP 损失程度将远远超出其他国家，也就是说，在高强度的减排额度下，发展中国家的利益受到了严重损害，不利于发展中国家的经济发展。然而当技术进步水平得到改进时，上述各国（地区）的 GDP 损失分别为 1%、0.2%、0.1%、0.07%、1%及 0.7%。虽然技术进步速度提高之后，各国的 GDP 损失有所减小，但是相同技术水平下比较，发展中国家仍为减排支付了较发达国家更多的 GDP 损失，这显然是不公平的。从科学上看，Stern 方案达到的全球增温效果明显小于 2℃，这应该是他的分析没有考虑技术进步的结果，在存在技术进步的条件下，并不需要 Stern 提出的减排强度就可以达到控制在 2℃以内的目标，所以 Stern 方案中的减排要求可以适当降低。

基于 LRICES 系统的模拟发现，按照 Stern 方案，到 2050 年，全球各主要国家的人均碳排放量如图 8.6 所示。届时全球人均排放水平为 0.23tC，而各发达国家的人均排放水平均超出全球人均水平，其中以美国的人均排放量最高，为 0.73tC，为全球人均水平的 3 倍多，而中国基本在全球人均水平线上，世界其他地区的人均排放水平则更低，为 0.21tC。因此，虽然从表面上看发达国家至 2050 年排放水平降低到 1990 年的 80%是为全球温室气体减排作出了很大的贡献，但是探其根本，不论从经济发展的角度还是从人均排放的角度来看，该方案更多的是牺牲发展中国家的利益以达到全球减排的目标，发达国家的排放仍持续在高强度上。LRICES 系统的模拟揭示，不能认为 Stern 方案是合适的，因为这是以发展中国家 GDP 明显损失为代价的，在世界上制造了新的不公平。

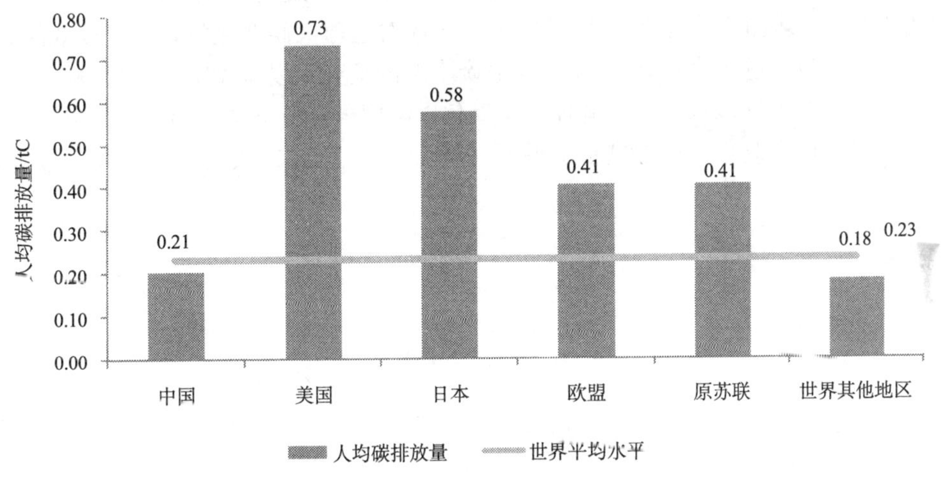

图 8.6　Stern 方案下 2050 年各国人均排放水平

总之，Stern 方案有科学性，它较显著地将 2100 年升温幅度控制在 2℃以内，很可能控制升温在 1.6℃左右。进一步，造成 Stern 方案对发展过程中国家不公平的原因在于该方案没有考虑发展中国家当前经济发展过程中碳排放的需要，也就是说将发展中国家与发达国家按统一的时间节点开始减排是该方案不可行的关键原因。

8.3.2　UNDP 气候保护方案研究

2008 年，UNDP 在《2007/2008 年人类发展报告》（UNDP，2008）中提出：至

2050 年，发达国家比 1990 年减排 80%，发展中国家比 1990 年减排 20%。基于该减排方案，得到 2050 年各国的减排目标如表 8.7 所示。进一步采用 LRICES 模型对 UNDP 方案展开政策模拟研究。

表 8.7　至 2050 年各国的排放目标　　（单位：GtC）

项目	中国	美国	日本	欧盟	原苏联地区	世界其他地区
1990 年排放水平	0.65	1.3	0.29	1.2	0.4	2.26
2050 年排放目标	0.52	0.26	0.058	0.24	0.32	1.81

基于表 8.7 的减排目标，模拟在缓慢技术进步水平下①，中国、美国、日本、欧盟、原苏联地区以及世界其他地区的年排放控制率分别为 81%、88%、87%、83%、76.5%以及 62.5%，即相对于每年的基准排放各国应该减少的排放比例。在上述减排强度下，至 2050 年，全球二氧化碳浓度为 386.5ppm，2100 年全球升温为 1.79℃，都在较理想的控制范围之内。若技术进步得以改进②，则各国的年排放控制率都将有所下降，中国、美国、日本、欧盟、原苏联地区以及世界其他地区的年排放控制率分别为 35%、44%、41%、24%、22.5%以及 62.5%，即较快的技术进步水平能一定程度上降低各国的排放水平，而以较低的排放控制水平即可达到表 8.7 所示的排放目标。同时，在改进的技术进步水平下，2050 年全球二氧化碳浓度为 392.9ppm，2100 年全球升温为 1.75℃。模拟结果表明，UNDP 方案对应对全球气候变化将是卓有成效的。

比较两种技术进步水平下全球二氧化碳浓度的变化趋势，如图 8.7 所示，可以发现，在缓慢的技术进步水平下，全球的二氧化碳浓度虽有所下降，但仍将回升且最终处于上升趋势；而在改进的技术进步水平下，至 2100 年全球二氧化碳浓度趋于较为稳定

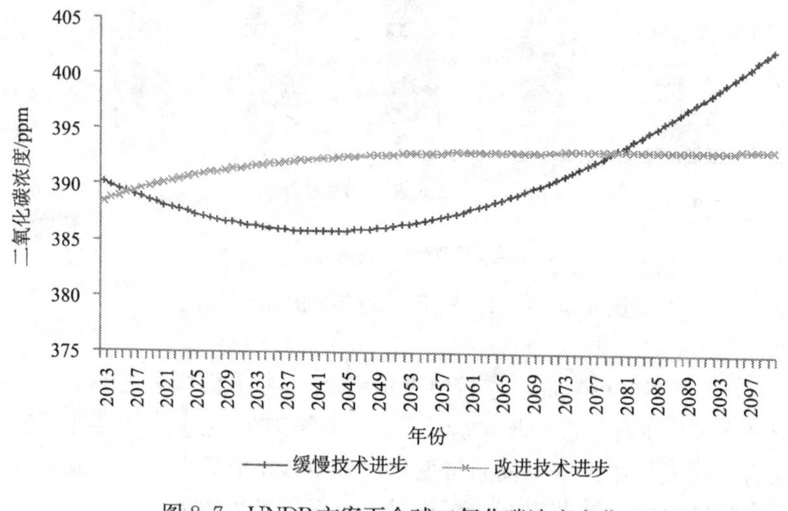

图 8.7　UNDP 方案下全球二氧化碳浓度变化

① 发达国家、发展中国家排放强度年下降率约为 1%（王铮等，2009）

② 发达国家排放强度年下降 4.6%，发展中国家排放强度年下降 5.3%（王铮等，2009）

的水平。因此，在未来的减排中，改善技术条件、提高技术进步速度是各国达到各自减排目标行之有效的重要途径。在当前发达国家与发展中国家存在极大技术水平差距的形势下，要使全球的技术水平持续较快的提高，发达国家应向发展中国家提供廉价的技术转让，并提供资金支持，以改进发展中国家的低碳技术。

从经济成本的角度分析，在缓慢技术进步和改进技术进步两种条件下，各国至2050年累积损失的GDP如表8.8所示。可以看到，在缓慢技术进步条件下，中国和原苏联地区所支付的经济成本明显高于美国、日本等发达国家（地区），表明联合国方案对发展中国家的经济冲击将显著大于发达国家，这与Stern方案具有类似之处（吴静等，2009）。而在改进技术进步条件下，中国、原苏联（地区）的累积GDP损失有了显著的下降，这得益于改进的技术条件使排放量降低，从而减少了减排的支出，很大程度上缓解了发展中国家的减排负担。因此，若要使联合国的减排方案得以有效实施，关键还在于督促发达国家向发展中国家提供技术援助和低价技术转让，促进全球较快的技术进步。

表8.8 UNDP方案的模拟结果

项目		缓慢技术进步	改进技术进步
至2050年累积GDP损失/%	中国	1.46	0.52
	美国	0.92	0.46
	日本	0.36	0.17
	欧盟	0.38	0.01
	前苏联	1.79	0.36
	其他地区	0.96	1.4
2050年升温/℃		1.43	1.48
2100年升温/℃		1.79	1.75
2050年CO_2浓度/ppm		386.5	392.9
2100年CO_2浓度/ppm		402.9	393.5

从人均排放水平分析，在联合国方案下，至2050年，全球各国的人均排放水平如图8.8所示。总体来说，发展中国家的人均排放水平在世界平均水平线以下，且显著低于发达国家水平，其中以美国的人均排放水平0.73tC为最高。在联合国方案下，2050年人均排放水平的差异表明，联合国方案所提倡的减排目标对发展中国家过于苛刻，不适合于正处于经济增长中的发展中国家，存在不公平性。

综上，UNDP方案与Stern方案有类似之处，对发展中国家来说，需要支付较大的经济成本，且在人均排放水平上存在不公平性。若要减轻发展中国家的减排负担，发达国家必须向发展中国家提供技术支持，促进发展中国家技术进步水平，如此才能将全球的二氧化碳浓度控制在一个较为平稳的水平上，有利于全球气候保护的长远发展。

我们认为，之所以会导致联合国方案的不公平性，最关键的问题在于不能将发达国家和发展中国家的基准年统一定为1990年。因为1990年，中国等发展中国家的经济处于起步阶段，排放水平较低，例如，中国1990年排放水平仅为0.65GtC，仅为美国当年排放水平的1/2。而目前中国的年排放水平大约在1.5GtC，任何以1990年为基准年

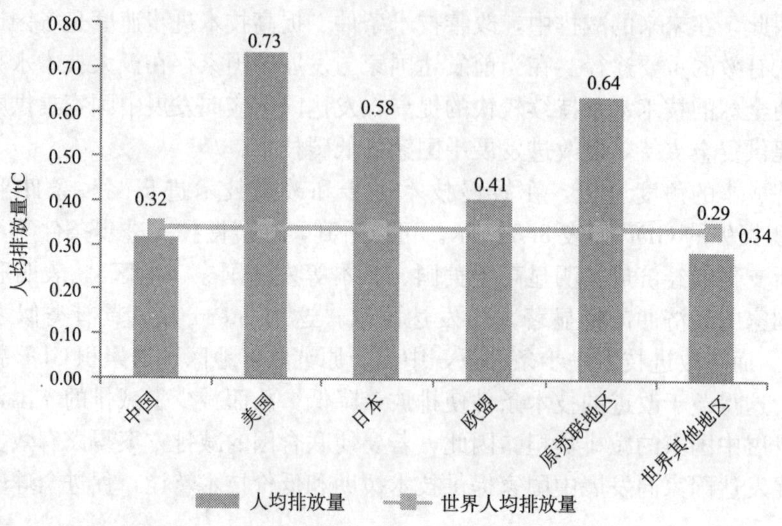

图 8.8 UNDP 方案下 2050 年各国人均排放水平

的减排目标对于中国来说都至少需比 1990 年水平减排 57%以上，这就导致中国必须支付巨大的减排成本，造成不公平，而且也将导致各国人均排放水平上存在极大悬殊，是极为不公平的。我们认为，一个较为合理的方案是发达国家以 1990 年为基准年，而发展中国家以 2005 年为基准年，因为 2005 年发展中国家的排放水平才基本达到发达国家 1990 年的排放水平。

8.3.3 2005 年作为排放水平控制方案的基准年的可行性分析

自签订《京都议定书》以来，西方各国习惯以 1990 年作为基准年提出排放水平控制的方案，但在哥本哈根会议召开的前后，多个世界大国出台了以 2005 年为基准年的减排方案，2005 年作为国际减排方案基准年的重要性日渐凸显。前文就配额原则下以 2005 年作为基准年的可行性做了分析，本节将对以 2005 年作为排放水平控制方案的基准年的可行性展开模拟分析。

以 2005 年为基准年，我们设计了以下四个减排方案。方案一：以 2005 年为基准年，至 2050 年各个国家保持 2005 年排放水平；方案二：以 2005 年为基准年，至 2050 年中国、世界其他地区保持 2005 年排放水平，美国、日本、欧盟比 2005 年降低 80%，原苏联地区比 2005 年降低 50%；方案三：改进 UNDP 方案，至 2050 年发达国家排放量比 2005 年降低 80%，原苏联地区、中国、世界其他地区排放量分别降低 50%、20%、10%；方案四：以 2005 年为基准年，至 2050 年美国、日本、欧盟、原苏联地区以年排放量下降 3.4%的减排速度进行减排①，原苏联地区比 2005 年排放降低 50%，中国、世界其他地区保持 2005 年排放水平。可以看到，从方案一到方案四，各国 2050 年

① 即以美国至 2020 年排放水平比 2005 年降低 17%为目标，若从 2013 年开始减排，估算得到平均年减排率为 3.4%

排放水平分别从保持在 2005 年水平上到在 2005 年水平上有不同程度的下降，以探讨 2005 年作为基准年的可行性。

基于 LRICES 系统对各个方案进行模拟研究，得到各方案导致的世界主要国家和地区的经济成本及全球气候变化情况如表 8.9 所示。基于表 8.9 的模拟结果，从方案应对全球气候变化的有效性看，只有方案一在缓慢技术进步下全球 2100 年升温超出 2℃，而方案一在改进技术进步下全球升温为 1.94℃，其余方案在两种技术进步水平下均可将升温控制在 2℃以内。故从气候变化控制的角度来说，当全球维持较高的技术进步水平或者发达国家承担较多的减排责任时，以 2005 年为基准年是一个行之有效的应对方案，在国际减排方案的设计中没有必要坚持以 1990 年为基准年。

表 8.9　以 2005 年为基准年的方案模拟结果

项目		缓慢技术进步				改进技术进步			
		方案一	方案二	方案三	方案四	方案一	方案二	方案三	方案四
至 2050 年累积 GDP 损失/%	中国	0.91	0.54	0.84	0.65	−0.26	−0.34	0.36	0.95
	美国	0.23	1.11	1.07	1.17	−0.16	0.43	0.41	0.32
	日本	0.06	0.49	0.45	0.56	−0.18	0.13	0.11	0.24
	欧盟	−0.31	0.52	0.48	0.58	−0.17	−0.05	0.07	0.75
	原苏联地区	1.29	1.96	1.93	2.02	−0.15	0.19	0.17	−0.22
	其他地区	1.09	0.79	0.86	0.83	1.38	1.31	1.40	−1.07
2050 年升温/℃		1.65	1.51	1.4	1.54	1.57	1.55	1.53	1.55
2100 年升温/℃		2.41	2.03	1.96	2.03	1.94	1.90	1.87	1.90
2050 年 CO_2 浓度/ppm		423.60	399.06	395.61	403.86	407.78	403.53	401.65	403.77
2100 年 CO_2 浓度/ppm		499.50	439.2	429.17	437.37	418.96	414.33	409.27	413.66

分析中国在各方案下所支付的经济成本，研究得到，在以上四个方案中，中国在方案一中的累积 GDP 损失最大，也就是说，至 2050 年全球各国都保持 2005 年排放水平的方案不利于我国经济增长，因为在该方案下，发达国家的排放量急剧增加，使全球升温增加。相对较有利的方案为方案二，即发达国家实施较大幅度的减排，中国至 2050 年保持在 2005 年的排放水平上。该方案使发达国家承担相对较多的减排责任，又可将 2100 年升温控制在理想的范围之内，同时我国为减排所支付的经济成本相对其他方案较小。坚持发达国家承担至 2050 年比 2005 年减排 80%的责任，而我国和发展中国家至 2050 年可保持在 2005 年的排放水平上，这样的减排幅度可以应对全球气候变化。

比较缓慢技术进步和改进技术进步可以看到，各国在改进技术进步条件下用于减排的经济成本显著减小，说明提高技术进步是使全球减排达到经济和效益最优的不二选择。该结果与前文 UNDP 方案下缓慢技术进步和改进技术进步对全球减排的不同作用具有一致性。

那么，从减排对我国造成的经济影响看，将中国在 2005 年水平上减排 20%与在 1990 年水平上减排 20%做比较可以发现，中国至 2050 年的累积 GDP 损失从 1.46%（UNDP 方案）下降到 0.84%（方案三）。这得益于将 2005 年作为基准年使中国的基准排放水平从 1990 年的 0.65GtC 上升为 1.51GtC，如此，在相同的减排强度下，中国在目标年的排放水平有所提高，减排压力减小。

综上，在以 2005 年为基准年的方案中，只要发达国家能承担至 2050 年比 2005 年减排 80%的责任，那么至 2050 年我国可保持 2005 年的排放水平，这已经可以将全球 2100 年升温控制在 2℃以内。重要的是，发展中国家在以 2005 年为基准年的方案中所承受的经济冲击将较 1990 年基准的减排方案有所减小，有利于发展中国家发展经济，消除贫困。

8.3.4 排放水平控制原则小结

与配额原则的国际减排方案不同，排放水平控制原则下的减排方案实际上是不追溯历史责任的做法。因此，为了实现国家间排放权和经济发展权的公平性，发达国家需要承担更大的减排强度，同时，发展中国家要晚于发达国家参与总量减排，从而为发展中国家留出较多的用于经济增长的时间，为未来较好地承担减排的支出做好准备。

8.4 方案小结

本章比较研究了配额分配原则下的减排方案和排放水平控制原则下的减排方案，通过比较发现，配额原则下的人均累积排放权均等方案比排放水平控制原则下的方案对我国更有利，也就是说，在人均累积排放权均等方案下，我国可以获得较多的排放配额，从而减轻我国未来的减排压力。

在人均累积排放权均等方案下，如何选取历史排放起点年是一个关键的问题。当选取的历史排放起点年早于 1990 年时，发达国家将出现排放赤字，而发展中国家由于历史排放较小，故未来还拥有较多的排放配额。对中国而言，为满足至 2050 年的排放需求，在人均排放权均等方案中，最理想的方案是以 1900 年或更早的年份为历史排放起点年，但同时会导致发达国家与发展中国家的剩余配额差距悬殊，恐怕难以在国际谈判中达成一致。那么较为现实的方案是以 1990 年为历史排放起点，我国可获得约 91GtC 的排放权，至 2050 年将需要减排约 20GtC。

在排放水平控制原则下，本章基于 LRICES 系统对 Stern 方案和 UNDP 方案展开了政策模拟。我们认为，虽然 UNDP 方案较 Stern 方案降低了发展中国家的减排力度，但是这两个方案有一个共同的不足：都选取了 1990 年作为发达国家和发展中国家的减排基准年。由于 1990 年发展中国家的排放水平远低于发达国家的排放水平，故发展中国家承担了过多的减排责任，为减排支付了较多的经济成本，这对于经济水平本来就较低的发展中国家来说压力过大，同时，同以 1990 年为基准年导致 2050 年发达国家与发展中国家人均排放水平也表现出较大差距，发达国家人均排放水平显著高于发展中国家人均排放水平，存在不公平性。因此，在排放水平控制原则下的方案设计中，发达国家与发展中国家需要采取不同的基准年，避免因基准排放水平差距而导致的方案的不公平性。

针对将 2005 年作为国家减排方案基准年的不断出台的现象，本章就 2005 年作为人均累积排放权均等方案的历史排放起点年和排放水平控制方案的基准年分别作了模拟分析。结果表明，以 2005 年为人均累积排放权均等方案的历史起点年，我国未来可拥有的排放权约为 84.24GtC，该值小于以 1990 年和 2013 年为历史排放起点年的方案，为各种方案中我国未来排放配额最小的方案，故我国需抵制以 2005 年作为历史排放起点年的方案。而如果以 2005 年作为排放水平控制方案的基准年，只要发达国家能承担至 2050 年比 2005 年减排 80％的责任，那么至 2050 年我国可保持 2005 年的排放水平，这已经可以将全球 2100 年升温控制在 2℃以内，即在排放水平控制原则下以 2005 年作为全球减排方案的基准年具有可行性。

第 9 章　中国分省域碳配额研究

上一章讨论了国际流行的减排方案，综合来说，人均累积排放权均等方案是较为公平的国际减排选择，有利于使发达国家为历史排放承担相应的责任，并使发展中国家获得较多的剩余排放权。因此，若在未来的国际减排方案谈判中能达成人均累积排放权均等方案下的国家间排放配额分配，我国就需要在全国范围内展开减排行动，特别是各省需要共同落实减排政策，以把我国排放总量控制在配额目标以下。假设在国际减排的谈判中达成了以 1990 年为历史排放起点年的人均累积排放权均等配额方案，本章要解决的问题就是：如何将国家的排放总配额在全国各省自治区、直辖市间合理分配？在配额分配下，各省、自治区、直辖市分别需要承担多少的减排压力？

9.1　区域配额分配原则概述

关于一个国家内部的排放权分配原则的研究还较少见报道，但是国家间的区域配额原则早已被提出，这可为我国省域间配额分配原则提供借鉴。在省域排放权配额问题的解决过程中，我们需要兼顾两个方面：一方面，省域间排放权配额需要保持区域间的公平性，然而难点在于目前还没有一个普遍认可的、统一的对于“公平”的定义（Rose et al.，1998），从不同角度会产生不同的公平性，如效率公平、排放权公平等，那么在我国应选取怎样的公平原则来分配排放权；另一方面，在省域间分配排放权配额时，由排放权导致的区域平衡发展问题得以凸显，目前我国区域发展的不平衡现象已经存在，而当排放权又成为区域发展的一个重要资源要素时，排放权缺乏的省、自治区、直辖市不得不从其他地区购买排放权，将在一定程度上制约省、自治区、直辖市经济发展，有可能导致区域差距进一步扩大。因此，在省域排放权配额上，我们需要在区域公平和区域平衡的基础上，选择一种合适的配额分配方案。

在《京都议定书》之后，许多学者就区域间配额分配的问题展开了深入的研究。Bohm 等（1994）研究表明，净人均减排费用均等化的初始配额分配方案有利于形成短期的公平，而基于人口规模的初始配额分配方案有利于形成长期的公平。Janssen 等（1995）在人均排放权均等方案的基础上进行了模型的改进，同时考虑了国家人口规模、国家 GDP 水平和国家能源使用量三个要素对国家排放权配额的影响，通过对要素设置不同的权重，提出了不同文化倾向导致下的配额分配结果，例如，利己主义方案将特别侧重于 GDP 水平在排放配额分配中的贡献。Kverndokk（1995）认为，按照人口规模来分配排放权配额是一个较好的方案，该配额方案具有公平性和可行性。Steenberghe（2004）研究发现，基于所谓“公平”原则的配额分配并不是对所有国家都有利，一些

本章执笔人：吴静、王铮

国家在合作型的配额原则下可能比在非合作的排放控制原则下要支付更多的成本。Rose 等（1998）、Cazorla 等（2000）就气候保护政策中排放权分配的公平性做了综合比较研究，基于对公平性定量分析的角度不同，将配额分配的公平原则分为三大类：基于分配公平的标准、基于产出公平的标准、基于过程公平的标准，具体分配原则如表 9.1 所示。

表 9.1　基于不同公平原则的配额分配

	标准	基本定义	常规操作规则	二氧化碳排放权的可操作规则
基于分配公平	主权国家原则	所有国家拥有平等的污染权和免受污染权	各国以相同的比例进行减排	按排放量比例分配排放权
	平等主义原则	所有人具有平等的污染权和免受污染权	以人口比例分配排放权	按人口比例分配排放权
	支付能力原则	各国减排费用因国家经济福利差异而不同	国家间减排费用均等化	减排费用占 GDP 的比例在国家间均等
基于产出公平	水平原则	所有国家应该被公平对待	各国净福利变化均等化	净收益或损失占 GDP 的比例在国家间均等
	垂直原则	福利获得应该与国家经济水平成反比；福利损失与 GDP 成正比	各国净福利变化逐步变化	配额分布逐步变化（净收益或损失与人均 GDP 成反比或正比）
	补偿原则	不应使任何国家的情况恶化	对各国的净损失进行补偿	分配配额使得没有国家承受净福利损失
基于过程公平	Rawls' 最大值最小化	恶化国家的福利应该被最大化	最大化最贫穷国家的净收益	使最大比例的福利获得发生在最贫穷的国家
	多数意见原则	保持国际谈判过程公平性	寻求促进稳定的政策解决途径	寻求使多数国家满意的配额分配方法
	市场公正原则	保持市场公平性	最大限度利用市场机制	将配额分配给最高竞价者

资料来源：Rose et al.，1998

基于表 9.1 对各种配额分配原则的介绍可以看到，基于产出公平和基于过程公平的标准具有较好的动态性和灵活性，但是这两种标准在实施的过程中都离不开对各国的经济增长趋势、技术水平、减排成本、排放权交易市场等相关事实的估计，而这些估计目前仍具有较大的不确定性、不完善性，容易产生较大争端。因此，基于产出公平和过程公平的配额分配标准的使用频率仍小于基于分配公平的标准。例如，欧盟在联合履约机制中就采取了基于分配公平的原则在国家间完成排放权的初始分配。

对于我国省域间分配排放权配额而言，如要通过基于市场机制的拍卖形式来分配初始排放权，显然我国还缺乏类似的交易市场，且需要较长的时间来建立、健全这个市场。因此，若排放配额方案在国际减排中得以通过，那么当在国内分配排放权时，采用基于分配公平的原则是一个较为可行和公平的选择。

假设国际减排能达成以 1990 年为历史排放起点年的人均累积排放权均等方案，即我国至2050年可使用的排放权为91.87GtC。下文我们将分别基于世袭制原则、平等主义原则、支付能力原则对省域排放权配额展开比较分析。

9.2 我国省域排放权配额计算

9.2.1 配额分配计算方法

9.1节介绍了多种公平原则下的配额分配标准，在这些标准中，基于分配公平的标准的应用最为广泛。下面我们将对基于分配公平的配额标准做较为详细的介绍。

主权国家（sovereignty）原则，即按照各个国家（区域）基准年的排放量占当年总排放量的比例对排放配额进行同比例分配，这种配额分配原则也被称为世袭制（grandfathering）分配。该原则使得排放水平较高的国家在未来可获得相对较多的排放权，其优点在于有助于各国家（地区）尽可能多地保持生产的连贯性，避免了因大幅减排而导致的生产破坏。

平等主义（egalitarian）原则，即按国家（地区）人口占全球人口的比例分配全球排放权。这种配额原则的基本出发点在于无论是哪国的公民，无论男女老少，均具有平等的排放权。其优点在于使得人口多的国家（地区）可以得到较多的排放权以满足大规模人口生存和经济发展的排放需求。

支付能力（ability-to-pay）原则，即根据各国（地区）经济水平的差异，将各国（地区）的减排费用与其经济水平直接挂钩，从排放权配额实施来说，各国（地区）的可获得的排放权与其人均GDP成反比关系，使得经济水平高的国家（地区）承担较多的减排责任，而经济水平低的国家承担较少的减排责任。这体现了对历史排放量的追溯，人均GDP水平高的国家（地区）实际上在经济发展中已经消费了大量的排放权，因此，当前应该将排放权更多地分配到人均GDP仍然较低的国家（地区），而责成经济水平高的国家（地区）承担更多的减排责任。

基于对世袭制原则、平等主义原则、支付能力原则的初步理解，这里可将这三种配额原则用数学方法表示如下：

（1）世袭制原则

$$P_i = \frac{E_i^R}{\sum_{j=1}^{n} E_j^R} \cdot P_W \tag{9.1}$$

式中，P_i为i区域可获得的排放权配额，共有n个区域；P_W为可用于分配的总排放权；E_i^R为i区域在基准年的排放量；R为基准年；E_j^R为j区域在基准年的排放量。

（2）平等主义原则

$$P_i = \frac{\mathrm{POP}_i^R}{\sum_{j=1}^{n} \mathrm{POP}_j^R} \cdot P_W \tag{9.2}$$

式中，POP_i^R和POP_j^R分别为i区域和j区域在基准年R的人口规模；其余变量的含义与式（9.1）相同。

(3) 支付能力原则

$$P_i = \frac{POP_i^R (GDP_i^R / POP_i^R)^{-\alpha}}{\sum_{j=1}^{n} POP_j^R (GDP_j^R / POP_j^R)^{-\alpha}} P_W \tag{9.3}$$

式中，GDP_i^R 和 GDP_j^R 分别为 i 区域和 j 区域在基准年 R 的国内生产总值；α 的取值小于 1。

9.2.2 省域排放权配额估算数据来源及结果

根据世袭制原则、平等主义原则和支付能力原则的计算需求，我们的数据准备分别包括：

(1) 为了避免选取单一基准年可能存在的排放量波动所导致的配额不合理现象，这里以 1995～2006 年各省、直辖市、自治区的平均年排放量作为历史排放量的衡量标准，该排放量统计包含各省域水泥生产的碳排放。

(2) 根据世界资源研究所的估算，得到我国 2013 年的人口规模为 13.74 亿，假设至 2013 年各省域人口的相对比例基本稳定，以 2005 年各省域的人口比例与 2013 年全国总人口相乘，得到 2013 年各省域人口数据。

(3) 各省、直辖市、自治区 2013 年的 GDP 由最优经济增长轨道估算得到的全国 GDP 值，结合 2005 年全国各省域 GDP 相对比例进行估算得到。

计算得到世袭制原则、平等主义原则和支付能力原则下各省域 2013～2050 年的排放权配额如表 9.2 所示。

表 9.2 三种配额原则下的省域排放权配额结果

地区	世袭制原则		平等主义原则		支付能力原则	
	排放权配额/MtC	排序	排放权配额/MtC	排序	排放权配额/MtC	排序
北京	1857.14	20	1082.71	26	575.45	27
天津	1480.16	25	738.35	27	442.25	29
河北	7382.94	2	4879.50	6	4546.93	6
山西	7677.73	1	2389.74	19	2422.12	18
内蒙古	3159.01	11	1703.90	23	1510.47	23
辽宁	5132.67	6	3014.15	14	2478.50	16
吉林	2175.24	18	1937.87	21	1900.41	22
黑龙江	2961.32	14	2728.02	15	2572.58	15
上海	3087.92	13	1257.38	25	624.63	26
江苏	5561.32	5	5325.30	5	3849.95	12
浙江	3722.40	8	3435.65	10	2328.53	20
安徽	3088.55	12	4494.07	8	5508.05	3
福建	1702.14	21	2516.91	18	2088.27	21
江西	1677.90	22	3070.23	13	3580.13	13
山东	7229.47	3	6582.68	2	5260.81	5

续表

地区	世袭制原则		平等主义原则		支付能力原则	
	排放权配额/MtC	排序	排放权配额/MtC	排序	排放权配额/MtC	排序
河南	4951.49	7	6821.66	1	7339.59	2
湖北	3638.69	9	4188.66	9	4500.03	7
湖南	2795.16	15	4652.31	7	5271.09	4
广东	5590.36	4	6250.48	3	4428.97	8
广西	1632.21	23	3411.01	11	4182.66	10
海南	227.05	30	587.97	28	638.94	25
重庆	1295.28	27	2114.69	20	2352.33	19
四川	3391.21	10	6050.08	4	7339.99	1
贵州	2348.83	16	2726.95	16	4290.60	9
云南	2317.56	17	3166.67	12	4053.14	11
陕西	1967.82	19	2652.29	17	3019.93	14
甘肃	1429.89	26	1862.14	22	2449.20	17
青海	283.18	29	386.50	30	436.95	30
宁夏	591.05	28	422.94	29	473.56	28
新疆	1514.29	24	1419.20	24	1404.30	24

分析表 9.2 容易得到，在三种配额原则下，获得排放权位列前茅的地区分别为：在世袭制原则下，获得排放权配额最多的地区为山西，其次为河北、山东，这种配额分布形势与王铮等（2008）关于各省排放现状的分析具有一致性，这也是由世袭制配额分配原则本身决定的，也就是说，历史排放量大的地区将获得较多的排放配额；在平等主义原则下，排放配额最大的地区为河南，其次为山东、广东，显然，这个排位顺序与人口规模的排序一致；在支付能力原则下，排放权配额最大的为四川与河南，两者的配额几乎相等，其次为安徽、湖南，虽然四川和河南并不是人均 GDP 水平最低的省份，但却获得最大的排放配额，原因在于基于支付能力的原则一方面通过人均 GDP 水平使排放权配额向落后地区倾斜，另一方面，也考虑了人口因素，使得人口规模大的地区获得相对较多的排放权。

为了比较各省域在三种配额原则下所获得的排放权配额的变化，我们计算了各省域在三种配额原则下排放权配额的标准差，分析得到：排放权配额波动最大的为山西，其在世袭制原则下获得了 7677.73MtC，而在其他两个原则下分别只获得 2389.74MtC 和 2422.12MtC，不难发现，主要原因在于山西省不仅是我国总排放量最大的地区，而且是人均排放水平最高的地区，故在世袭制原则下其所获得的排放权配额远远超出其他两个配额结果；而对于排放权配额波动幅度位列第二的四川来说，其情况与山西恰好相反，四川在世袭制原则下获得 3391.21MtC，而在其他两个配额原则下排放配额分别增加至 6050.08MtC 和 7339.99MtC，这主要是由于四川是我国主要的人口大省，且在历史排放中其人均排放水平在全国属于较低水平，故考虑了人口因素的平等主义原则和支付能力原则有利于使四川获得更多排放配额。排放权配额波动较为微小的地区主要是新疆、青海、宁夏，如图 9.1 所示。

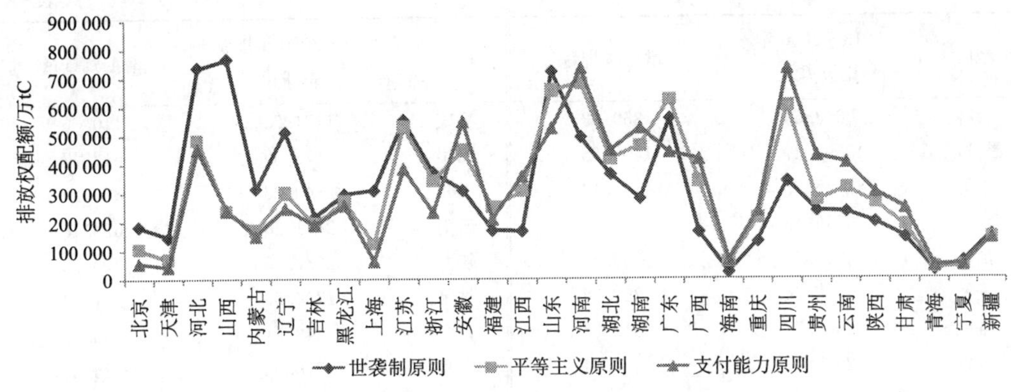

图 9.1　各省域在三种配额原则下的排放权波动

因此，总体而言，在三种配额原则下，获得排放权配额绝对量较大的省份主要是山西、四川、河北、山东、河南、广东等。其中，山西和四川为排放权配额波动最大的省份，山西由于历史排放权居全国首位，故在世袭制原则下才能获得大量配额，而四川较低的人均排放水平，使其在平等主义原则和支付能力原则下的配额居全国前列。

9.3　我国省域减排压力分析

以 1990 年为历史排放起点年的人均累积排放权均等方案与我国 2013～2050 年实际碳排放需求存在约 20GtC 的缺口，因此，9.2 节中基于世袭制原则、平等主义原则和支付能力原则的省域配额也不能满足各省自治区、直辖市的实际排放需求，这就提出了区域减排压力估算的问题，以此也能对 9.2 节中配额方案的区域平衡是否合理做出评估。

9.3.1　省域碳排放供需估算

对于各省、直辖市、自治区在 2013～2050 年的实际排放需求，考虑到地区产业结构调整的黏性和技术进步的路径依赖性，地区间排放的相对比例基本将保持不变，因此，在第 4 章计算得到全国 2013～2050 年总排放需求 111.44GtC 的基础上，我们以 2005 年各省域相对排放比例来估算各省域的排放需求，计算结果如表 9.3 所示。

表 9.3　各省域排放需求及增汇潜力　　（单位：MtC）

地区	2013～2050 年排放需求	增汇减排量	地区	2013～2050 年排放需求	增汇减排量
北京	2252.79	25.02	河南	6006.37	170.59
天津	1795.50	2.61	湖北	4413.89	338.42
河北	8955.82	215.05	湖南	3390.65	526.67
山西	9313.41	218.04	广东	6781.35	529.73
内蒙古	3832.02	1718.30	广西	1979.94	571.53
辽宁	6226.15	270.10	海南	275.43	65.42

续表

地区	2013～2050年排放需求	增汇减排量	地区	2013～2050年排放需求	增汇减排量
吉林	2638.66	359.92	重庆	1571.23	110.36
黑龙江	3592.21	1306.65	四川	4113.68	612.77
上海	3745.78	0.13	贵州	2849.23	320.29
江苏	6746.12	27.78	云南	2811.29	663.18
浙江	4515.43	355.61	陕西	2387.05	370.92
安徽	3746.54	257.78	甘肃	1734.52	191.59
福建	2064.77	512.95	青海	343.51	68.85
江西	2035.37	660.77	宁夏	716.96	25.54
山东	8769.65	87.10	新疆	1836.90	61.77

由于目前对我国来说，增汇是一种技术较为可行、效果较为显著的减排途径，因此，在估算地区减排压力时，我们将省域增汇潜力纳入其中。根据吕劲文等（2010）得到的至2050年各省域的增汇减排潜力，即各省、直辖市、自治区能够通过增加森林碳汇减少的碳排放量，如表9.3所示。其中，增汇潜力最大的地区为内蒙古，累积可增汇1718.3MtC，其次为黑龙江，累积可增汇潜力为1306.65MtC，其余增汇潜力较大的地区主要是西南地区的四川、云南、广西等。

从省域碳排放需求供给平衡的角度来说，各省、直辖市、自治区的碳排放权供给主要来自增汇潜力和排放权配额，而排放量供给与需求的差额就形成了区域的减排压力。因此，基于前文的计算结果，得到世袭制原则、平等主义原则和支付能力原则下排放权配额所形成的排放权缺口，如表9.4所示，其中负值表示碳排放权赤字，正值表示排放量盈余。

表9.4　各配额原则下的排放量缺口　　（单位：MtC）

地区	世袭制原则	平等主义原则	支付能力原则
北京	−370.63	−1145.07	−1652.33
天津	−312.73	−1054.53	−1350.64
河北	−1357.83	−3861.27	−4193.85
山西	−1417.65	−6705.64	−6673.26
内蒙古	1045.29	−409.82	−603.25
辽宁	−823.38	−2941.91	−3477.55
吉林	−103.50	−340.87	−378.32
黑龙江	675.76	442.46	287.01
上海	−657.73	−2488.27	−3121.02
江苏	−1157.01	−1393.03	−2868.38
浙江	−437.42	−724.17	−1831.30
安徽	−400.22	1005.30	2019.28
福建	150.32	965.09	536.45
江西	303.30	1695.63	2205.52
山东	−1453.08	−2099.86	−3421.73

续表

地区	世袭制原则	平等主义原则	支付能力原则
河南	−884.29	985.88	1503.81
湖北	−436.78	113.19	424.56
湖南	−68.82	1788.34	2407.12
广东	−661.26	−1.15	−1822.66
广西	223.80	2002.60	2774.25
海南	17.05	377.97	428.93
重庆	−165.59	653.82	891.46
四川	−109.70	2549.17	3839.08
贵州	−180.12	198.00	1761.65
云南	169.45	1018.56	1905.03
陕西	−48.31	636.16	1003.79
甘肃	−113.04	319.20	906.27
青海	8.52	111.84	162.29
宁夏	−100.38	−268.49	−217.87
新疆	−260.84	−355.93	−370.83

9.3.2 省域碳减排压力分析

1. 世袭制配额原则

基于9.3.1节的计算结果分析可以发现，在世袭制原则下，处于排放权盈余的地区总共仅有8个。其中以内蒙古剩余的排放权最多，约为1045MtC，虽然内蒙古自身的排放需求也较大，但是由于其增汇潜力达到1718MtC，处于全国首位，故排放权盈余仍较大。其他的排放盈余地区包括黑龙江、江西、广西、云南、福建、海南、青海。

在世袭制原则下有约3/4的地区处于排放赤字状态，即排放权的供给不能满足排放需求的省（直辖市、自治区）有22个。从排放缺口量比较，以山东的排放缺口最大，为1453.08MtC，其次为山西、河北。实际上，山东在世袭制原则下所获得的排放权配额并不小，居全国第三位，但由于其排放需求大且增汇量仅为87.1MtC，故在世袭制原则下，山东省为减排压力最大的省份。统计显示，2001～2005年山东的碳排放量平均年增长率达到了21%，为全国碳排放量增长最快的省份；同时，山东省作为我国主要的水泥生产基地，其水泥生产排放量也占全国第一位。这些都促成了山东巨大的减排压力。

从减排率，即累积排放缺口占累积排放需求的比例分析，在世袭制原则下，各省域的减排比例如图9.2所示。可以看到，地区间的减排幅度起伏不大，大部分地区的减排率在10%～15%的水平，其中以上海的减排率最大，为18%，其次为天津、江苏、山东、北京；而减排率较小的省份主要是人均排放水平较低且增汇潜力处于中上水平的湖南、陕西、四川等地。

对于排放赤字的省域来说，为满足排放需求，一方面需要实施节能减排，另一方面需要从排放盈余省域购买排放权，这就形成了国内的排放权交易市场。

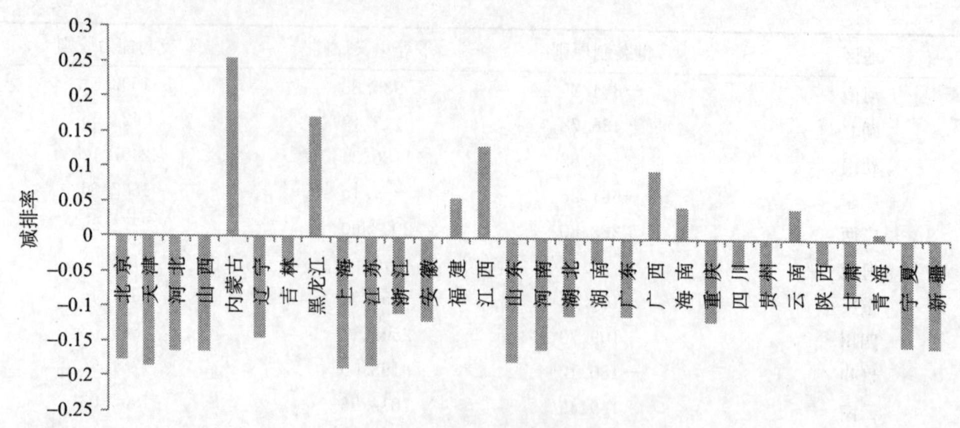

图 9.2　世袭制原则下省域减排率比较

很明显，在世袭制原则下，排放权交易市场的供需双方的个体比例约为 1∶3，仅有少数省域作为排放权的供给方。且在排放权供给方内部的供给份额也极为不平衡，如图 9.3 所示，可以看到，内蒙古占据约 40%的市场份额，若加上黑龙江，这两个地区的供给量达到了约 66%，大部分的可使用排放权供给被极少数的地区掌握，这不利于市场价格机制的健康运转，容易形成垄断。

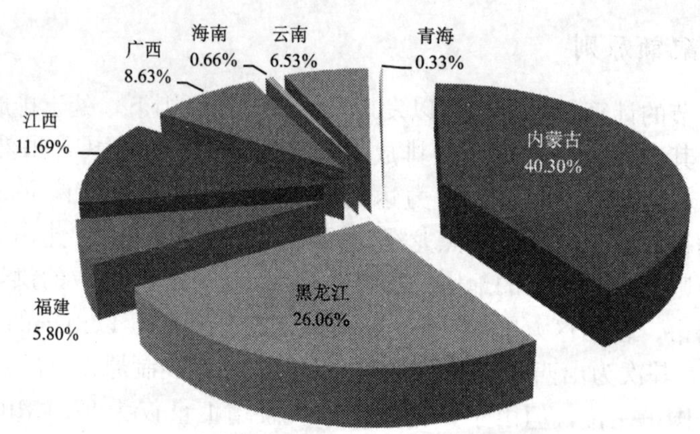

图 9.3　世袭制原则下的排放权供给份额构成

因此，总体来说，世袭制的排放配额制度可以使地区间的减排强度得到平均化，但是这也引发了排放权供给方和需求方个体的不均衡分布，比例约为 1∶3，且出现少数省域掌握大多数盈余排放权的现象，约 66%的盈余排放权集中在内蒙古和黑龙江，不利于今后排放权交易市场的供需平衡。在该配额原则下，山东、山西、河北为减排量最大的地区，而上海为减排率最高的地区。

2. 平等主义原则

与世袭制原则的配额结果不同，在平等主义原则下，排放权赤字和排放权盈余的地区在比例上接近 1∶1，即排放权供需双方在个体数量上较为平衡。

排放权盈余的地区有 16 个，其中盈余最多的地区为四川，约为 3839.08MtC，其次为广西、湖南、江西、云南、安徽等。之所以出现较大的排放权盈余，与其原本较低的人均排放水平密不可分。其中湖南、四川、江西、广西为我国人均排放水平最低的地区，而且四川、云南、广西还是我国增汇潜力较大的地区，因此，平均化的人均排放权使得这些省域出现了较大的排放盈余。

从排放权缺口数量上看，缺口最大的为山西，约为 6705.64MtC，其次为河北、辽宁、上海、山东等。在这 5 个处于排放赤字前列的地区中，除了上海以外，其他 4 个地区的排放需求均位列前茅，故导致排放缺口较大；而上海由于人均排放水平过高，仅次于山西省，位列全国第二，故当排放权被平均化时，排放配额难以满足其需求。

从各省域的减排率分析，在平均主义原则下，减排率分布如图 9.4 所示。在需要减排的省域中，减排率居首位的为山西，约为 72%，这是极具挑战性的一项工作。完全通过减排来实现 72%的减排率，几乎是不可能的事情，或许会对山西的经济增长产生致命的影响，所以另一个可行的办法就是未来山西需要从其他排放盈余省域购买较多的排放配额来降低省域内的减排率。减排率紧随山西之后的省（直辖市）主要包括上海、天津、北京、辽宁，这几个省（直辖市）都是高收入、高排放地区，由于本身生产技术水平处于全国领先地位，未来的减排可主要通过技术进步实现。

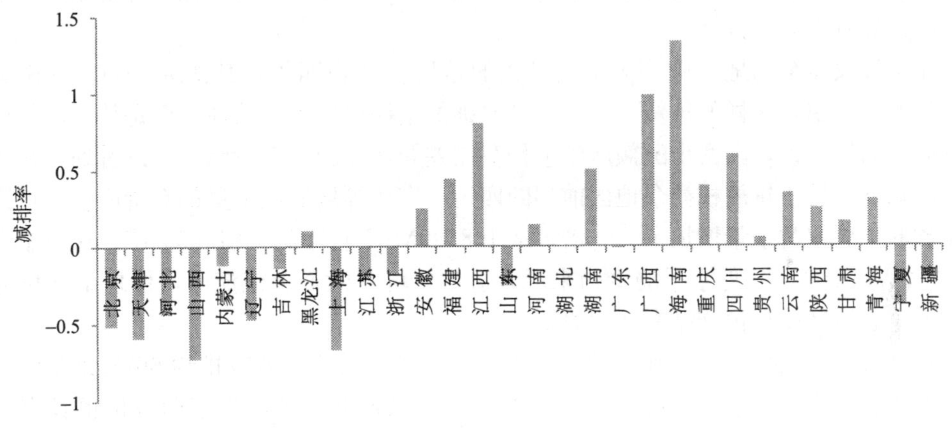

图 9.4　平等主义原则下省域减排率比较

更为重要的是，排放权供给方在 16 个地区间分布没有出现悬殊，如图 9.5 所示。其中，排放权供给最大的为四川，占 17%的份额，其次为广西、湖南等地区，分别为 13%和 12%。因此，排放权交易市场上的供给方数量充足且供给能力分布较为均匀，有利于市场的良性运行。从空间分布来说，平等主义原则下，排放权需求省份主要为经济较为发达的东部沿海地区和东北地区，另外有少数西北地区的省份；排放权供给省份主要分布在经济欠发达的华中地区和西南地区。这样在今后的排放权交易市场中，资金流从经济水平高的地区通过购买排放权的形式流向经济水平较低的地区，不仅缓解了前者的减排压力，而且有利于后者在资金流的作用下改进生产技术条件，促进地区经济发展。总体来上，基于平等主义原则的排放权供需不论在数量分布还是在空间分布上都较为合理。

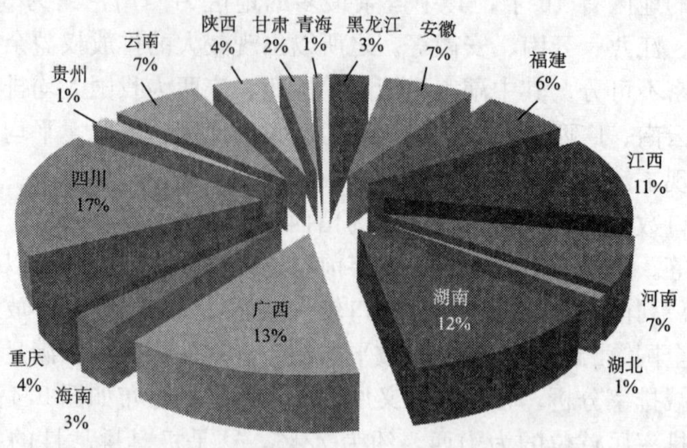

图 9.5 平等主义原则下排放权供给份额构成

3. 支付能力原则

分析发现，在支付能力原则下排放赤字和排放盈余的省份的个体数量比例也接近 1∶1，具体的分布与平等主义原则下的结果完全吻合，即所有省份在两种配额原则下的减排压力具有方向一致性。

在排放权盈余的地区中，盈余量最大的地区仍然为四川，其次为广西、湖南、江西、安徽、云南，这样的排位与平均主义原则的结果保持了一致性。但是从具体的可使用排放权的量来说，在两个配额原则下仍存在差异，如图 9.6 所示。可以看到，在支付能力原则下，处于排放权盈余地区前列的四川、广西等地的盈余量都有所增长，特别是贵州省的排放权盈余量增加了 7.9 倍，从 198.00MtC 上升至 1761.65MtC，这对于人均 GDP 水平处于全国较低水平的贵州来说，造就了可观的资金流流入，体现了支付能力原则下落后地区少承担减排责任的原则。

在排放赤字的地区中，减排量最大的地区仍然为山西，需减排约 6673.26MtC，其次为河北、辽宁、山东、上海等。这与平等主义原则下的排放赤字前五位也具有一致性，特别是上海不仅由于历史人均排放量高，在平等主义原则下未来排放缺口大，而且由于人均 GDP 水平位居全国首位，故在支付能力原则下，其应当承担的减排责任也较大。比较发现，与排放权盈余省域的盈余量变化一样，排放权赤字省域在支付能力原则和平等主义原则下的赤字量也发生了明显的变化，如图 9.7 所示。其中以广东省的排放赤字变化最为显著，从 −1.15MtC 变为 −1822.66MtC，也就是说，在支付能力原则下，由于广东省人均 GDP 水平处于较高水平，故获得较少的排放权。

那么，由省域减排量引发的各省域减排率也相应发生了变化，如图 9.8 所示。北京、天津、上海、江苏、浙江、山东、广州的减排率显著上升，这几个地区的人均 GDP 水平均位列前茅，有能力提供较多的减排支出，有利于为不发达地区分担减排压力。其中，上海所需承担的减排率仍居全国首位，约需减排 83%，这使得上海要加快技术进步的速度，否则这一减排目标难以实现。

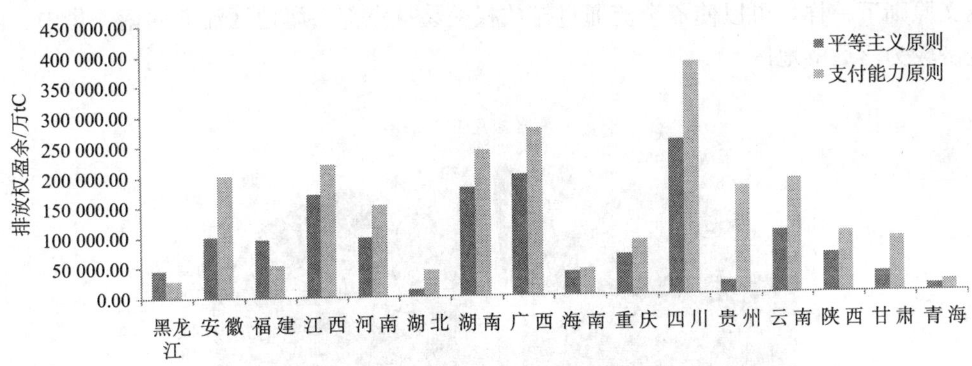

图 9.6 平等主义原则和支付能力原则下排放权盈余比较

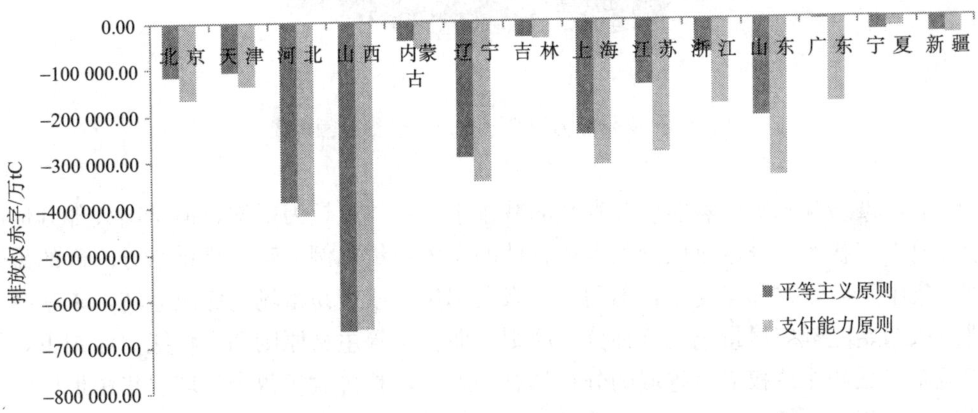

图 9.7 平等主义原则和支付能力原则下排放权赤字比较

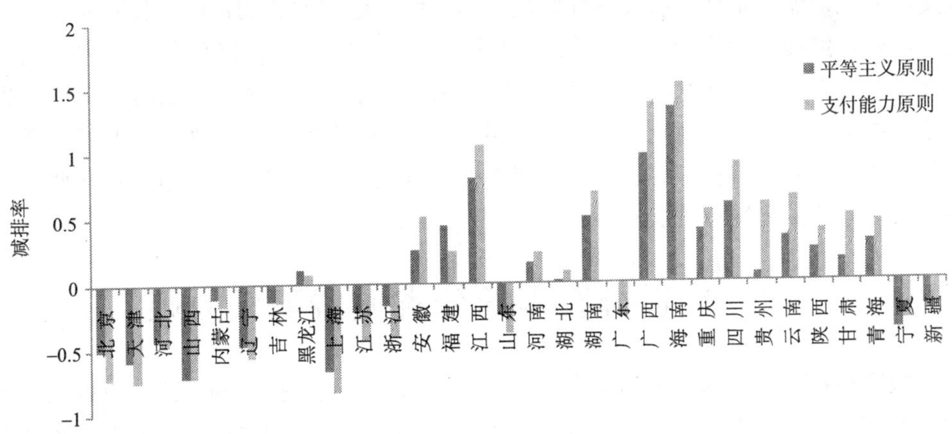

图 9.8 平等主义原则和支付能力原则下减排率比较

最后，从排放权交易市场的构成看，虽然支付能力原则下排放权供给方的参与地区与平等主义原则下的地区相同，但是由前文分析得到排放权盈余的量与平等原则下的结果相比发生了变化，故从供给方份额构成分析，支付能力原则下的分布更为均匀，如图 9.9 所示，特别是贵州省的排放权市场份额显著增加。该原则下的排放权交易市场与平等主义原则下一样，可以使资金流通过排放权交易从东部沿海地区流向西南、华中、西北经济较为落后的地区。

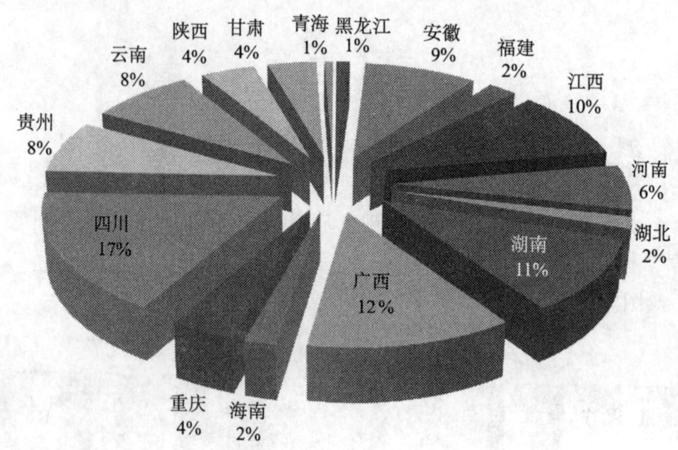

图 9.9　支付能力原则下排放权供给份额构成

综上，世袭制原则虽然能使各省域的减排水平总体上较为平均，但全国大部分地区处于排放赤字状态，排放权供给和需求省域的个体数量比例悬殊，且供给方内部的盈余量过于集中于内蒙古和黑龙江，不利于未来我国排放权交易市场的健康运转，未来我国的排放权初始配额应尽量避免这种分配原则；而在平等主义原则和支付能力原则下，排放权盈余省域和排放权赤字省域的分布具有一致性，且排放权盈余省域以华中地区和西南地区的四川、广西、湖南、云南等地区为主，排放权赤字省域则主要是我国主要煤炭产地山西以及东部地区的山东、辽宁、河北、上海、江苏、广东等地区，这有利于使排放权交易的资金流从东部经济发达地区流向内陆经济较欠发达的地区。相对而言，后两种配额原则比世袭制原则对排放权的合理分配以及区域间排放权平衡更有利。更进一步，在支付能力原则下，人均 GDP 水平落后的西南地区较平等主义原则下获得了更多的排放权配额，而上海、北京、天津、广州等人均 GDP 水平高的地区比平等主义原则下承担了更多的减排责任，体现了支付能力原则有助于排放权配额向落后地区倾斜，是较适合我国国情的配额原则。

9.4　较适合我国的分省域碳配额原则

在国际减排压力逐渐增大的当下，假如在未来的气候保护谈判中能达成以人均排放权均等的配额方案，那么我国将面临约 20GtC 的排放缺口，这需要全国各地区都参与到国家的减排中来，但对于各省域排放权的初始分配仍是需要解决的关键问题。

本章基于世袭制原则、平等主义原则和支付能力原则对省域排放权配额展开了计算分析。研究发现，支付能力原则是较适合我国国情的配额方案。在支付能力原则下，不但排放权赤字和排放权盈余的省域在数量上分配接近 1：1，较为均匀，且 16 个排放权盈余省域的供给能力也未出现差距悬殊的现象，这有利于未来我国排放权交易市场的健康运转，避免垄断的发生；同时，在支付能力原则下，排放权盈余和排放权赤字的省域在空间上呈现“东部赤字内陆盈余”的格局，盈余的省域以华中地区和西南地区的四川、广西、湖南、云南等地区为主，赤字的省域则涵盖我国主要煤炭产地山西以及东部地区的山东、辽宁、河北、上海、江苏、广东等地区，这有助于引导排放权交易的资金流从东部经济发达地区流向内陆经济较欠发达的地区，以促进欠发达地区的技术条件改进和经济发展，从而达到区域经济平衡发展的最终目标。

在省域排放权配额的研究领域，值得进一步探索的问题包括：借助多区域 CGE 对排放权配额的合理性展开定量分析。当排放权成为一种可以买卖的资源时，它可以促进或抑制一个区域的经济增长，这与各区域的产业结构、技术水平、能源结构以及地区间的经济相互作用等因素息息相关。而 CGE 正是一种可以将这些要素完全考虑的建模方法，借助 CGE 模拟分析最终可对每个配额方案所产生的对省域经济、全国经济、区域平衡、社会福利的影响作出定量的评价；综合考虑省域间经济增长的溢出作用对排放权配额的影响，由于区域溢出作用的存在，排放权配额的多寡不仅影响了配额接受地区本身，而且对于与配额接受地区有密切经济作用的其他地区也产生影响，这种影响可能是正面的也可能是负面的，因此当溢出存在时，我们需要对排放权配额进行重新审视。

第 10 章 中国气候保护方案的经济影响分析

气候变化这一全球问题日益成为世界各国学者、政府以及公众关注的焦点问题。气候变化对自然生态系统以及社会经济系统的影响存在很大的不确定性，使得放任气候变化存在不可预知的风险。为此，学术界提出了一系列减少温室气体排放的措施以应对气候变化，如排放权交易、征收碳税等。《京都议定书》的签订则是各国合作减排进入实践阶段的标志，其提出的措施主要有碳排放国际贸易、合作减排以及 CDM 清洁发展计划。评价这些政策，不仅需要考虑其减排效果，还要综合考虑其对宏观经济以及经济各部门产生的影响，即对减排政策实施的机会成本进行研究。

在众多的气候保护政策中，碳税被认为是最划算的减排措施而被广泛提倡（Baranzini et al.，2000）。而且瑞典、挪威、荷兰、丹麦、芬兰以及意大利等欧洲国家已经开始根据能源产品中的碳含量征收碳税。对于碳税的减排效果及其对经济的影响，可以追溯到 Barker 等（1993），他们利用能源-环境-经济模型评估了碳（能源）税对英国经济的影响，认为征收碳税足以在 1990～2005 年使碳排放稳定在基准水平 12%以下，而且对宏观经济的影响也较小，GDP 有可能继续以高于基准 0.2%的水平增长；Shrestha 等（1999）从供给与需求两个角度研究了征收碳税对印度尼西亚电力部门的影响，发现低税率通过电力价格的提高可使能源消费大幅降低，带来较高的减排量，而中、高税率倾向于使企业通过技术进步提高能效，或通过能源替代转向低碳能源，而没有使能源消费大幅降低，减排量反而较低税率情况下偏小；Baranzini 等（2000）探讨了征收碳税所产生的国家（或企业）竞争力效应、税负转嫁效应以及环境影响，并认为它所带来的主要负面影响可以通过税制的设计以及相应财政收益的使用方式来弥补；Wissema 等（2007）利用可计算一般均衡（CGE）模型分析了碳税和能源税对爱尔兰经济的影响，发现碳税会显著地改变生产及消费模式，使其向新能源以及低碳能源转变，比单一的能源税带来更大程度的减排，并且估计得到 10～15 欧元（每吨二氧化碳）的税率可以实现相对于 1998 年减排 25.8%的目标。此外，Nakata 等（2001）、Scrimgeour 等（2005）分别采用局部均衡模型和一般均衡模型研究了能源税和碳税对日本及新西兰能源密集产业部门和能源系统的影响；Zhang 等（2004）通过对已有的碳税实证研究的回顾认为，碳税所带来的竞争力下降以及分配效应的影响很小，如何使用碳税带来的财政收益也将对经济的最终影响起到重要的作用。

国内对碳税的研究近年来也逐渐兴起。鲍芳艳（2008）对应该征收碳税和不应该征收碳税两种观点进行了分析，并对中国是否可以征收碳税进行了探讨，但其分析仅仅是定性分析，因此其结论也仅给出了一种“可能”；王金南等（2009）运用 CGE 模型模拟

本章执笔人：朱永彬、王铮

了不同碳税方案对我国国民经济、能源节约以及碳排放的影响，但其未对经济部门进行划分，不能反映碳税政策对各部门的影响；张明文等（2009）把碳税看作一种"资源税"，通过将资源税引入生产函数构造计量模型，来分析碳税对资本和劳动要素的产出弹性的影响以及所引起的报酬分配上的变化，但其将碳税看作资源税间接影响经济的合理性受到置疑（碳税是根据能源产品的含碳量进行征收的），其所采用的计量模型也限制了碳税征收的灵活性。

针对这些研究的不足，本章构建了一个含有121个部门的CGE模型。CGE模型由于具有反映特定经济系统的经济结构、模拟各项政策措施对经济系统产生的影响的功能，因此成为政策模拟的有力工具，在评价气候保护以及减排政策领域得到了广泛的应用及发展。在CGE模型的基础上，本章将碳税以生产性碳税和消费性碳税两种形式引入模型，且分高、中、低三种碳税率分别研究不同形式碳税、不同税率的减排效果及其对经济的影响，以期在新一轮合作减排谈判即将开始之际，为我国做出符合国情的承诺提供依据。

10.1 模型与数据

本章采用的CGE模型借鉴吴静等（2005）给出的基本结构体系，细节介绍可参见王铮等（2009）。

10.1.1 基础模型

本章采用的CGE模型通过一系列方程来描述中国这个开放的经济系统，它包含三大经济主体：企业、家庭以及政府。企业通过生产行为向社会提供产品，利用销售收入支付工资及所得税，最后完成向居民的财产性转移支付即企业储蓄（变量意义见附录二）。由于考虑了开放经济体的进口与出口，因此一国可供消费的产品为国内产品（国内生产的总产品扣除出口量）与进口产品之和（采用Armington假设）。

$$X_i = \mathrm{VA}_i + \sum_{j=1}^{n} a_{ji} \cdot X_i \quad \mathrm{VA}_i = A_i L_i^{\alpha_i} K_i^{1-\alpha_i} \tag{10.1}$$

$$\mathrm{TD^e} = \sum_{i=1}^{n} (\mathrm{PN}_i \cdot X_i - w_i \cdot L_i) \cdot \mathrm{td^e} \tag{10.2}$$

$$Y^{\mathrm{e}} = \sum_{i=1}^{n} (\mathrm{PN}_i \cdot X_i - w_i \cdot L_i) - \mathrm{TD^e} \tag{10.3}$$

$$S^{\mathrm{e}} = Y^{\mathrm{e}} \cdot (1 - \mathrm{ueu} - \mathrm{uer} - \mathrm{uef}) \tag{10.4}$$

$$D_i + E_i - X_i = 0 \tag{10.5}$$

$$\begin{cases} Q_i = \xi_i \cdot [\delta_i M_i^{-\rho_i} + (1-\delta_i) D_i^{-\rho_i}]^{-\frac{1}{\rho_i}} & i \in \{i \mid M_i \neq 0\} \\ Q_i = D_i & i \in \{i \mid M_i = 0\} \end{cases} \tag{10.6}$$

家庭消费者（在此细分为城镇居民与农村居民，并且考虑了农民工为非农业部门提供劳动力的情况）提供劳动及资本而获得工资及财产性收入，支付所得税后即为其可支配收入。在可支配收入预算的约束下，根据商品价格选取对一系列商品的消费组合使自己的效用达到最大①。消费之后剩余的可支配收入部分同样作为居民的储蓄。

$$W^{u}=\sum_{i\in U}[w_i\cdot L_i-(w_i\lambda_i)\cdot(L_i\tau_i)] \tag{10.7}$$

$$W^{r}=\sum_{i\in \mathbf{R}}w_i\cdot L_i+\sum_{j\in U}(w_j\lambda_j)\cdot(L_j\tau_j) \tag{10.8}$$

$$\mathrm{ET}^{h}=Y^{e}\cdot \mathrm{ue}^{h}\quad h\in\{u,r\} \tag{10.9}$$

$$\mathrm{TD}^{h}=(W^{h}+\mathrm{ET}^{h})\cdot \mathrm{td}^{h}\quad h\in\{u,r\} \tag{10.10}$$

$$\mathrm{DI}^{h}=W^{h}+\mathrm{ET}^{h}-\mathrm{TD}^{h}+\mathrm{Yg}\cdot \mathrm{ug}^{h}+\mathrm{NFN}^{h}\quad h\in\{u,r\} \tag{10.11}$$

$$S^{h}=\mathrm{DI}^{h}-\sum_{i=1}^{n}P_i\cdot C_i^{h}\quad h\in\{u,r\} \tag{10.12}$$

$$P_i\cdot C_i^{h}=P_i\cdot\gamma_i^{h}+\beta_i^{h}\left(\mathrm{DI}^{h}-\sum_{j=1}^{n}P_j\cdot\gamma_j^{h}\right)\quad h\in\{u,r\} \tag{10.13}$$

政府则通过征收税收（进口关税、出口退税、间接税、企业所得税、居民所得税等）获得收入，支付对公共物品的消费、对居民的转移支付，剩余部分作为政府储蓄，这一系列行为也是宏观调控、收入再分配等政府职能的体现。

$$\mathrm{TM}=\sum_{i=1}^{n}(\mathrm{PWM}_i\cdot M_i\cdot \mathrm{tm}_i\cdot \mathrm{ER}) \tag{10.14}$$

$$\mathrm{TE}=\sum_{i=1}^{n}(\mathrm{PWE}_i\cdot E_i\cdot \mathrm{te}_i\cdot \mathrm{ER}) \tag{10.15}$$

$$\mathrm{TX}=\sum_{i=1}^{n}(\mathrm{PN}_i\cdot t_i\cdot X_i) \tag{10.16}$$

$$Y^{g}=\mathrm{TX}+\mathrm{TM}-\mathrm{TE}+\mathrm{TD}^{e}+\mathrm{TD}^{u}+\mathrm{TD}^{r} \tag{10.17}$$

$$\mathrm{DI}^{g}=Y^{g}\cdot(1-\mathrm{ugu}-\mathrm{ugr}) \tag{10.18}$$

$$G_i=\frac{\beta_i^{G}\cdot G^{\mathrm{tot}}}{P_i} \tag{10.19}$$

$$S^{g}=\mathrm{DI}^{g}-G^{\mathrm{tot}} \tag{10.20}$$

在开放经济下，一国与世界其他国家存在经济往来。考虑到产品的同质性，国内产品与国外产品存在着一定程度的替代关系，因此进出口量一般由国内价格和世界价格之差决定，同时考虑关税率等额外成本对价格的影响。最后一国的贸易逆差被作为国外的储蓄积累起来，并可用于国内投资。

$$\frac{M_i}{D_i}=\left(\frac{\delta_i}{1-\delta_i}\cdot\frac{\mathrm{PD}_i}{\mathrm{PM}_i}\right)^{\sigma_i} \tag{10.21}$$

$$\mathrm{PM}_i=\mathrm{PWM}_i\cdot(1+\mathrm{tm}_i)\cdot \mathrm{ER} \tag{10.22}$$

$$\frac{E_i}{D_i}=\omega_i\left(\frac{\mathrm{PE}_i}{\mathrm{PD}_i}\right)^{\eta_i} \tag{10.23}$$

$$\mathrm{PE}_i=\mathrm{PWE}_i\cdot(1-\mathrm{te}_i)\cdot \mathrm{ER} \tag{10.24}$$

---

① 在此采取 Lluch（1973）的扩展线性支出系统消费函数方程

$$S^{f} = \sum_{i=1}^{n} \mathrm{PWM}_i \cdot M_i \cdot \mathrm{ER} - \sum_{i=1}^{n} \mathrm{PWE}_i \cdot E_i \cdot \mathrm{ER} + Y^{e} \cdot \mathrm{uef} - \mathrm{NFN}^{u} - \mathrm{NFN}^{r} \tag{10.25}$$

在完全竞争市场的假设条件下，企业的超额利润为零，产品市场的价格决定于生产成本，最终供需双方通过价格的调节作用达到平衡，同时要素市场的供需双方也在要素价格（工资率及资本回报率）的调节下达到平衡，价格体系及出清条件分别如下。

$$\mathrm{PD}_i = \sum_{j=1}^{n} a_{ji} \cdot P_j + \mathrm{PN}_i \cdot (1 + t_i) \tag{10.26}$$

$$\mathrm{PN}_i = \frac{w_i \cdot L_i + r_i \cdot K_i}{X_i} \tag{10.27}$$

$$P_i = \frac{D_i}{Q_i} \cdot \mathrm{PD}_i + \frac{M_i}{Q_i} \cdot \mathrm{PM}_i \tag{10.28}$$

$$Q_i = \mathrm{IT}_i + C_i^{u} + C_i^{r} + G_i + I_i + \mathrm{ST}_i \tag{10.29}$$

$$\sum_{i=1}^{n} \mathrm{ST}_i + I^{\mathrm{tot}} = S^{u} + S^{r} + S^{e} + S^{g} + \pi \cdot S^{f} \tag{10.30}$$

$$K_i = \mathrm{ST}_i + I_i \tag{10.31}$$

10.1.2 碳税模块

征收碳税通过增加企业的生产成本、提高高排放产品的价格，用经济手段使需求结构向清洁、低排放方向转变，达到降低二氧化碳排放的目的。由于二氧化碳主要产生于能源消费过程，而且对二氧化碳排放的监控与核算较为困难，因此，可以将碳税的征收对象由二氧化碳转化为相应的能源产品，根据不同能源品种的含碳量征收碳税（Baranzini et al.，2000）。

从纳税主体角度，可以将碳税分为生产性碳税以及消费性碳税。生产性碳税是指将能源生产企业作为纳税人，以能源生产部门的产量作为税基，根据能源产品的品种来确定不同税率的税收形式；而消费性碳税则由能源消费主体（企业及家庭）承担，是根据能源消费量及能源品种确定具体征收量的税收形式。

不同的碳税征收形式对 CGE 基础模型的作用机制也不同。生产性碳税直接影响能源生产部门，导致其部门产品国内价格提高。

$$\mathrm{PD}_j = \left[\sum_{i=1}^{n} a_{ij} \cdot P_i + \mathrm{PN}_j \cdot (1 + t_j)\right] \cdot (1 + t_{\mathrm{CO_2},j}) \quad j \in E \tag{10.32}$$

式中，PD_j 为 j 部门的国内价格；a_{ij} 为直接消耗系数（j 部门单位产出所需投入了的 i 部门中间产品的数量）；P_i 为 i 部门中间投入了品价格；PN_j 为增加值部分价格；t_j 为 j 部门增值税率；$t_{\mathrm{CO_2},j}$ 为 j 部门碳税率；E 为所有能源部门集合。能源产品价格的提高进一步间接带动以能源作为中间投入的其他产品的价格。而且生产性碳税的征收以能源部门产量为基础，碳税总额可表示为

$$\mathrm{TC} = \sum\nolimits_{j \in E} X_j \cdot P_j \cdot t_{\mathrm{CO_2},j} \tag{10.33}$$

式中，X_j 为 j 部门的总产出。而消费性碳税比生产性碳税更为复杂，因为消费性碳税在消费环节进行征收，征收对象较为分散，对社会大多数的经济主体都会产生直接影响，而非通过能源部门生产价格间接影响。首先，所有以能源作为中间投入的部门，其生产价格都受到直接影响，从而各部门产品的国内价格方程变为

$$\mathrm{PD}_i = \sum\nolimits_{j \in E} a_{ji} \cdot P_j \cdot (1 + t_{\mathrm{CO}_2,j}) + \sum\nolimits_{k \notin E} a_{ki} \cdot P_k + \mathrm{PN}_i \cdot (1 + t_i) \quad (10.34)$$

其中，生产过程的中间投入需要区别对待，对能源部门产品的中间投入需要征收碳税，对其他部门产品的中间投入则不受碳税的影响。增加值部分的价格也不受碳税影响。此外，所有居民消费方程（采用扩展性线性支出形式）也要相应进行调整（本章所考虑的CGE模型中，政府消费不考虑碳税的影响，因为政府既是消费性碳税的纳税人，也是征收主体，相当于将碳税支付给自己）。

$$\begin{cases} P_j \cdot C_j^h \cdot (1 + t_{\mathrm{CO}_2,j}) = P_j \cdot \gamma_j^h \cdot (1 + t_{\mathrm{CO}_2,j}) \\ \qquad + \beta_j^h \left(\mathrm{DI}^h - \sum\limits_{i=1}^{n} P_i \cdot \gamma_i^h \cdot (1 + t_{\mathrm{CO}_2,i}) \right) \quad j \in E \\ P_k \cdot C_k^h = P_k \cdot \gamma_k^h + \beta_k^h \left(DI^h - \sum\limits_{i=1}^{n} P_i \cdot \gamma_i^h \cdot (1 + t_{\mathrm{CO}_2,i}) \right) \quad k \notin E \end{cases} \quad (10.35)$$

式中，C_j^h 为居民（考虑城乡二元性，分为城镇和农村两类）对部门 j 产品的总消费量；γ_j 为居民对部门 j 产品的基本消费量；DI^h 为居民可支配收入；当 $i \notin E$ 时，$t_{\mathrm{CO}_2,i}=0$。而碳税总额也相应变为

$$\mathrm{TC} = \sum\nolimits_{j \in E} (\mathrm{IT}_j + C_j^r + C_j^u) \cdot P_j \cdot t_{\mathrm{CO}_2,j} \quad (10.36)$$

式中，IT_j、C_j^r 和 C_j^u 分别为对能源部门 j 的中间投入、农村及城镇居民的消费量，且满足

$$\mathrm{IT}_j = \sum_{i=1}^{n} a_{ji} \cdot X_i \quad (10.37)$$

最后，由于考虑了碳税，政府收入方程变为

$$Y^g = \mathrm{TX} + \mathrm{TM} - \mathrm{TE} + \mathrm{TC} + \mathrm{TD}^e + \mathrm{TD}^u + \mathrm{TD}^r \quad (10.38)$$

式中，TX 为间接税总额；TM 为进口关税；TE 为出口退税；TD^e 为企业所得税；TD^u 和 TD^r 分别为城镇居民和农村居民所得税。

10.1.3 数据来源

在前述模型中，我们对碳税采用的是从价计税税率（即单位价值产出或消费量的碳税征收额，单位:%），即根据能源生产（或消费）部门单位产出（或单位消费量）所排放的二氧化碳确定具体的税率水平。因此，需要将从量碳税率转化为从价碳税率，具体计算方法为

$$t_{\mathrm{CO}_2,i} = \frac{\mathrm{EC}_i}{X_i} \mathrm{tC} \quad (10.39)$$

式中，$t_{\mathrm{CO}_2,i}$ 为对 i 种能源产品征收的从价碳税率；EC_i 为使用 i 种能源产品所产生的碳

排放量；X_i 为对应于生产性碳税和消费性碳税的 i 种能源产品的产值或消费量值（价值型，单位：亿元）；tC 为以碳排放量为计税标准的从量碳税率。从而碳税总额 TC 实现从价税与从量税一致。

$$TC = \sum_i (t_{CO_2,i} \cdot X_i) = \sum_i \left(\frac{EC_i}{X_i} tC \cdot X_i\right) = EC \cdot tC \qquad (10.40)$$

本章中所考虑的能源产品包括煤炭、石油和天然气及其子类能源品种，因此相应的能源生产部门有煤炭开采和洗选业、石油和天然气开采业、石油及核燃料加工业、炼焦业以及燃气生产和供应业，而能源消费部门为对这 5 个部门有中间使用及最终使用的各生产部门和消费主体。

根据《2007 年投入产出表》以及《2008 年能源统计年鉴》和 *Revised* 1996 *IPCC Guidelines for National Greenhouse Gas Inventories*：*The Workbook*（*Volume* 2）提供的数据，我们计算出了$\frac{EC_i}{X_i}$的值（表 10.1）。

表 10.1　2002 年我国主要能源部门的单位产值碳排放量

部门名称	碳排放量*/MtC	复合品价值/亿元	单位产值排放/(tC/万元)
煤炭开采和洗选业	1 732.96	9 603.4660	18.0451
石油和天然气开采业	291.93	15 129.5919	1.9295
石油及核燃料加工业	220.09	18 828.4202	1.1689
炼焦业	238.79	2 928.4531	8.1541
燃气生产和供应业	42.37	1 108.2895	3.8226

* 指碳等价物，1tC=44/12t CO_2。

10.2　模拟结果分析

为了比较不同碳税类型以及不同程度的税率水平对减排效果和宏观经济的影响，我们分 6 种情景进行模拟，即分别以生产性和消费性两种形式征收 20 元/tC、50 元/tC 和 100 元/tC 三种水平的碳税，折合为从价税率分别为煤炭开采和洗选业 3.61%、9.02% 和 18.05%；石油和天然气开采业 0.39%、0.96%和 1.93%；石油及核燃料加工业 0.23%、0.58%和 1.17%；炼焦业 1.63%、4.08%和 8.15%；燃气生产和供应业 0.76%、1.91%和 3.82%。具体模拟结果如下所述。

10.2.1　减 排 效 果

碳税政策的减排效果如图 10.1 所示。征收碳税，会通过市场的价格机制使能源价格上升，而且碳含量越高的能源，价格上升幅度越大。因此，生产部门会选择低碳能源进行要素替代，倾向于清洁生产，而消费者也倾向于消费绿色低碳的产品，从而降低整个社会的能源消费以及碳排放。模拟发现，随着税率的提高，减排量不断增加，而且生产性碳税的覆盖面较消费性碳税更广①，所以具有更显著的减排效果。在消费性和生产性碳税下，20 元/tC、50 元/tC 和 100 元/tC 三种税率水平下的减排量分别为 2.28（4.26）MtC、5.71（10.66）MtC 和 11.41（21.23）MtC，相当于 2007 年总碳排放量②的 0.14%～1.30%。这里括号前面数值为消费性碳税情景，括号中数值为生产性碳税情景。尽管碳税政策可以有效地减少大量的二氧化碳排放，但相对于碳排放基数来说，减排的比例还较小，在高税率的生产性碳税下，减排效果较好，但减排量也只占总排放量的 1.3%。这个结论与发达国家模拟的结果有明显不同，这可能是因为发达国家的排放多数属于奢侈排放，而我国的排放多属于生存需要或者是发展需要，税收引起的产品价格变化不足以引起必要的生产降低。

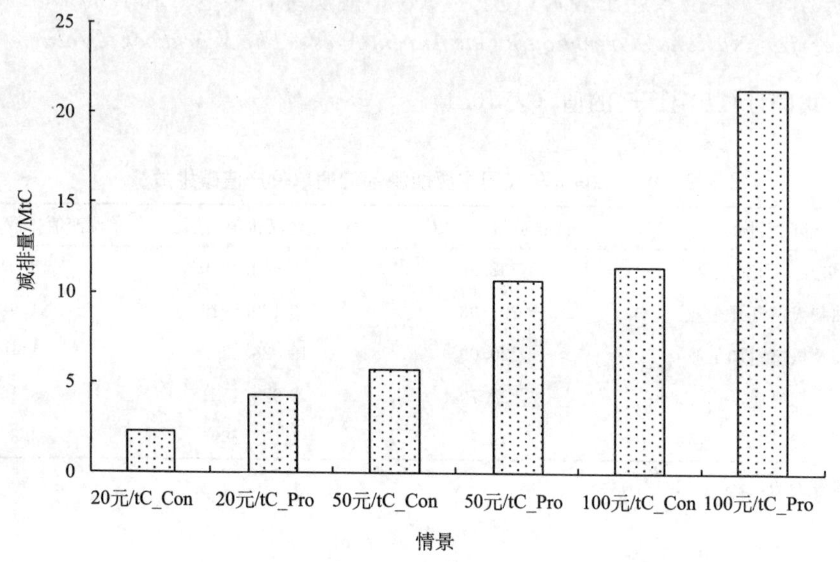

图 10.1　不同碳税情景下的减排量

情景“20 元/tC _ Con”中“Con”指消费性碳税；情景“20 元/tC _ Pro”中“Pro”指生产性碳税，下同

10.2.2　对宏观经济的影响

碳税政策作为一项减排政策，其可行性不仅应考虑减排效果的有效性，还应从经济可行性方面进行评价。首先来看征收碳税对整体宏观经济的影响。

模拟显示，从产品供给的角度（图 10.2）来看，碳税的征收不仅没有降低社会总产品的供给，反而使其略有增加。增长幅度随着税率的提高越发明显，但影响程度并不大：GDP 增长 0.01%～0.09%；社会总产出提高 0.02%～0.21%，供给国内部分提高

---

① 生产性碳税会提高能源产品的生产者价格，进而影响整个社会对能源的需求；而消费性碳税在消费环节（中间投入、居民消费）征收，存在政府购买和净出口的碳税泄露

② IEA 的 CO_2 Emissions from Fuel Combustion 2009-Highlights 显示，中国 2007 年的二氧化碳总排放为 6027.9Mt，假设这个数据是准确的，折合碳等价物为 164 397MtC

0.02%～0.26%，用于出口部分则出现了同等幅度的下降，降低了 0.03%～0.28%。其中，生产性碳税对 GDP 和产品供给（包括总产出、供给国内以及出口供给）的影响均大于消费性碳税，且随着税率水平的提高，二者影响程度的差距越来越大。

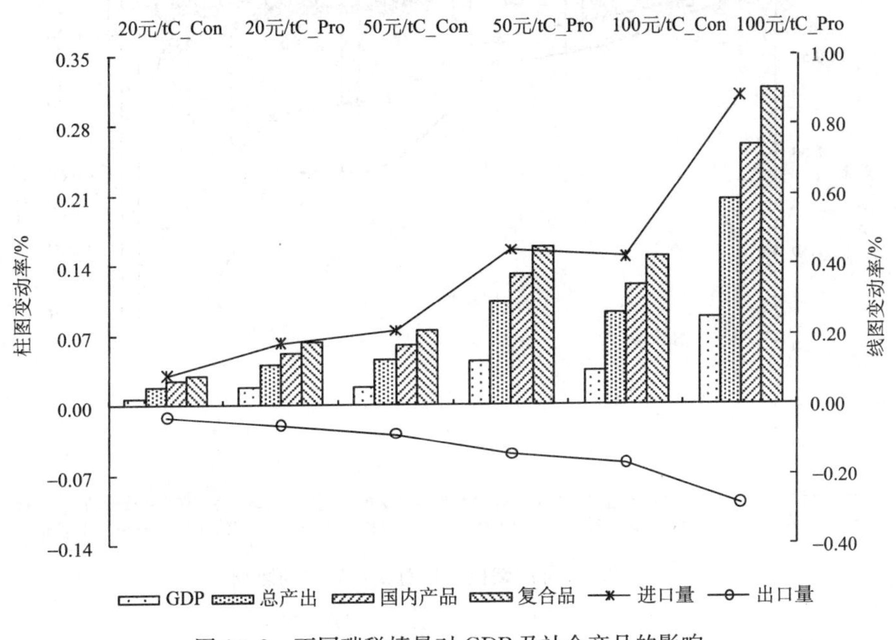

图 10.2　不同碳税情景对 GDP 及社会产品的影响

从产品需求的角度来看，复合品[①]的需求也因碳税的征收而有所提高，增幅为 0.03%～0.32%。复合品需求与国内产品供给的差额由进口满足，因此带动进口增加了 0.08～0.89 个百分点。进口增加与出口减少导致国际贸易条件发生改变，我国出口顺差下降 0.5～4.9 个百分点。

从居民收支和储蓄的角度（图 10.3）来看，征收碳税后，居民收入、消费以及储蓄都呈下降趋势。而且城镇居民所受到的经济影响约为农村居民的 2 倍，更为敏感，反映出城镇居民对能源相关产品的依赖程度高于农村居民。首先，城镇居民劳动收入降低了 0.05%～0.49%，农村居民降低了 0.03%～0.27%；居民的财产性收入均降低了 0.09%～0.77%；在居民可支配收入方面，城镇居民下降了 0.04%～0.38%，农村居民下降了 0.03%～0.25%；其次，受到收入下降的影响，城镇居民消费降低了 0.03%～0.30%，农村居民下降了 0.02%～0.16%；最后，居民储蓄受到的影响较大，城镇居民下降了 0.23%～2.26%，而农村居民下降了 0.12%～1.2%。同样地，生产性碳税对居民的影响高于消费性碳税，影响程度大约为 2 倍。

要素需求与企业收入（图 10.4）方面，总投资需求有了大幅的增加，增幅为 0.13%～1.38%，拉动资本存量小幅上升，使之提高了 0.03%～0.27%；而碳税导致对劳动需求的下降，劳动就业量降低了 0.05%～0.51%，这也是居民劳动收入下降的

---

① 最终需求由国内产品供给与进口产品供给复合而成

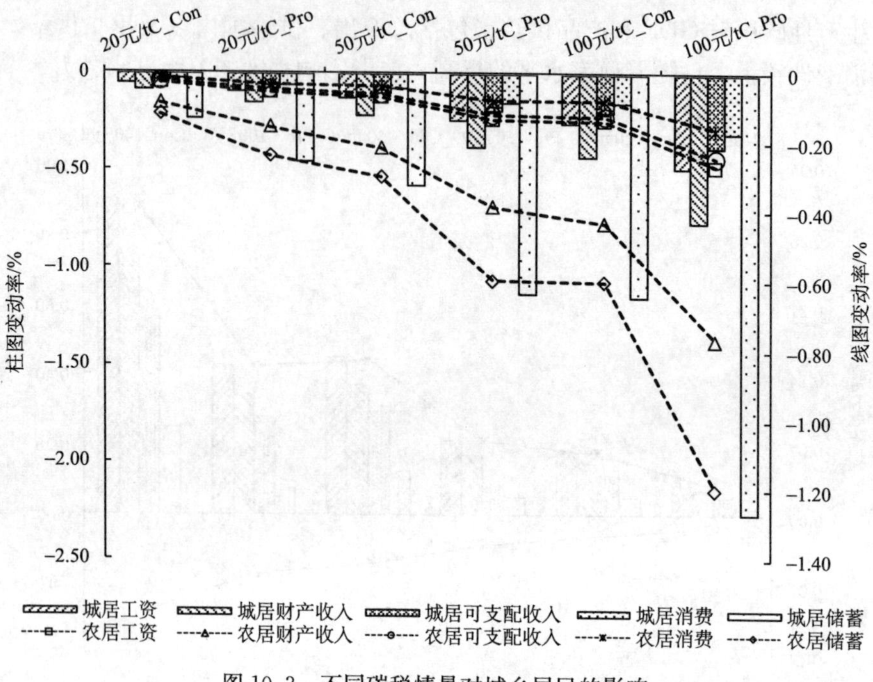

图 10.3　不同碳税情景对城乡居民的影响

主要原因；而产品供给增加超出需求的部分以存货的形式存在，增加了 0.02%～0.2%，可用于投资。最终，企业因上缴碳税导致企业收入与企业储蓄都降低了 0.09%～0.77%。

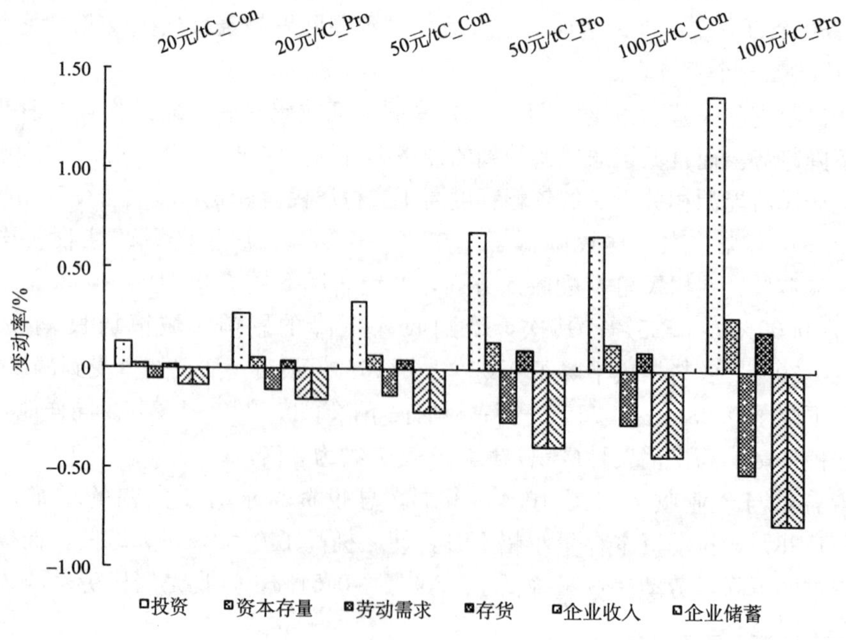

图 10.4　不同碳税情景对要素需求及企业收入的影响

从政府收支（图 10.5）情况来看，首先，政府收入增加了 0.14%～1.38%。主要是由于碳税的征收带动间接税[①]提高了 0.52%～5.05%，其中碳税收入为 95.06 亿～914.59 亿元；此外，碳税的征收也带来对进口需求的增加，因此进口关税相应提高了 0.08%～0.83%；另一方面，企业和居民收入的减少使得各经济主体上缴的所得税出现了一定程度的降低，其中企业所得税下降 0.09%～0.77%，城镇居民所得税下降 0.05%～0.49%，农村居民所得税下降 0.03%～0.27%。其次，碳税征收所引起的价格体系变动间接影响了政府的购买支出，使之降幅在 0.02%～0.18%。最后，政府收入的大幅增加与政府支出的小幅下滑共同作用，使得政府储蓄增加了 0.31%～3.04%。

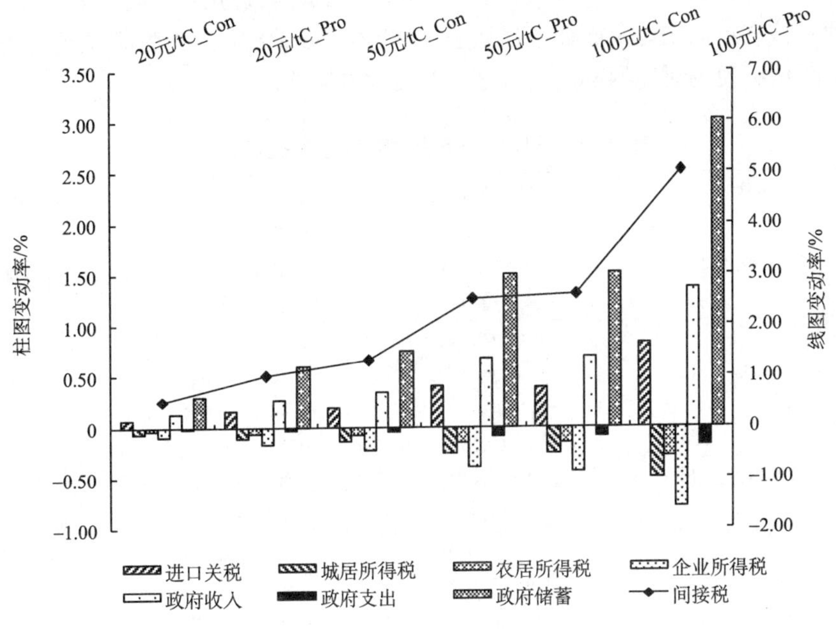

图 10.5 不同碳税情景对政府收支的影响

此外，社会总需求增加主要表现为投资需求增加，而居民消费以及政府消费都在下降。从投资的资金来源来看，来自政府储蓄以及国外投资的比例将会增加，表现为居民与企业储蓄呈下降趋势，而贸易顺差的减少也带来国外储蓄的增加。

10.2.3 对能源部门的影响

首先由表 10.2 可以看出，碳税的征收直接导致各能源部门国内产品供给价格上升，进而导致国内消费的各能源复合产品价格上涨。其中，煤炭采选业和炼焦业的碳排放系数较高，使得从价的碳税率高于其他能源部门，因此二者的价格涨幅最大。其中，煤炭采选业国内产品供给价格上涨 1.96%～9.78%（4.02%～20.08%）[②]，炼焦业上涨

① 以增值税为主，征收碳税后，将碳税也看作间接税的一部分

② 括号前面数值对应消费性碳税情景，括号中数值对应生产性碳税情景

1.19%～5.96%（2.02%～10.12%）。油气开采业在消费性碳税下价格呈下跌趋势，在生产性碳税下升幅甚微，石油及核燃料加工业与燃气业的价格涨幅较小，分别为0.19%～0.94%（0.27%～1.35%）和0.52%～2.6%（0.64%～3.18%）。各部门复合品价格的变动情况与国内产品供给价格基本一致，但由于进口产品（进口产品价格中不含碳税）的部分替代，涨（或跌）幅略低于国内产品价格。由于碳税对产出供给与要素需求产生的负面影响，各能源部门的净价格①变动情况存在差异，煤炭采选业产品净价格继续保持上涨的趋势，涨幅较小，为0.24%～1.2%（0.46%～2.32%），其他能源部门由于生产意愿较低，对资本及劳动的需求降低导致支付的工资及利息降低，即净价格下降，其中燃气生产和供应业下降幅度最大，其次为炼焦业、石油和天然气开采业以及石油及核燃料加工业。同样地，从表10.2还可以看出，生产性碳税较消费性碳税、高碳税率较低碳税率对能源部门的价格具有更大的影响。

表10.2 不同情景下能源部门的价格变动情况　（单位：%）

部门名称	国内产品价格	产品净价格	复合品价格
煤炭开采和洗选业	1.96 (4.02)	0.24 (0.46)	1.90 (3.90)
	4.89 (10.04)	0.60 (1.16)	4.75 (9.74)
	9.78 (20.08)	1.20 (2.32)	9.49 (19.49)
石油和天然气开采业	−0.05 (0.03)	−0.29 (−0.62)	−0.03 (0.02)
	−0.13 (0.07)	−0.73 (−1.54)	−0.09 (0.05)
	−0.25 (0.14)	−1.46 (−3.09)	−0.17 (0.10)
石油及核燃料加工业	0.19 (0.27)	−0.16 (−0.19)	0.16 (0.24)
	0.47 (0.67)	−0.39 (−0.47)	0.41 (0.59)
	0.94 (1.35)	−0.78 (−0.94)	0.82 (1.18)
炼焦业	1.19 (2.02)	−1.50 (−2.52)	1.04 (1.76)
	2.98 (5.06)	−3.75 (−6.31)	2.59 (4.39)
	5.96 (10.12)	−7.50 (−12.62)	5.18 (8.79)
燃气生产和供应业	0.52 (0.64)	−5.23 (−6.73)	0.48 (0.59)
	1.30 (1.59)	−13.08 (−16.82)	1.20 (1.47)
	2.60 (3.18)	−26.16 (−33.65)	2.40 (2.93)

注：单元格中三行分别表示20元/tC、50元/tC和100元/tC的碳税率、括弧前数值为消费性碳税、括弧中数值为生产性碳税的各种情景组合下的价格变动情况。下同。

征收碳税所释放出来的节能减排信号确实能在一定程度上降低能源部门的总产出以及国内产品供给量（表10.3）。其中总产出方面，炼焦业的降幅最大，为0.75%～3.75%（1.26%～6.31%），而石油和天然气开采业以及石油及核燃料加工业受到的影响较小，具有较高的刚性，在不同的碳税率下二者分别降低了0.03%～0.16%（0.07%～0.35%）和0.05%～0.24%（0.06%～0.29%）。国内产品供给与总产出所受影响类似，影响程度略低于总产出。进口方面，只有石油和天然气开采业进口量降低了0.07%～0.36%（0.05%～0.23%），而其他能源部门的进口量均有不同程度的上

① 产品净价格指的是单位产出所含的增加值部分价格，从成本角度意味着生产单位产出需支付的工资及资本利息支出

升。受到国内产品供给下降的影响，最终煤炭开采业、石油和天然气开采业以及燃气生产和供应业的复合品需求都呈降低趋势，而石油及核燃料加工业与炼焦业的进口增量超过国内供给减少量，最终的复合品需求略有上升。

表 10.3 不同情景下对能源产品供给需求的影响 (单位:%)

部门名称	总产出	国内产品	进口量	复合品
煤炭开采和洗选业	−0.25 (−0.48)	−0.17 (−0.32)	1.30 (2.70)	−0.11 (−0.21)
	−0.61 (−1.19)	−0.42 (−0.79)	3.25 (6.74)	−0.28 (−0.51)
	−1.23 (−2.38)	−0.83 (−1.58)	6.50 (13.48)	−0.57 (−1.03)
石油和天然气开采业	−0.03 (−0.07)	−0.03 (−0.07)	−0.07 (−0.05)	−0.05 (−0.06)
	−0.08 (−0.17)	−0.09 (−0.17)	−0.18 (−0.12)	−0.12 (−0.15)
	−0.16 (−0.35)	−0.17 (−0.34)	−0.36 (−0.23)	−0.24 (−0.30)
石油及核燃料加工业	−0.05 (−0.06)	−0.02 (−0.02)	0.12 (0.19)	0.00 (0.01)
	−0.12 (−0.14)	−0.05 (−0.04)	0.31 (0.47)	0.01 (0.04)
	−0.24 (−0.29)	−0.09 (−0.08)	0.62 (0.94)	0.01 (0.07)
炼焦业	−0.75 (−1.26)	−0.14 (−0.22)	0.76 (1.30)	0.00 (0.01)
	−1.88 (−3.16)	−0.34 (−0.55)	1.90 (3.25)	0.00 (0.03)
	−3.75 (−6.31)	−0.68 (−1.10)	3.79 (6.50)	0.00 (0.06)
燃气生产和供应业	−0.57 (−0.74)	−0.26 (−0.35)	0.13 (0.12)	−0.22 (−0.31)
	−1.43 (−1.84)	−0.65 (−0.88)	0.33 (0.31)	−0.56 (−0.77)
	−2.86 (−3.68)	−1.30 (−1.76)	0.65 (0.62)	−1.11 (−1.54)

10.2.4 对其他部门的影响

本章构建的CGE模型涵盖了121个部门，可以明确地反映各经济部门对碳税政策的响应及敏感程度。针对10.2.2节的宏观模拟结果，下面我们从总产出、总需求（尤其是投资需求）以及居民消费方面分析在产业部门层面所受到的影响。限于篇幅，在此仅列举碳税对比较大的部门的影响。

在产出供给上，负面影响最大的部门依次为玩具体育娱乐用品制造业、针织品及其制品业、基础化学、皮革羽毛制品、化纤纺织印染业、文化办公用机械制造业、日化产品等制造业部门。而产出供给增加的部门涉及通信设备制造业、其他通信电子设备、电子计算机、电子元器件制造业、建筑业、有色金属压延业、汽车制造业和第一产业中的林业以及第三产业中的仓储业、旅游业和租赁业等。总体来说，碳税的征收对这些部门供给的影响幅度较小，在生产性高碳税率下，负面影响最大的是玩具体育娱乐用品制造业，为−0.79%，正面影响最大的是通信设备制造业，为9.78%。

在复合产品需求上，与供给类似，负面影响较大的行业除燃气生产供应业与煤炭采选业等能源部门外，主要为采盐业、皮革羽毛制品、玩具体育娱乐用品制造业、毛纺、针织棉纺印染等制造加工业部门等。正面影响较大的行业包括通信设备制造业、电子元器件以及其他通信电子设备制造业、建筑业和其他电气机械、电子设备制造业等。碳税的征收对相应部门需求的总体影响幅度同样较小，生产性高税率情景下负面影响最大的采盐业部门为−0.50%，正面影响最大的通信设备制造业为5.30%。

对复合品需求的增加主要用于满足投资需求，总体来看，各原有投资部门的投资量都有一定程度的提升。增长最为显著的部门为通信设备制造业，增长了0.64%～3.22%（1.30%～6.52%）。其次为电子计算机制造业、管道运输、建筑业、其他通信、电子设备制造业等低能耗部门以及旅游业等第三产业部门。资本需求增幅最大的通信设备制造业以及电子计算机整机制造业也是劳动需求降低最多的部门，在生产性高税率情景下，劳动需求分别下降了39.12%和14.95%，资本倾向于替代劳动力。

从居民消费来看，由于碳税的征收，居民对各部门的消费量都将减少。其中尤以[①]对颜料油墨类似产品、塑料产品、橡胶制品、日化产品以及专用化学产品和基础化学原料制品的消费最为明显，高税率情景下城镇居民的相应部门消费降低了0.77%～0.88%，农村居民相应部门消费降低0.17%～0.30%。

10.3 总结与讨论

本章针对征收碳税这项气候保护政策的减排效果及其对我国经济的影响进行了模拟分析。模拟发现，征收碳税对减排具有一定的积极作用，且生产性碳税减排效果优于消费性碳税。当税率从20元/tC提高到100元/tC时，二氧化碳减排量在消费性和生产性碳税下分别从2.28MtC和4.26MtC增加到11.41MtC和21.32MtC。

碳税的征收增加了社会总产出及国内产品供给量，相应地降低了出口量。需求量，尤其是对进口需求增加，主要用于满足投资需求，进口增多、出口下滑使得我国国际贸易条件恶化。居民收入下降导致消费和储蓄也随之降低，居民生活水平下降，且城镇居民所受影响约为农村居民的2倍。企业的投资与资本存量在征收碳税后保持增长，但对劳动的需求下降，最终压缩产出的结果，使得企业收入下降。尽管经济主体收入的下降减少了政府的所得税收入，但是碳税以及进口关税的增加足以弥补所得税的下降，政府收入上涨，同时政府支出略有下降，最终带来政府储蓄的较大增长。

碳税征收对各经济部门的影响各异。首先毋庸置疑，高排放的能源部门——煤炭采选业和炼焦业两个行业的产品价格上涨幅度最大，其所受影响也最大，供给和需求都表现出较大幅度的下降。而给其他非能源部门带来的影响需从正、反两个方面考虑，其中负面影响最大的集中在一些玩具体育娱乐用品、纺织、印染、服装以及基础化学和日用化学等部门，而正面影响较大的为通信、电子、汽车、电机等制造业和林业以及仓储旅游等低碳部门。

同时，征税形式不同，其作用也不尽相同，生产性碳税的减排效果与经济影响程度都明显高于消费性碳税。总体来看，即便在高税率情景下，碳税征收给经济部门带来的影响程度也较小，因此通过碳税实现减排目标还值得进一步研究。

---

① 居民消费减少最大的为各能源部门，这里比较的是非能源部门消费量

参考文献

鲍芳艳. 2008. 征税碳税的可行性分析. 时代经贸，6（15）：58，59

陈文颖，高鹏飞，何建坤. 2004. 用MARKAL-MACRO模型研究碳减排对中国能源系统的影响. 清华大学学报（自然科学版），44（3）：342-346

陈文颖，吴宗鑫，何建坤. 2005. 全球未来碳排放权“两个趋同”的分配方法. 清华大学学报（自然科学版），45（6）：850-853

崔丽丽，王铮，刘扬. 2002. 中国经济受 CO_2 减排率影响的不确定性CGE模拟分析. 安全与环境学报，2（1）：39-43

崔素萍，刘伟. 2008. 水泥生产过程 CO_2 减排潜力分析. 中国水泥，（4）：57-59

丁仲礼，段晓男，葛全胜，等. 2009. 2050年大气 CO_2 浓度控制：各国排放权计算. 中国科学D辑：地球科学，39（8）：1009-1027

丁仲礼，付博杰，韩国兴，等. 2009. 中国科学院“应对气候变化国际谈判的关键科学问题”项目群简介. 中国科学院院刊，24（1）：8-17

贺菊煌，沈可挺，徐嵩龄. 2001. 碳税对中国国民经济的影响：基于CGE模型的实证分析. 中国社会科学院数量经济与技术经济研究所工作论文

侯伟丽. 2005. 中国经济增长与环境质量. 北京：科学出版社

蒋金荷，姚愉芳. 2002. 气候变化政策研究中经济-能源系统模型的构建. 数量经济技术经济研究，19（7）：41-45

吕劲文，乐群，王铮，等. 2010. 福建省森林生态系统碳汇潜力研究. 生态学报，30（8）：2188-2196

潘家华. 2008. 满足基本需求的碳预算及其国际公平与可持续含义. 世界经济与政治，1：35-42

屈晓杰，王理平. 2005. 我国城市化进程的模型分析. 安徽农业科学，33（10）：1938-1940

王冰妍，陈长虹，黄成，等. 2004. 低碳发展的排放情景分析：上海案例研究. 能源政策研究，（2）：7-13

王灿，陈吉宁，邹骥. 2005. 基于CGE模型的 CO_2 减排对中国经济的影响. 清华大学学报（自然科学版），45（12）：1621-1624

王金南，严刚，姜克隽，等. 2009. 应对气候变化的中国碳税政策研究. 中国环境科学，29（1）：101-105

王金营，蔺丽莉. 2006. 中国人口劳动参与率与未来劳动力供给分析. 人口学刊，4：19-24

王伟中，陈滨，鲁传一，等. 2002.《京都议定书》和碳排放权分配问题. 清华大学学报（哲学社会科学版），6（17）：81-85

王铮，胡倩立，郑一萍，等. 2002. 气候保护支出对中国经济安全的影响模拟. 生态学报，22（12）：2238-2245

王铮，将轶红，吴静，等. 2006. 技术进步下中国 CO_2 减排的可能性. 生态学报，26（2）：423-431

王铮，黎华群，张焕波，等. 2007. 中美减排二氧化碳的GDP溢出模拟. 生态学报，27（9）：3718-3726

王铮，吴静，李刚强，等. 2009. 多国GDP溢出背景下的气候保护模拟分析. 生态学报，29（5）：2407-2417

王铮，吴静，李刚强，等. 2009. 国际参与下的全球气候保护策略可行性模拟. 生态学报，29（5）：2407-2417

王铮，吴静. 2009. 国际参与下全球气候保护策略的可行性分析. 生态学报，29（5）：2407-2417

王铮，薛俊波，朱永彬，等. 2009. 经济发展政策模拟分析的CGE技术. 北京：科学出版社

王铮，郑一萍，蒋轶红，等. 2004. CO_2 排放控制的动态宏观经济模拟分析. 24（7）：1508-1513

王铮，朱永彬. 2008. 我国各省碳排放量状况及减排对策研究. 中国科学院院刊，23（2）：109-115

吴静，王铮，吴兵. 2005. 石油价格上涨对中国经济的冲击——可计算一般均衡模型分析. 中国农业大学学报（社会科学版），59（2）：69-75

徐德应. 1996. 中国大规模造林减少大气碳积累的潜力及其成本效益分析. 林业科学，32（6）：491-498

徐国泉，刘则渊，姜照华. 2006. 中国碳排放的因素分解模型及实证分析：1995～2004. 中国人口资源与环境，16（6）：158-161

张阿玲，郑淮. 2002. 适合中国国情的经济、能源、环境（3E）模型. 清华大学学报（自然科学版），12：1616-1620
张军，吴桂英，张吉鹏. 2004. 中国省际物质资本存量估算：1952～2000. 经济研究，（10）：35-44
张明文，张金良，谭忠富，等. 2009. 碳税对经济增长、能源消费与收入分配的影响分析. 技术经济，28（6）：48-51，95
张仁健，王明星，郑循华，等. 2001. 中国二氧化碳排放源现状分析. 气候与环境研究，6（3）：321-327
郑一萍. 2004. 人地关系协调意义下气候保护的模拟研究及系统原型开发. 华东师范大学 2004 年度硕士学位论文
郑玉歆，樊明太. 1999. 中国 CGE 模型及政策分析. 北京：社会科学出版社
中国国家发展和改革委员会. 2007. 中国应对气候变化国家方案. www. ccchina. gov. cn/WebSite/CCChina/UpFile/File189. pdf
中国林科院木材工业研究所. 1982. 中国主要树种的木材物理力学性质. 北京：中国林业出版社
周立彩，陈鸿宇. 2001. 城市化进程模型新探. 岭南学刊，（5）：55-59
朱永彬，王 铮. 2009. 基于经济模拟的中国能源消费与碳排放高峰预测. 地理学报，64（8）：935-944
Alcamo J，Shaw R，Hordijk L. 1990. The RAINS Model of Acidification：Science and Strategies in Europe. Dordrecht：Kluwer Academic Publishers
Andreoni J，Levinson A. 2001. The simple analysis of the environment Kuznets curve. Journal of Public Economics，80：269-286
Arrow K，Bolin B，Costanza R，et al. 1995. Economic growth，carrying capacity，and the environment. Ecological Economics，15：91-95
Ayong A D，Kama L. 2001. Sustainable growth，renewable resources and pollution. Journal of Economic Dynamics & Control，25：1911-1918
Böhringe C，Rutherford T F. 2002. Carbon abatement and international spillovers：a decomposition of general equilibrium effects. Environmental and Resource Economics，22：391-417
Baer P，Athanasiou T. 2008. The right to development in a climate constrained world：greenhouse development rights framework. http://www. ecoequity. org/GDRs/GDRs_ ExecSummary. html
Baranzini A，Goldemberg J，Speck S. 2000. A future for carbon taxes. Ecological Economics，32（3）：395-412
Barker T，Baylis S，Madsen P. 1993. A UK carbon/energy tax：the macroeconomics effects. Energy Policy，21（3）：296-308
BASIC. 2006. The Sao Paulo proposal for an agreement on future international climate policy. http：//www. basic-project. net/
Beckerman W. 1992. Economic growth and the environment：Whose growth? Whose environment. World Development，20（4）：481-496
Bohm P，Larsen B. 1994. Fairness in a tradable-permit treaty for carbon emission reductions in Europe and the Former Soviet Union. Environmental and Resource Economics，4：219-239
Boulding K E. 1966. The economic of the coming spaceship earth. *In*：Jarret H. Environmental Quality in a Growing Economy. Baltimore：Johns Hopkins University Press
Bovenberg A L，Smulders S A. 1995. Environmental quality and pollution：augmenting technological change in two-sector endogenous growth model. Journal of Public Economics，57：369-391
Bovenberg A L，Smulders S A. 1996. Transitional impacts of environmental policy in an endogenous growth model. International Economic Review，37（4）：861-893
Buchner B，Carraro C. 2005. Modelling climate policy：perspectives on future negotiations. Journal of Policy Modeling，227：711-732
Buonanno P，Carraro C，Galeotti M. 2003. Endogenous induced technical change and the costs of Kyoto. Resource and Energy Economics，25：11-34
Cazorla M，Toman M. 2000. International equity and climate change policy. www. rff. org/rff/Documents/RFF-CCIB-27. pdf
Cesar H S J. 1994. Control and Game Models of the Greenhouse Effect. Springer-Verlag：9：225-234

Chua S. 1999. Economic growth, liberalization, and the environment. Annual Review of Energy Environment, 24: 391-430

Ciscar J C, Soria A. 2002. Prospective analysis of beyond Kyoto climate policy: a sequential game framework. Energy Policy, 30 (15): 1327-1335

Cramton P, Kerr S. 2002. Tradable carbon permit auctions-How and why to auction not grandfather. Energy Policy, 30: 333-345

Dasgupta P S, Heal G M. 1974. The optimal depletion of exhaustible resources. Review Economic Studies, (41): 3-28

Devarajan S, Go D S. 1998. The simplest dynamic general-equilibrium model of an open economy. Journal of Policy Modeling, 20 (6): 677-714

Dijkgraaf E, Vollebergh H R J. 2001. A note on testing for environmental Kuznets curves. Environmental Policy, Economic Reform and Endogenous Technology, Working Paper Series 7

Dopfer K. 2004. The economic agents as rule maker and rule user: Homo sapiens oeconomicus. Journal of Evolutionary Economics, 14 (2): 177-195

Douven R, Peeters M. 1998. GDP-spillovers in multi-country models. Economic Modelling, 15: 163-195

Edmonds J A, Pitcher H M, Barns D, et al. 1993. Modeling Future Greenhouse Gas Emissions: The Second Generation Model Description. New York: United Nations University Press

Ehrlich P, Holdren J. 1972. Review of the closing circle. Environment, (4): 24-39

Elbasha E H, Roe T L. 1996. On endogenous growth: the implications for environmental externalities. Journal of Environmental Economics and Management, 31: 240-268

Eyckmans J, Tulkens H. 2003. Simulating coalitionally stable burden sharing agreements for the climate change problem. Resource and Energy Economics, 25: 299-327

Fischer G, Frohberg K, Keyzer M A, et al. 1988. Linked National Models: a Tool for International Policy Analysis. Dordrecht : Kluwer Academic Publishers

Fischer G, Frohberg K, Parry M L, et al. 1994. Climate change and world food supply, demand and trade: who benefits, who looses. Global Environmental Change, 4 (1): 7-23

Friedl B, Getzner M. 2003. Determinants of CO_2 emissions in a small open economy. Ecological Economics, 45: 133-148

Galeotti M. 2003. Environmental and economic growth: is technical change the key to decoupling. FEEM Working Paper. No. 90

Genca T S, Reynoldsb S S, Senc S. 2007. Dynamic oligopolistic games under uncertainty: a stochastic programming approach. Journal of Economic Dynamics & Control, 31: 55-80

Gillenwater M. 2007. Forgotten carbon: indirect CO_2 in greenhouse gas emission inventories. Environmental Science & Policy, 11 (3): 195-203

Gillingham K T, Newell R G, Pizer W. 2007. Modeling endogenous technological change for climate policy analysis. http://www. rff. org/documents/RFF-DP-07-14. pdf

Goldsmith R W. 1951. A Perpetual Inventory of National Wealth. *In*: Goldsmith R W. Studies in Income and Wealth. New York: National Bureau of Economic Research

Grimaud A, Rouge L. 2003. Non-renewable resources and growth with vertical innovations: optimum, equilibrium and economic policies. Journal of Environmental Economics and Management, (45): 433-453

Grimaud A, Rouge L. 2005. Polluting non-renewable resources, innovation and growth: welfare and environmental policy. Resource and Energy Economics, 27: 109-129

Groenewold N, Hagger A J, Madden J R. 2000. Competitive federalism: a political-economy general equilibrium approach. Australasian Journal of Regional Studies, 6: 451-465

Groenewold N, Hagger A J, Madden J R. 2003. Interregional transfers: a political-economy CGE approach. Regional Science, 82 (4): 535-554

Grossman G M, Helpman E. 1991. Quality ladders in the theory of growth. Quarterly Journal of Economics, 106 (2): 557-586

Grubb M, Hope C, Fouquet R. 2002. Climatic implications of the kyoto protocol: the contribution of international spillover. Climatic Change, 54: 11-28

Hartman R, Kwon O-S. 2005. Sustainable growth and the environmental Kuznets curve. Journal of Economic Dynamics & Control, 29 (10): 1701-1736

Huang W M, Lee G W M, Wu C C. 2008. GHG emissions, GDP growth and the Kyoto Protocol: a revisit of Environmental Kuznets Curve hypothesis. Energy Policy, 36: 239-247

Hulme M, Jiang T, Wigley T. 1995. SCENGEN: a climate change SCENario GENerator: software user manual, version 1. 0. Climate Change Research Unit, School of Environmental Sciences, University of East Anglia, Norwich, United Kingdom

IPCC. 2006. 2006 IPCC Guidelines for National Greenhouse Gas Inventories. Volume 3

IPCC. 2007. Summary for policymakers climate change 2007: impacts, adaptation and vulnerability. http://www. ipcc. ch

Jaffe A, Newell R, Stavins R. 2003. Technological change and the environment. *In*: Mäler K G, Vincent J. Handbook of Environmental Economics. Amsterdam: North-Holland

Janssen M, Rotmans J. 1995. Allocation of fossil CO_2 emission rights quantifying cultural perspectives. Ecological Economics, 13: 65-79

John A, Pecchenino R. 1994. An overlapping generations model of growth and the environment. Economic Journal, 104 (427): 1393-1410

Kim E, Kim K. 2002. Impacts of regional development strategies on growth and equity of Korea: a multiregional CGE model. The Annals of Regional Science, 36: 165-180

Kongsamut P, Rebelo S, Xie D. 2001. Beyond balanced growth, Review of Economic Studies , 68: 869-882

Kverndokk S. 1995. Tradeable CO_2 emission permits: Intial distribution as a justice problem. Environmental Values, 4 (2): 129-148

Leimbach M. 1998, Modeling climate protection expenditure, Global Environmental Change, 8 (2): 125-139

Link P M, Tol R S J. 2004. Possible economic impacts of a shutdown of the thermohaline circulation: an application of FUND. Portuguese Economic Journal, 3 (2): 99-114

List J A, Gallet C A. 1999. The environmental Kuznets curve: does one size fit all. Ecological Economics, 31 (3): 409-423

Lucas R E. 1988. On the mechanics of development planning. Journal of Monetary Economics, 22: 3-42

Luzzati T, Orsini M. 2009. Investigating the energy-environmental Kuznets curve. Energy, 34 (3): 291-300

Manne A S, Mendelsohn R, Richels R. 1995. MERGE—a model for evaluating regional and global effects of GHG reduction policies. Energy Policy, 23 (1): 17-34

Manne A S, Richels R. 2004. MERGE: a model for evaluating the regional and global effects of GHG reduction policies. http://www. stanford. edu/group/MERGE

Masui T, Takahashi K, Tsuichda K. 2003. Integration of emission, climate change and impacts. The 8th AIM International Workshop, Tsukuba, Japan

McKibbin W J, Sachs J D. 1991. Global Linkages: Macroeconomic Interdependence and Cooperation in the World Economy. Washington: the Brookings Institution Press

McKibbin W J, Wilcoxen P J. 2004. Estimates of the costs of Kyoto-Marrakesh versus the mckibbin-wilcoxen blueprint. Energy Policy, 32 (4): 467-479

McKibbin W J. 1997. Issues in global climate change: insights from the G-Cubed multi-country model, the challenge for Australia on global climate change. http: //www. naf. org. au/mckibbin. rtf

Meadows D H, Meadows D L, Randers J, et al. 1972. The Limits to Growth. New York: Universe Books

Moomaw W R, Unruh G C. 1997. Are environmental Kuznets curves misleading us? The case of CO_2 emissions. Environment and Development Economics, 2: 451-463

Moon Y S, Sonn Y H. 1996. Productive energy consumption and economic growth: an endogenous growth model and its empirical application. Resource and Energy Economics, 18: 189-200

Mori S, Takahashi M. 1999. An integrated assessment model for the evaluation of new energy technologies and food productivity. International Journal of Global Energy Issues, 11 (1-4): 1-18

Mori S. 2000. The development of greenhouse gas emissions scenarios using an extension of the MARIA model for the assessment of resource and energy technologies. Technological Forecasting & Social Change, 63 (2): 149-166

Munasinghe M. 1995. Making economic growth more sustainable. Ecological Economics, 15 (2): 121-124

Nakata T, Lamont A. 2001. Analysis of the impacts of carbon taxes on energy systems in Japan. Energy Policy, 29 (2): 159-166

Nakicenovic N. 1998. Energy perspectives for Eurasia and Kyoto Protocol. http://www.iiasa.ac.at/Publications/Documents/IR-98-067.pdf

Nordhaus W D. 1992. Rolling the 'dice': an optimal transition path for controlling greenhouse gases. Cowles Foundation Discussion Papers 1019, Cowles Foundation, Yale University

Nordhaus W. 1994. Managing the Global Commons. Cambridge: MIT Press

Nordhuas W D, Yang Z. 1996. A regional dynamic general-equilibrium model of alternative climate-change strategies. The American Economic Review , 86: 741-746

Nordhuas W D, Yang Z. 1999. Warming the world: economic models of global warming. http://nordhaus.econ.yale.edu/dicemodels.htm

Northam R M. 1979. Urban Geography. New York: John Wiley and Sons

OECD. 1994. GREEN: the user manual, mimeo. Development Centre, OECD, Paris

OECD. 1997. The OECD green model: an updated overview. Development Centre Working Papers

Panayotou T. 1997. Demystifying the environmental Kuznets curve: turning a black box into a policy tool. Environment and Development Economics, 2: 465-484

Panayotou T. 2003. Economic growth and the environment. Presented at the Spring Seminar of the United Nations Economic Commission for Europe, Geneva

Parker D C, et al. 2003. Multi- agent systems for the simulation of land- use and land-cover change: a review. Annals of the Association of American Geographers, 93 (2): 314- 337

Pezzey J C V, Withagen C A. 1998. The rise, fall and sustainability of capital-resource economies. Scandinavian Journal of Economics, 100 (2): 513-527

Pinto L M, Harrison G W. 2003. Multilateral negotiations over climate change policy. Journal of Policy Modeling, 25 (9): 911-930

Pizer W A. 1999. The optimal choice of climate change policy in the presence of uncertainty. Resource and Energy Economics, 21: 255-287

Popp D. 2004. ENTICE: endogenous technological change in the DICE model of global warming. Journal of Environmental Economics and Management, 48 (1): 742-768

Rashe R, Tatom J. 1977. Energy resources and potential GNP. Federal Reserve Bank of St Louis Review, 59 (6): 68-76

Richard S J. 2007. Carbon dioxide emission scenarios for the USA. Energy Policy, 35 (11): 5310-5326

Roberts J T, Grimes P E. 1997. Carbon intensity and economic development 1962～1991: a brief exploration of the environmental Kuznets curve. World Development, 25 (2): 191-198

Roca J, Alcantara V. 2001. Energy intensity, CO2 emissions and the environmental Kuznets curve: the Spanish case. Energy Policy, 29: 553-556

Rogner H-H. 1997. An assessment of world hydrocarbon resources. Ann Rev Energy Environ, 22: 217-262

Rose A, Steven B, Edmonds J et al. 1998. International equity and differentiation in global warming policy. Environmental and Resource Economics, 12: 25-51

Sørensen B, 2008. Pathways to climate stabilisation. Energy Policy, 36: 3505-3509

Schmalensee R, Stoker T M, Judson R A. 1998. World carbon dioxide emission: 1950～2050. The Review of Economics and Statistics, 80 (1): 85-101

Scrimgeour F, Oxley L, Fatai K. 2005. Reducing carbon emissions? The relative effectiveness of different types of environmental tax: the case of New Zealand. Environmental Modelling & Software, 20 (11): 1439-1448

Shafik N. 1994. Economic development and environment quality: an econometric analysis. Oxford Economic Papers, 46: 757-773

Shone R. 2003. 动态经济学. 吴汉洪，等译. 北京：中国人民大学出版社

Shrestha R M, Marpaung C O P. 1999. Supply- and demand-side effects of carbon tax in the Indonesian power sector: an integrated resource planning analysis. Energy Policy, 27 (4): 185-194

Smulders S. 2001. Explaining environmental Kuznets curves: how pollution induces policy and new technologies. http://center. uvt. nl/staff/smolders/ekc. pdf

Steenberghe V. 2004. Core-stable and equitable allocations of greenhouse gas emission permits. CORE Discussion Papers, No 2004/75. Available at SSRN: http: //ssrn. com/abstract=683162 or doi: 10. 2139/ssrn. 683162

Stern N, 2008. China in the world. Speech in Tsinghua, 23rd Oct

Stern N. 2006. Stern review on the economics of climate change. Report to the Prime Minister and the Chancellor of the Exchequer on the Economics of Climate Change, London, United Kingdom

Stokey N L. 1998. Are there limits to growth. International Economic Review, 1: 1-31

Sukumar N, Geoffrey J L. 2007. Predicting future UK housing stock and carbon emissions. Energy Policy, 35 (11): 5719-5727

Sun J W. 1999. The nature of CO_2 emission Kuznets curve. Energy Policy, 27: 691-694

Tahvonen O. 1995. International CO_2 taxation and the dynamics of fossil fuel markets. International Tax and Public Finance, 2: 261-278

Tol R. 1997. On the optimal control of carbon dioxide emissions: an application of FUND. Environmental Modeling and Assessment, 2 (3): 151-163

UNDP. 2008. Fighting climate change: Human solidarity in a divided world. Human Development Report 2007/2008, http: //hdr. undp. org/en/reports/global/hdr2007-2008/

Uzawa H. 1965. Optimum technical change in an aggregative model of economic growth. International Economic Review, 6: 12-31

Valente S. 2005. Sustainable development, renewable resources and technological progress. Environmental & Resource Economics, 30: 115-125

Wang Z, Li H Q, Wu J, et al. 2010. Policy modeling on the GDP spillovers of carbon abatement policies between China and the United States. Economic Modelling, 27 (1): 40-45

Warren R F, Apsimon H M. 1999. Uncertainties in integrated assessment modeling of abatement strategies: Illustrations with the ASAM model. Environmental Science & Policy , 2: 439-456

Welsch H, Hoster F. 1995. A general equilibrium analysis of european carbon/energy taxation: model structure and macroeconomic results. Zeitschrift für Wirtschafts-und Sozialwissenschaften, 115: 275-302

Wigley T M L. 1994. Reservoir timescales for anthropogenic CO_2 in the atmosphere. TELLUS, 46B: 378-389

Wissema W, Dellink R. 2007. AGE analysis of the impact of a carbon energy tax on the Irish economy. Ecological Economics, 61 (4): 671-683

World Bank. 1992. World Bank Development Report 1992. New York: Oxford University Press

Xepapadeas A, Amri E. 1998. Some empirical indications of the relationship between environmental quality and economic in development. Environmental and Resource Economics, 11: 93-106

Yu W S, Thomas W H, Paul V P, et al. 2002. Projecting world food demand using alternative demand systems. Global Trade Analysis Project (GTAP) Working Paper, Number 21

Zhang X Q, Xu D Y. 2003. Potential carbon sequestration in China' s forests. Environmental Science and Policy, 6:

421-432

Zhang Z X, Baranzini A. 2004. What do we know about carbon taxes? An inquiry into their impacts on competitiveness and distribution of income. Energy Policy, 32 (4): 507-518

Zivkovic H. 1992. Demand growth for industrial raw materials and its determinants: an analysis for the period: 1965～1988. UNCTAD Discussion Paper. No. 5, Geneva

Zwaan van der, Gerlagh R, Klaassen G, et al. 2002. Endogenous technological change in climate change modelling. Energy Economics, 24: 1-19

附录一　环境 EKC

1. 引言

随着经济的高速发展，环境遭到破坏，日益严重的污染问题制约着经济的发展，经济增长和环境质量间的相互作用成了人们关注的热点问题。20 世纪 60 年代，许多学者在质量守恒原理的基础上分析了经济增加对于环境的意义。Boulding（1966）认为，经济系统中产出的增加必然导致环境资源抽取量的增加，同时向环境中排放各种废弃物的存量也在增加。90 年代，一系列污染物，如二氧化碳（CO_2）、氮氧化物（NO_x）、二氧化硫（SO_2）、甲烷（CH_4）及氟利昂（CFCs）等的排放造成了严重的环境后果，这再次引起人们对于经济增长的环境可持续性问题的关注和讨论。很多研究探讨了经济发展与环境之间的关系，最早由 Grossman 等（1991）运用 EKC 曲线描述收入不平等与经济发展间的倒 U 形关系，环境 EKC 曲线引起了广泛的兴趣（Arrow et al.，1995）。继 Grossman 和 Krueger 之后，许多实证研究都表明，在大多数环境质量指标与人均收入之间的确存在一个倒 U 形的关系。Beckerman（1992）甚至认为，随着人均国民收入的提高，环境恶化程度的下降可以由经济增长来解决。正如 Kongsamut 等（2001）实证的一样，经济越发达，服务部门的相对规模越大，从而使污染得到控制。但是 EKC 假说也受到了置疑。List 等（1999）就曾用美国 1929～1994 年的数据对不同州的 EKC 进行了分析，他们发现不同州的转折点并不相同，即美国各州的污染路径是不一致的。Shafik（1994）发现，安全饮水和卫生状况随人均收入的增长而持续改善，对于悬浮颗粒物（SPM）和二氧化硫则先恶化而后改善，但固体废弃物和碳排放量随经济的增长呈现持续恶化现象。Xepapadeas 等（1998）证实对于大气中二氧化硫的浓度也存在同样的结论。对环境 EKC 的实证研究，国内的研究更多地集中在某个省域的特定污染物指标与经济增长之间关系的实证研究，通过回归进行二次或三次多项式简单的拟合。

在可持续发展的研究中，一个重要的问题是技术进步对可持续发展的作用。在可持续发展的文献中，外生技术进步下的经济最优增长和可持续发展是很典型的矛盾。许多研究者通过扩展典型的 Ramsey 模型来分析可持续发展。在该框架下，Dasgupta 等（1974）在总生产函数中包括了自然资源和人造资本，并假设人造资本和不可再生自然资源之间的不变替代弹性，研究结果发现，沿着最优的经济增长路径，最终消费必然会减少。Nordhaus（1992）分析了在可耗竭资源投入随着时间减少的情况下，技术进步如何影响经济的可持续发展，研究结果认为，当技术进步增长率大于 0.25%时，就可实现经济的可持续发展。Pezzey 等（1998）使用“资本-资源”的经济增长模型证明了在技术水平不变、自然资源可耗竭时，消费的时间路径是单峰的，也就是消费在达到某

本章执笔人：何琼、王铮

一水平以后就会随着时间的延长而递减，研究结果发现，最优的经济增长路径是不可持续的。该结果并没有考虑资源的可再生性、人造资本的折旧、人口增长、资源提取成本以及技术进步等因素，所以该模型有待于进一步的改进。Stokey（1998）从增长极限的角度讨论了技术进步与可持续发展的关系。她拓展了包括污染的两个内生增长的AK模型和一个简单的带有外生技术变化的新古典主义的增长模型。她发现，消费的边际效用的弹性取实际值时，两类模型均产生了一个环境EKC曲线，但对长期增长来说，两类模型的结果是不同的。在存在污染的情况下，可持续增长对AK模型不是最优的，因为越来越严格的排放标准使得资本的回报率最终减少至资本停止增加。然而，对含有外生技术变化的新古典主义增长模型来说，可持续增长是最优的。她也发现实施污染税或排放许可权的交易系统都可以执行这些模型的最优情况。Ayong等（2001）研究了可持续经济增长、可再生资源与污染的关系。他建立了包含可再生资源的经济增长模型。模型假设污染流量是与生产成比例的，包括由于污染流所导致的负的外部效应。结果得出同时满足Green黄金定律和Ramsey均衡的最优经济增长路径。Valente（2005）对Pezzey等（1998）模型进行了扩展，在模型中包括外生的技术进步、可再生的资源、资源提取成本以及人口增长等因素，主要分析了可持续发展、可再生资源与技术进步的关系。研究结果表明，对于任何规模报酬不变的技术，只有当社会贴现率不超过资源再生率和技术进步率的总和时，最优经济增长路径才是可持续的。节约资源的技术对维持长期可持续的人均消费至关重要，而人造资本折旧和资源提取成本对可持续发展来说却是次要的。

随着新增长理论的出现，人们开始关注内生的技术进步对可持续发展所起的作用。John等（1994）建立了一个包含环境污染的跨世迭代增长模型。对物质资本和环境质量进行投资，环境质量起初遭到破坏后逐渐得到改善。由集体决定污染治理，而经济增长由市场相互作用决定。污染轨迹呈不同的形态，包括倒U形曲线，曲线形态取决于集体的决定。Bovenberg等（1995）将污染和自然环境结合起来，考虑了什么条件下国民经济各部门的平衡增长是最优的、可持续的发展是和谐的，也讨论了执行最优解的政策建议。Elbasha等（1996）为一个小国开放经济建立了一个内生技术变化的模型，探讨了国际贸易和环境质量对长期经济增长的影响。Bovenberg等（1996）将技术进步作为内生变量，建立了考虑环境政策影响的内生经济增长模型。主要研究了最优经济增长与可持续发展的关系，分析了环境政策对短期经济增长和长期经济增长的影响。其中，环境作为一种可再生的资源，同时也是一种公共消费品和生产中的一种公共投入。他们分析了在实施更严厉的环境政策后，经济向新的均衡增长路径转变的过程。研究结果发现，短期的环境政策和长期环境政策对经济增长的影响存在显著的差异。从短期来看，产出的增长率是下降的，而从长期来看，收入的增长率将会升高。Andreoni等（2001）基于可用于消除污染的技术规模回报递增建立一个经济模型，发现相对较弱的偏好假设同样产生一条环境EKC曲线。Grimaud等（2003）使用Schumpeterian模型——包括可耗竭自然资源的内生增长模型，研究了可耗竭资源与经济增长的关系，分析了最优的经济均衡增长路径。Jaffe等（2003）认为，技术进步决定了经济增长与环境之间的关系，技术进步足够解决当前和未来的环境问题。Grimaud等（2005）分析了使用可耗竭资源带来的污染以及技术进步与经济增长的关系。模型考虑了不可再生资源产生的污染，在这种情况下得到的霍特林规则不再是一个简单的效率条件。研究结果发现，最优经济均衡增长路径的一些标准特征也发生了变化，特别地，家庭时间偏好率的增大会导致资源提取变缓。进一步地，他们使用简单的内生经济增长模型研究了环境政策对经济增长的影响（环境政策实施的目的是为了校正均衡增长路径的变形）。结果表明，税收的大小并不重要，而资源使用税的降低有利于实现最优的经济增长。Hartman 等（2005）拓展了 Uzawa（1965）-Lucas（1988）的内生增长模型，模型中包括内生的人力资本、污染和污染控制。由于在最终产品的生产过程中，用清洁的人力资本代替物质资本是可能的，当经济发展到一定阶段时，可以将更多的物质资本用于污染控制，从理论上证明了环境库茨涅茨曲线的存在。并通过污染税和污染排放许可交易来实现最优，从而经济增长最终是可持续的。

已有研究所建立的模型并没有同时考察人力资本和技术进步对经济增长的作用，例如，Stokey（1998）建立的 AK 模型认为只要存在资本，就可以无限制地进行生产活动，并且产出能够与资本同比例增长，这种假设大大简化了实际生产活动。AK 模型不能明显区分技术进步和资本积累，就不能分析技术进步在增长可持续中所起的作用。而她所建立的另一个模型虽然考虑了技术进步的作用，但是技术进步是外生的，且没有考虑到人力资本对产出活动的影响。Hartman 等（2005）所建立的模型考虑到了内生人力资本以及环境污染与经济增长的关系，但忽略了技术进步对产出活动的影响。新增长理论的基本观点强调技术进步是经济增长的源泉之一。Zivkovic（1992）对 1970～1988 年各国产出的物质强度进行了分析，发现技术进步会降低经济活动的资源使用强度，从而减轻单位经济活动的环境影响。除了产业结构调整之外，技术进步是引起资源使用强度下降的主要原因。Smulders（2001）认为，人们对环境质量的关注引发环境政策的改变，而环境政策的改变促进了相关的技术进步，这些技术进步提高生产效率，减少污染排放，使经济增长过程中的污染水平降低。Galeotti（2003）将技术进步分为两类：一类是有利于提高生产率水平的技术进步，另一类是有利于减少环境破坏的技术进步。侯伟丽（2005）认为，技术因素的确在减少生产的资源消耗、发现新的替代能源和替代材料、寻找更便宜的减少污染的途径方面发挥了重要作用。特别是在发达国家，有利于环境的技术进步在促进这些国家的环境质量改善方面起到了重要的作用。实际上，EKC 假说只是单纯研究人均收入水平与环境质量变化间的关系，而没有考察其他相关因子对环境质量的共同作用。Chua（1999）从理论上反驳 EKC 假说，他认为，经济增长的三个变量会影响污染水平，从而影响环境质量，它们是经济规模、经济结构和生产技术水平。而 EKC 假说只将经济规模作为主导因素，忽略了经济结构变化和生产技术水平的提高对环境的影响。为了分析技术进步和人力资本在经济可持续增长过程中的作用，本书基于新增长理论，对已有模型进行了改进，考虑到存在污染的情况，考察内生的人力资本和技术进步的共同作用下，经济增长最终是否可持续以及经济增长与环境污染之间是否存在环境 EKC 曲线。

2. 基本模型

Hartman 等（2005）假设一个代表性个人被赋予人力资本，他将一部分人力资本用于最终生产，剩下的部分用于人力资本的积累。个人通过使用消费品来获得效用。与

一般的效用函数不同的是，由于存在污染，个人效用中需扣除污染带来的影响。为此，定义效用函数为

$$U=\int_{0}^{\infty}\mathrm{e}^{-\rho t}\left(\frac{C^{1-\sigma}-1}{1-\sigma}-\phi\frac{X^{\gamma}}{\gamma}\right)\mathrm{d}t \tag{1}$$

式中，U 为效用；C 和 X 分别为消费和生产过程产生的污染；ρ 为时间偏好率；σ 为边际效用弹性。其中，$\rho>0$，$\sigma>0$，$\phi>0$，$\gamma>1$，均为确定的参数，σ^{-1} 为不同时期消费之间的替代弹性，式中括弧内的第二项表示由于污染给个人效用带来的影响。

Hartman 等（2005）假设物质产出会产生污染，而人力资本的积累是不会产生污染的；物质生产过程中产生的污染可以用一部分物质资本来治理，达到减少污染的目的。用 H 和 K 分别表示人力资本和物质资本，将物质资本中的 z 部分、人力资本中的 u 部分用于生产最终产品，其中 $0\leqslant z\leqslant 1$，$0\leqslant u\leqslant 1$。使用规模报酬不变的 Cobb-Douglas 形式的生产函数：

$$Y=(zK)^{\eta}(uH)^{1-\eta} \tag{2}$$

式中，η 为物质资本的产出弹性，$0<\eta<1$ 为确定的参数。

由于最终产出不是用于消费就是用于增加物质资本存量，于是存在宏观经济平衡关系式：

$$\dot{K}=Y-C \tag{3}$$

Lucas（1988）假设人力资本是以线性形式增长的，具体公式为

$$\dot{H}=\delta(1-u)H \tag{4}$$

式中，δ 为人力资本生产率，$\delta>\rho$，为一个确定参数。根据式（4）可知，如果个人没有任何努力用于人力资本的积累，即 $u=1$，那么人力资本将不会增加；如果个人将所有的努力都用于人力资本的积累，即 $u=0$，那么人力资本将以最大的速率 δ 增加；当介于两者之间时，即 $0<u<1$，不管已有的人力资本达到什么水平，人力资本要增加既定比例都需要付出同样的努力。

物质生产过程中会产生污染，但可以通过将部分物质资本用于污染治理而减少污染，一旦这部分物质资本用于污染治理，就不能再用于最终产出的生产。Hartman 等（2005）认为，污染流的产生与最终产出有关，还与用于生产过程的物质资本存量比例 z 有关。具体计算公式为

$$X=z^{\beta\eta}Y \tag{5}$$

式中，$\beta>0$，为一个确定的参数。

为了分析经济是否是可持续增长的，并证明环境 EKC 曲线的存在以外，Hartman 等（2005）根据式（1）、式（2）、式（3）～式（5）构建了代表性个人的现值哈密尔顿函数（Current-value Hamiltonian），通过变量转化并运用最优控制理论进行求解。他们认为，人力资本的生产过程是清洁的，所以在最终产品的生产过程中，用清洁的人力资本代替物质资本进行生产是可能的，这样当经济发展到一定阶段时，就可以将腾出的更多的物质资本用于污染治理，从理论上证明了环境 EKC 曲线的存在，分析发现经济长期增长是可持续的。

3. 包含技术进步的可持续增长模型

如前所述，Stokey（1998）所建立的 AK 模型大大简化了实际生产活动，没有区分技术进步与资本积累，所建的另一个外生技术模型没有考虑人力资本对产出活动的影响。Hartman 等（2005）建立了一个包含内生人力资本的增长模型来探讨经济增长与环境质量之间的关系，但是并没有考虑作为经济增长的三大源泉之一的技术进步的作用。为了弥补这个缺陷，本书在 Hartman 等（2005）模型的基础上，进一步引进内生技术进步的作用，研究技术进步作用下经济增长与环境质量之间的关系。

假设技术可分为基础性技术和应用性技术两部分，应用性技术主要用于物质生产活动，而基础性技术主要用于技术存量的增加。技术的产生过程是清洁的，不会产生污染。其中，应用性技术占总技术存量的比例为 ω，$0\leqslant\omega\leqslant1$。受 Lucas（1988）人力资本增长方程的启发，也认为技术存量是以线性形式增长的，具体公式为

$$\dot{T}=\varepsilon(1-\omega)T \tag{6}$$

式中，ε 为技术生产率，为一个确定参数，$\varepsilon>\rho$；T 为技术存量。根据式（6）可知，如果没有任何努力用于技术进步的积累，所有的技术均属于用于生产过程的应用性技术，即 $\omega=1$，那么技术将不会增加；如果将所有的努力都用于技术进步的积累，所有的技术均属于基础性研究，即 $\omega=0$，那么技术将以最大的速率 ε 增加；当介于两者之间时，即 $0<\varepsilon<1$，不管已有的技术存量达到什么水平，技术存量要增加既定比例都需要付出同样的努力。

这样，将技术中的应用性技术用于生产最终产品，最终产出的公式改为

$$Y=(zK)^{\eta}(uH)^{1-\eta}(\omega T)^{\xi} \tag{2*}$$

式中，ξ 为技术的产出弹性，为确定的参数，$\xi>0$。这样与 Hartman 等（2005）的研究相比，生产函数中添加了内生技术进步因素，各要素的产出弹性之和大于 1，该产出函数呈规模报酬递增形式。其他变量仍采用与 Hartman 等（2005）一致的关系式。

为了推导的方便，按照 Hartman 等（2005）的约定，令

$$a\equiv\beta\gamma(1-\eta),b\equiv\beta\gamma+\gamma-1,v\equiv\gamma+\sigma-1,p\equiv\beta\gamma(1-\eta-\xi),$$

$$g\equiv\frac{a(\delta-\rho)+\beta\gamma\xi(\varepsilon-\rho)}{a\sigma+v+\beta\gamma\xi(\sigma-1)} \tag{7}$$

其中，$b>a$，$p>0$，$v>\sigma$，$v>\sigma+\beta\gamma\xi$，$v>\beta\gamma\xi$，$b>a+\beta\gamma\xi$，$g>0$，$\sigma>\frac{\beta\eta}{(\beta+1)}$，且

$$-\rho+(1-\sigma)g<0 \tag{8}$$

$$-\delta+\frac{p+v}{a}g<0 \tag{8'}$$

$$-\varepsilon+g<0 \tag{8''}$$

模型假设代表性个人的目标就是实现未来消费的现值最大，也就是

$$\max U=\max\int_0^{\infty}e^{-\rho t}\left(\frac{C^{1-\sigma}-1}{1-\sigma}-\phi\frac{X^{\gamma}}{\gamma}\right)dt \tag{9}$$

服从约束条件（2）～（6），与 Hartman 等（2005）的模型相比，多了一个技术进步的

约束条件。且 $0\leqslant z\leqslant 1$，初始值 H_0、K_0、T_0 均为已知。

按照有贴现的最优控制方法（Shone，2003）以及上述模型，给出现值哈密尔顿函数（Current-value Hamiltonian）为

$$H_c=\left(\frac{C^{1-\sigma}-1}{1-\sigma}-\phi\frac{X^{\gamma}}{\gamma}\right)+\lambda_1(Y-C)+\lambda_2\delta(1-\underline{\mu})H+\lambda_3\varepsilon(1-\omega)T \tag{10}$$

式中，λ_1、λ_2、λ_3 为拉格朗日乘子，其经济学意义分别为物质资本、人力资本和技术的影子价格；资本存量 K、人力资本 H 和技术存量 T 为状态变量；消费 C、用于产出过程的物质资本比例 z、用于产出过程的人力资本比例 u 和用于产出过程的应用性技术比例 ω 为控制变量。这是一个典型的非线性问题。等式右边的第一项表示当前的效用，第二项表示由于状态变量 K 的变化引起的效用增加值，第三项表示由于状态变量 H 的变化引起的效用增加值，第四项表示由于状态变量 T 的变化引起的效用增加值。这里的做法就是选择 C、z、u 和 ω 的时间路径，使得函数值 H_c 最大。因为没有借贷，在某种意义上，经济系统是闭合的。代表性个体在参数给定的情况下选择最优的消费、人力资本和技术进步路径，实现经济最优增长目标。

根据 Stokey（1998）的观点，对某个确定的产出水平 Y 来说，用于产出过程最优的物质资本比例 z 必须以下满足条件：由 z 带来的消费边际效用大于其带来的污染边际损失。

应用最优控制理论，推导最优的经济均衡增长路径。

由 $\dfrac{\partial U}{\partial z}\geqslant 0$ 可以推导得到

$$\frac{\eta[\lambda_1 Y-(\beta+1)\phi X^{\gamma}]}{z}\geqslant 0 \quad \text{当且仅当 } z<1 \text{ 时等号成立} \tag{11}$$

由 $\dfrac{\partial H_C}{\partial C}=0$，可以推导得到

$$\lambda_1=C^{-\sigma} \tag{12}$$

式（12）表明：在任一时期，最终产出的商品必须被均等地分配用于消费或是用于投资。

由 $\dfrac{\partial H_C}{\partial u}=0$，可以推导得到

$$\lambda_2\delta H=\frac{(1-\eta)(\lambda_1 Y-\phi X^{\gamma})}{u} \tag{13}$$

由 $\dfrac{\partial H_C}{\partial \omega}=0$，可以推导得到

$$\lambda_3\varepsilon T=\frac{\xi(\lambda_1 Y-\phi X^{\gamma})}{\omega} \tag{14}$$

按照最优控制理论（Shone，2003），还要列出最优轨道上需要相应的动态，即三种资本的影子价格的变化率还必须满足以下关系式：

由 $\dot{\lambda}_1=\rho\lambda_1-\dfrac{\partial H_C}{\partial K}$ 可以推导得到

$$\dot{\lambda}_1 = \lambda_1\rho - \frac{\eta(\lambda_1 Y - \phi X^\gamma)}{K} \tag{15}$$

由$\dot{\lambda}_2 = \rho\lambda_2 - \frac{\partial H_C}{\partial H}$可以推导得到

$$\dot{\lambda}_2 = \lambda_2\rho - \frac{(1-\eta)(\lambda_1 Y - \phi X^\gamma)}{H} - \lambda_2\delta(1-u) \tag{16}$$

由$\dot{\lambda}_3 = \rho\lambda_3 - \frac{\partial H_C}{\partial T}$可以推导得到

$$\dot{\lambda}_3 = \lambda_3\rho - \frac{\xi(\lambda_1 Y - \phi X^\gamma)}{T} - \lambda_3\varepsilon(1-\omega) \tag{17}$$

如果在任一时期这些影子价格为式（12）～式（14）的解，那么式（15）～式（17）就会产生三条最优轨迹$[C(t)]_{t=0}^{\infty}$，$[H(t)]_{t=0}^{\infty}$和$[T(t)]_{t=0}^{\infty}$。

按照最优控制理论（Angel，2003），横截性条件（transversality conditions）为

$$\lim_{t\to\infty} e^{-\rho t}\lambda_1 K = 0 \tag{18}$$

$$\lim_{t\to\infty} e^{-\rho t}\lambda_2 H = 0 \tag{18'}$$

$$\lim_{t\to\infty} e^{-\rho t}\lambda_3 T = 0 \tag{18''}$$

式（18）给定的横截性条件表明：当时间趋向于无穷大时，经济增长是有限的；也就是技术能够保证经济的正增长，但是不能导致经济无限增长，即时间趋于无穷大时，该当事人所拥有的每一项资本都会被消耗；也就是当资本耗竭或者资本的市场影子价格趋向于零、人力资本及其技术的影子价格趋向于零时，经济过程将停止。

4. 技术进步下的可持续增长

1）最优污染控制和EKC曲线

由于污染是通过物质资本投资来消减的，在本书的模型中，物质资本被分为两个部分，一部分用于生产活动，这部分物质资本占总物质资本的比例为z，且$0\leqslant z\leqslant 1$。如果用于生产活动的物质资本较多，那么用于污染治理的部分就会相应减少。将过多的物质资本投资于污染治理会影响到正常的生产活动，投入过少的物质资本不能起到消减污染的作用，环境会继续恶化。如何确定z的取值来实现最优的污染控制，在不影响正常经济活动的前提下使得污染得到有效消减。本书采取与Hartman等（2005）类似的办法，即通过比较污染的边际收益与边际成本来确定z的取值及其条件。

令$P\equiv K^\eta(uH)^{1-\eta}(\omega T)^\xi$，则$P$表示无污染控制时的最大的潜在产出。将式（$2^*$）、式（5）和式（12）代入式（11），化简得到

$$z = \begin{cases} \left[\dfrac{C^{-\sigma}P^{1-\gamma}}{(\beta+1)\phi}\right]^{1/\eta(\beta\gamma+\gamma-1)} & C^{-\sigma} < (\beta+1)\phi P^{\gamma-1} \\ 1 & C^{-\sigma} \geqslant (\beta+1)\phi P^{\gamma-1} \end{cases} \tag{19}$$

为了便于分析，将潜在产出P代入式（2^*），得到产出Y与污染流X、潜在产出P的关系表达式为

$$Y = X^{1/(\beta+1)}P^{\beta/(\beta+1)} \tag{20}$$

将这个关系式代入到式（3），得到消费与污染之间的关系表达式为

$$C = X^{1/(\beta+1)} P^{\beta/(\beta+1)} - \dot{K} \tag{21}$$

给定 H、K、T、u、ω 和 $\dot{K}$ 的值，则式（21）可以用图 1 中的曲线 2 来表示。对式（21）两边求 X 的导数，即

$$\frac{\partial C}{\partial X} = (\beta+1)^{-1}(P/X)^{\beta/(\beta+1)} \tag{22}$$

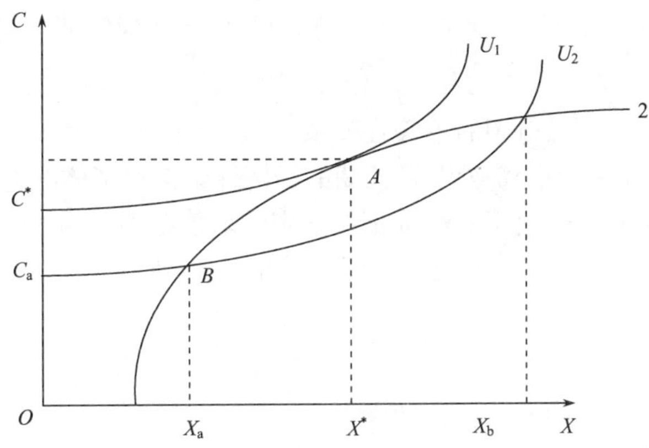

附图 1.1　消费与污染的最优选择

式（22）表示曲线 2 的斜率为（$\beta+1)^{-1}$（$P/X)^{\beta/(\beta+1)}$，它表示污染的边际消费收益。附图 1.1 中的 U_1 和 U_2 曲线表示瞬时效用函数曲线。将式（1）中的被积函数记为

$$U^* = \frac{C^{1-\sigma}-1}{1-\sigma} - \phi\frac{X^\gamma}{\gamma} \tag{23}$$

式中，U^* 为瞬时效用函数，它是消费 C 的增函数、污染流 X 的减函数，为 C 和 X 的凹函数。由式（23）可以得到污染的边际成本为 $\phi X^{\gamma-1}$，消费的边际效用为 $C^{-\sigma}$，两者的比值为 $\phi X^{\gamma-1}/C^{-\sigma}$，表示瞬时效用函数曲线的斜率，即污染的边际消费成本。

由于 $0 \leqslant z \leqslant 1$，那么根据污染流 X 的表达式和潜在产出 P 的表达式可知，污染流与潜在产出之间存在如下关系式：

$$X \leqslant P$$

这样就确定了 X 的取值范围为［0，P］。如果潜在产出 P 为附图 1.1 中 X_b 点所对应的值，此时，污染的边际消费收益小于污染的边际消费成本，那么取其边际成本等于边际收益时为最优，即两条曲线的相切点（X^*，C^*）对应的 z 就是最优的。根据污染的边际消费成本等于污染的边际消费收益，得到

$$(\beta+1)^{-1}(P/X)^{\beta/(\beta+1)} = \phi X^{\gamma-1}/C^{-\sigma} \tag{24}$$

以及由关系式

$$X = z^{(\beta+1)\eta} P \tag{25}$$

将式（25）代入式（24），可以求得 z 的表达式为

$$z = \left[\frac{C^{-\sigma}P^{1-\gamma}}{(\beta+1)\phi}\right]^{1/\eta(\beta\gamma+\gamma-1)} \tag{26}$$

由 $X^* < P$ 得到 $z<1$ 时需要满足以下不等式条件

$$C^{-\sigma} < (\beta+1)\phi P^{\gamma-1}$$

这样就得到了式（19）第一行中的不等式关系。

然而如果取附图 1.1 中 X_a 点所对应的潜在产出 P，此时相切点（X^*，C^*）不是最优的，而点（X_a，C_a）对应的 z 是最优的。在点（X_a，C_a），污染的边际消费收益大于污染的边际消费成本，说明可以加大用于生产活动的物资资本比例 z。此时 $z=1$，对应的污染流 $X=P$。

由 $(\beta+1)^{-1}\ (P/X)^{\beta/(\beta+1)} > \phi X^{\gamma-1}/C^{-\sigma}$ 可以得到 $z=1$ 时需要满足以下不等式条件

$$C^{-\sigma} \geqslant (\beta+1)\phi P^{\gamma-1}$$

这样就得到了式（19）第二行中的不等式关系。

现在来直观地考虑一个经济处于增长期的经济体，该经济体的物资资本、人力资本和技术存量初始值都较小。由于 u 和 ω 都有确定的取值范围，为 $[0, 1]$，且 $\gamma>1$，那么在一段时间内 $P^{\gamma-1}$ 和 C 的值都较小，而消费的边际效益 $C^{-\sigma}$ 较大。在这种情况下，存在关系式

$$C^{-\sigma} > (\beta+1)\phi P^{\gamma-1}$$

对应着式（19）第二行中的不等式，此时 $z=1$，说明该经济体将物质资本全部用于投资生产活动，而不会采取措施控制污染。

随着经济体经济的发展，污染量会随着产出的增加继续增加，$P^{\gamma-1}$ 和 C 都逐渐增加，而 $C^{-\sigma}$ 逐渐减少，直到 $(\beta+1)\ \phi P^{\gamma-1}$ 等于甚至超过 $C^{-\sigma}$，满足不等式

$$(\beta+1)\phi P^{\gamma-1} \geqslant C^{-\sigma}$$

对应着式（19）第一行中的不等式，此时 $z=\left[\dfrac{C^{-\sigma}P^{1-\gamma}}{(\beta+1)\ \phi}\right]^{1/\eta(\beta\gamma+\gamma-1)}<1$，说明经济体将把一部分物质资本用于消减污染。这样，随着经济的发展，污染逐步得到了控制。

如果该经济体的物资资本、人力资本和技术存量的初始值都足够大，那么在开始进行物质生产时，该经济体就会采取措施控制污染。假设现在经济体处于污染控制阶段，且处于效用函数曲线与曲线 2 相切之处，即附图 1.1 中 A 点，将式（25）代入相切条件式（24）中，整理得到

$$\phi P^{\gamma-1}C^{-\sigma} = (\beta+1)^{-1}z^{-\eta(\beta\gamma+\gamma-1)} \tag{27}$$

根据式（27）可知，随着经济的发展，$P^{\gamma-1}$ 和 C 都逐渐增加。要满足最优条件，需 $z^{-\eta(\beta\gamma+\gamma-1)}$ 的值也增加，等价于 z 值变小。换句话说，就是对一个处于经济增长期的经济体来说，一旦开始控制污染，用于控制污染的物质资本的比例将会不断增加。随着潜在产出 P 和消费 C 不断增加至无穷大时，z 将减少直至趋于零。这就说明经济发展与环境质量之间存在环境库茨涅茨曲线。

2）求解稳态解

现在本书来考虑一个经济体的发展问题，该经济体采取污染控制时是最优的，也就是当 $z<1$ 时是最优的，在这种情况下，式（11）取等号

$$\lambda_1 Y - (\beta+1)\phi X^{\gamma} = 0 \tag{28}$$

式（28）将是我们后面分析的一个逻辑基础。为了使阐述简洁，本书将采用两个引理来简化最优化条件。

引理 1 当式（13）成立时，式（16）等价于

$$\lambda_2 = \theta_2 \mathrm{e}^{-(\delta-\rho)t} \tag{29}$$

其中，θ_2 为常数。

当式（14）成立时，式（17）等价于

$$\lambda_3 = \theta_3 \mathrm{e}^{-(\varepsilon-\rho)t} \tag{30}$$

其中，θ_3 为常数。当 $t=0$ 时，$\theta_2=\lambda_2$，$\theta_3=\lambda_3$，θ_2 和 θ_3 可以分别解释为在 $t=0$ 时人力资本和技术存量的影子价格。

引理 2 当式（28）成立时，则式（15）即$\dot{\lambda}_1=\lambda_1\rho-\frac{\eta(\lambda_1 Y-\varphi X^{\gamma})}{K}$等价于

$$\frac{\dot{\lambda}_1}{\lambda_1} = \rho - \frac{\beta\eta Y}{(\beta+1)K} \tag{31}$$

且式（13）等价于

$$\lambda_2 \delta u H = \beta(1-\eta)\phi X^{\gamma} \tag{32}$$

式（14）等价于

$$\lambda_3 \varepsilon\omega T = \beta\xi\phi X^{\gamma} \tag{33}$$

注意到引理 1 与约束条件 $z\leqslant 1$ 是否成立无关。

我们可以用引理 1 和引理 2 来判断治理污染是否是最优的，那么最优化条件可以由式（2^*）～式（6）、式（12）、式（18）和式（28）～式（33）构成。下面本书来求解这组方程，并证明解的唯一性。

为了便于求解，将用到转化变量 c、y、h 和 τ，其定义为

$$C \equiv cK, Y \equiv yK, T \equiv \tau K, H \equiv hK^{\frac{(p+v)}{a}} \tag{34}$$

其中，p、v、a 由式（7）给出定义，引理 3 将给出这些转化变量的最优条件。按照 Hartman 和 Kwon（2005）的办法，将消费 C、产出 Y 和技术 K 转化成与资本 K 呈线性关系的表达式，而将人力资本 H 转化成与资本 K 呈非线性的表达式。

引理 3 由式（7）得出 a、v、g、b、p 的定义，式（34）定义了 c、y、h 和 τ，θ_2 和 θ_3 是常数，定义

$$A_1 \equiv \left[\frac{\beta^a(1-\eta)^a}{(\beta+1)^{a+1}\delta^a\phi}\right]^{1/(b-a)}, m \equiv \frac{\beta\eta}{\beta+1} \tag{35}$$

如果不存在约束条件 $z\leqslant 1$，那么，得到以下最优化条件：

$$\frac{\dot{K}}{K} = Y - C \tag{36}$$

$$X = \left[\frac{c^{-\sigma}yK^{1-\sigma}}{(\beta+1)\phi}\right]^{1/\gamma} \tag{37}$$

$$z = \left[\frac{c^{-\sigma}y^{1-\gamma}K^{1-\gamma-\sigma}}{(\beta+1)\phi}\right]^{1/\beta\gamma\eta} \tag{38}$$

$$uh = [(\beta+1)\phi]^{1/a}C^{\sigma/a}y^{b/a}(\omega\tau)^{-\xi/(1-\eta)} \tag{39}$$

$$y = A_1 \theta_2^{a/(a-b)} C^{\sigma(1+a)/(a-b)} K^{(v+a\sigma-\beta\gamma\xi)/(a-b)} e^{a(\delta-\rho)t/(b-a)} (\omega\tau)^{a\xi(1-\eta)/(b-a)} \tag{40}$$

$$\frac{\dot{H}}{H} = \delta - \delta u - \left(\frac{p+v}{a}\right)(Y-C) \tag{41}$$

$$\frac{\dot{C}}{C} = C + \left(\frac{m-\sigma}{\sigma}\right)Y - \frac{\rho}{\sigma} \tag{42}$$

$$\omega\tau = \frac{\beta\xi C^{-\sigma} K^{-\sigma} y}{\theta_3(\beta+1)} e^{(\varepsilon-\rho)t} \tag{43}$$

$$\frac{\dot{\tau}}{\tau} = \varepsilon - \varepsilon\omega - (Y-C) \tag{44}$$

$$\frac{\dot{\omega}}{\omega} + \frac{\dot{\tau}}{\tau} = \varepsilon - my + \frac{\dot{y}}{y} \tag{45}$$

同样地，给出转化变量的横截性条件（transversality conditions）

$$\lim_{t\to\infty} e^{-\rho t} C^{-\sigma} K^{1-\sigma} = 0 \tag{46}$$

$$\lim_{t\to\infty} e^{-\delta t} \theta_2 h K^{\frac{p+v}{a}} = 0 \tag{46'}$$

$$\lim_{t\to\infty} e^{-\varepsilon t} \theta_3 \tau K = 0 \tag{46''}$$

引理 4 如果 c、y、u、h、τ 和 K 满足式（36）和式（39）～式（45），那么 y、u、ω 将按照以下方式变化：

$$\frac{\dot{Y}}{Y} = \frac{(1+a)\sigma}{a-b} \cdot \frac{\dot{C}}{C} + \frac{p+v+a\sigma-a}{a-b} \cdot \frac{\dot{K}}{K} + \frac{a\xi}{(a-b)(\eta-1)}\left(\frac{\dot{\omega}}{\omega} + \frac{\dot{\tau}}{\tau}\right) \tag{47}$$

整理得到

$$\frac{\dot{Y}}{Y} = \frac{-v+\sigma+a-p}{a-b+\beta\gamma\xi} C + (m-1)Y - \frac{a\delta+\rho+\beta\gamma\xi\varepsilon}{a-b+\beta\gamma\xi} \tag{48}$$

$$\frac{\dot{u}}{u} = \frac{\beta\gamma\eta}{(a-b+\beta\gamma\xi)} C - \frac{a\delta+\rho+\varepsilon\xi\beta\gamma}{(a-b+\beta\gamma\xi)} + \delta u \tag{49}$$

$$\begin{aligned}\frac{\dot{\omega}}{\omega} &= \varepsilon\omega + \frac{\sigma-v+(b-a)}{a-b+\beta\gamma\xi} C - \frac{a\delta+\rho+\beta\gamma\xi\varepsilon}{a-b+\beta\gamma\xi} \\ &= \varepsilon\omega + \frac{\beta\gamma\eta}{a-b+\beta\gamma\xi} C - \frac{a\delta+\rho+\beta\gamma\xi\varepsilon}{a-b+\beta\gamma\xi}\end{aligned} \tag{50}$$

现在我们根据引理 3 和引理 4 给出的最优条件来求解，很明显，由式（42）和式（48）可以求解出 c、y，一旦知道 c、y，就根据式（49）和式（50）可以求解出 u 和 ω，由式（36）和式（41）可以推导出 K 和 h 的微分，由式（37）和式（38）可以求出 X，z。根据稳态解求解原则（Angel，2003），c，y，u 和 ω 的稳态解分别由以下方程决定：

由 $\frac{\dot{c}}{c}=0$，可以推出

$$c_s + \frac{m-\sigma}{\sigma} y_s = \frac{\rho}{\sigma} \tag{51}$$

由$\frac{\dot{y}}{y}=0$，可以推出

$$\frac{-v+\sigma+a-p}{a-b+\beta\gamma\xi}c_s+(m-1)y_s=\frac{a\delta+\rho+\beta\gamma\xi\varepsilon}{a-b+\beta\gamma\xi} \tag{52}$$

由$\frac{\dot{u}}{u}=0$，可以推出

$$\frac{\beta\gamma\eta}{(a-b+\beta\gamma\xi)}c_s+\delta u_s=\frac{a\delta+\rho+\varepsilon\xi\beta\gamma}{(a-b+\beta\gamma\xi)} \tag{53}$$

由$\frac{\dot{\omega}}{\omega}=0$，可以推出

$$\varepsilon\omega_s+\frac{\beta\gamma\eta}{a-b+\beta\gamma\xi}c_s=\frac{a\delta+\rho+\beta\gamma\xi\varepsilon}{a-b+\beta\gamma\xi} \tag{54}$$

解方程组，并将

$$\rho(b-a)(m-1)+(m-\sigma)(\rho+a\sigma)\equiv-\rho(\sigma a+v)-a(\delta-\rho)(\sigma-m)$$

$$\sigma[(b-a)(m-1)+v-\sigma+m]-mv\equiv-(\sigma a+v)m$$

$$-(\rho+\delta a)\sigma-\rho(v-\sigma)\equiv-\delta\sigma a-\rho v\equiv-\rho(\sigma a+v)-\sigma a(\delta-\rho)$$

代入式（51）～式（54），求解该方程组得

$$y_s=\frac{\rho v+a\sigma\delta+(\sigma\varepsilon-\rho)\beta\gamma\xi}{m[a\sigma+v+(\sigma-1)\beta\gamma\xi]} \tag{55}$$

将g代入式（55），得

$$y_s=\frac{\rho+\sigma g}{m} \tag{56}$$

将式（56）和g代入式（51），得

$$c_s=\frac{\rho+\sigma g}{m}-g \tag{57}$$

又由于$\sigma a=\beta\gamma\sigma-\beta\gamma\eta\sigma$，$m=\frac{\beta\eta}{\beta+1}$，代入式（54），化简得到

$$\omega_s=\frac{[\rho+a\delta-(\beta+1)\gamma(\rho+\sigma g)+\beta\gamma\xi g+\beta\gamma\xi\varepsilon]}{\varepsilon(a-b+\beta\gamma\xi)} \tag{58}$$

又因为$(\beta+1)\gamma(\rho+\sigma g)-\beta\gamma\eta g-\rho-\delta a-\beta\gamma\xi\varepsilon\equiv(b-a-\beta\gamma\xi)[\rho+(\sigma-1)]g$，可以将式（58）化简为

$$\omega_s=\frac{1}{\varepsilon}[\rho+(\sigma-1)g] \tag{59}$$

同理，求得

$$u_s=\frac{\rho+a\delta+\beta\gamma\eta g-(\beta+1)(\rho+\sigma g)+\beta\gamma\xi\varepsilon}{\delta(a-b+\beta\gamma\xi)}=\frac{1}{\delta}[\rho+(\sigma-1)g] \tag{60}$$

根据$\rho+(\sigma-1)g\equiv\delta-\frac{p+v}{a}g$，可以将式（59）和式（60）进一步化简为

$$\omega_s=\frac{1}{\varepsilon}[\rho+(\sigma-1)g]=\frac{\delta}{\varepsilon}-\frac{p+v}{\varepsilon a}g \tag{61}$$

$$u_s = \frac{1}{\delta}[\rho + (\sigma - 1)g] = 1 - \frac{p + v}{\delta a} g \tag{62}$$

很明显，由 $\sigma > m$ 有 $y_s > 0$，$c_s > 0$；由式（8b）有 $u_s > 0$，$\omega_s > 0$；由式（62）的第二个等式有 $u_s < 1$。令 $\dot{h} = 0$，由式（41）可以得到 h 相应的稳态解为

$$h_s = [(\beta + 1)\phi]^{1/a} c_s^{\sigma/a} y_s^{b/a} (\omega_s \tau_s)^{-\xi/(1-\eta)} u_s^{-1} \tag{63}$$

令 $\dot{\tau} = 0$，由式（44）可以得到 τ 相应的稳态解：

$$\tau_s = \frac{\beta \xi c_s^{-\sigma} K^{-\sigma} y_s e^{(\varepsilon - \rho)t} \omega_s^{-1}}{\theta_3 (\beta + 1)} \tag{64}$$

3）定理 1 的证明

定理 1 该经济体系在 $(c, y, u, \omega) = (c_s, y_s, u_s, \omega_s)$ 附近有唯一的轨迹接近并通过该稳态点。

在 4.2 节中，我们已经求得经济系统的一个稳定解。现在我们要证明该经济系统在 $(c, y, u, \omega) = (c_s, y_s, u_s, \omega_s)$ 附近有唯一的轨迹接近并通过该稳态点。

证明：

(1) 式（42）、式（48）、式（49）和式（50）的线性近似证明。

令 $A_{cy} = \frac{m - \sigma}{\sigma}, A_{yc} = \frac{\sigma - v + \beta\gamma\xi}{a - b + \beta\gamma\xi}, A_{yy} = m - 1, A_{uc} = \frac{\beta\gamma\xi}{a - b + \beta\gamma\xi}, A_{\omega c} = \frac{\beta\gamma\eta}{a - b + \beta\gamma\xi}$

当 $(c, y, u, \omega) = (c_s, y_s, u_s, \omega_s)$ 时，将式（42）、式（48）、式（49）和式（50）的线性近似表示为

$$\dot{c} = c_s(c - c_s) + \frac{m - \sigma}{\sigma} c_s (y - y_s) \tag{65}$$

$$\dot{y} = \frac{\sigma + a - p - v}{a - b + \beta\gamma\xi} y_s (c - c_s) + (m - 1) y_s (y - y_s) \tag{66}$$

$$\dot{u} = \frac{\beta\gamma\eta}{(a - b + \beta\gamma\xi)} u_s (c - c_s) + \delta u_s (u - u_s) \tag{67}$$

$$\dot{\omega} = \frac{\beta\gamma\eta}{(a - b + \beta\gamma\xi)} \omega_s (c - c_s) + \varepsilon \omega_s (\omega - \omega_s) \tag{68}$$

则相应的特征根方程为

$$\begin{aligned} &\begin{vmatrix} c_s - \zeta & A_{cy} c_s & 0 & 0 \\ A_{yc} y_s & A_{yy} y_s - \zeta & 0 & 0 \\ A_{uc} u_s & 0 & \delta u_s - \zeta & 0 \\ A_{\omega c} w_s & 0 & 0 & \varepsilon \omega_s - \zeta \end{vmatrix} \\ &= (\varepsilon \omega_s - \zeta)(\delta u_s - \zeta)[(c_s - \zeta)(A_{yy} y_s - \zeta) - A_{cy} c_s A_{yc} y_s] \\ &= 0 \end{aligned} \tag{69}$$

这是一个四次方程，在非退化情况下它有 4 个根。容易发现

$$\zeta_1 = \delta u_s > 0, \zeta_2 = \varepsilon \omega_s > 0 \tag{70}$$

为这个方程的根，另外两个根是 $f(\zeta)=0$ 的解，即

$$
\begin{aligned}
f(\zeta) &= (c_s-\zeta)(A_{yy}y_s-\zeta)-A_{cy}A_{yc}c_sy_s \\
&= \zeta^2-(c_s+A_{yy}y_s)\zeta+A_{yy}c_sy_s-A_{cy}A_{yc}c_sy_s
\end{aligned}
\tag{71}
$$

由于 $f''(\zeta)>0$，得到

$$
\begin{aligned}
f(0) &= (A_{yy}-A_{cy}A_{yc})c_sy_s=\left[(m-1)-\frac{m-\sigma}{\sigma}\cdot\frac{\sigma-v+\beta\gamma\xi}{a-b+\beta\gamma\xi}\right]c_sy_s \\
&= \left[\frac{\sigma(m-1)(a-b+\beta\gamma\xi)-(m-\sigma)(\sigma-v+\beta\gamma\xi)}{\sigma(a-b+\beta\gamma\xi)}\right]c_sy_s \\
&= \left[\frac{\sigma(m-1)(a-b)+\sigma(m-1)\beta\gamma\xi-(m-\sigma)(\sigma-v)-(m-\sigma)\beta\gamma\xi}{\sigma(a-b+\beta\gamma\xi)}\right]c_sy_s<0
\end{aligned}
$$

也就是说，$f(\zeta)=0$ 有两个根，一个根为正，另一个根为负，这就证明了稳态解的存在。

证毕。

(2) 如果 $(c, y, u, \omega)\rightarrow(c_s, y_s, u_s, \omega_s)$，定义 $k\equiv Ke^{-gt}$，根据式（40）得到

$$
k=A_1^{\frac{b-a}{p+v+a\sigma-a}}c^{\frac{-\sigma(1+a)}{p+v+a\sigma-a}}y^{\frac{a-b}{p+v+a\sigma-a}}\theta_2^{\frac{-a}{p+v+a\sigma-a}}(\omega\tau)^{\frac{a\xi}{(1-\eta)(p+v+a\sigma-a)}}
\tag{72}
$$

定义

$$
k_s\equiv A_1^{\frac{b-a}{p+v+a\sigma-a}}c_s^{\frac{-\sigma(1+a)}{p+v+a\sigma-a}}y_s^{\frac{a-b}{p+v+a\sigma-a}}\theta_2^{\frac{-a}{p+v+a\sigma-a}}(\omega_s\tau)^{\frac{a\xi}{(1-\eta)(p+v+a\sigma-a)}}
$$

根据 k_s 的定义，由式（46）和式（8）可以得到

$$
\begin{aligned}
\lim_{t\to\infty}e^{-\rho t}c^{-\sigma}K^{1-\sigma} &= \lim_{t\to\infty}e^{-\rho t}c^{-\sigma}[ke^{gt}]^{(1-\sigma)} \\
&= \lim_{t\to\infty}e^{-\rho t}c^{-\sigma}k^{(1-\sigma)}e^{(1-\sigma)gt} \\
&= c_s^{-\sigma}k_s^{(1-\sigma)}\lim_{t\to\infty}e^{[-\rho+(1-\sigma)g]t}=0
\end{aligned}
\tag{73}
$$

根据 k_s 的定义，由式（46′）和式（8″）可以得到

$$
\begin{aligned}
\lim_{t\to\infty}e^{-\delta t}\omega_2hK^{\frac{p+v}{a}} &= \lim_{t\to\infty}e^{-\delta t}\theta_2h[ke^{gt}]^{\frac{p+v}{a}} \\
&= \lim_{t\to\infty}e^{-\delta t}\theta_2hk^{\frac{p+v}{a}}e^{\frac{p+v}{a}gt} \\
&= \theta_2h_sk_s^{\frac{p+v}{a}}\lim_{t\to\infty}e^{[-\delta+\frac{p+v}{a}g]t}=0
\end{aligned}
\tag{73′}
$$

根据 k_s 的定义，由式（46″）和式（8″）可以得到

$$
\begin{aligned}
\lim_{t\to\infty}e^{-\varepsilon t}\theta_3\tau K &= \lim_{t\to\infty}e^{-\varepsilon t}\theta_3\tau ke^{gt} \\
&= \lim_{t\to\infty}e^{-\varepsilon t}\theta_3\tau ke^{gt} \\
&= \theta_3\tau_sk_s\lim_{t\to\infty}e^{[g-\varepsilon]t}=0
\end{aligned}
\tag{73″}
$$

证毕。

下面我们来证明解的唯一性。

尽管式（42）、式（48）、式（49）和式（50）是非线性的微分方程，但式（42）和

式（48）中只含有 c、y 及其微分，可以用这两个方程式在（c，y）空间画出相图。令 $\frac{\dot{c}}{c}=0$，由式（42）有 $y=\left(\frac{\sigma}{(\sigma-m)}\right)c-\rho/(\sigma-m)$。由于 $\sigma>m$，在附图 1.2 中给出了 $\frac{\dot{c}}{c}=0$ 的轨迹。

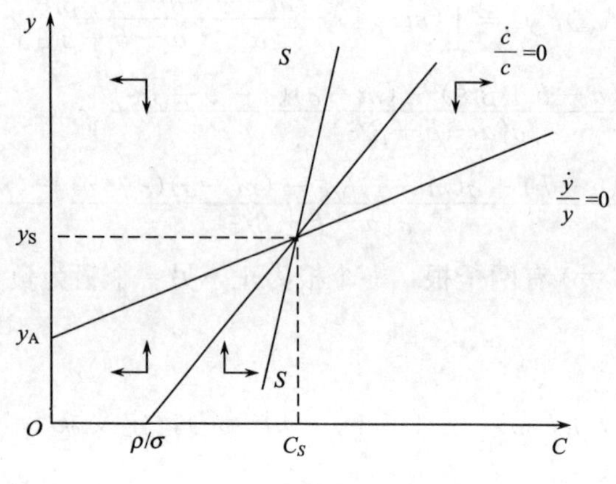

附图 1.2 （c，y）空间的相图

如果 $\sigma=m$，那么 $\frac{\dot{c}}{c}=0$ 的轨迹为一条垂直于横轴的直线 $c=c_s$。如果 $\sigma<m$，则 $\frac{\dot{c}}{c}=0$ 和 $\frac{\dot{y}}{y}=0$ 的轨迹在正的象限不会相交。由式（48）有 $\frac{\dot{y}}{y}=0$ 的轨迹方程为

$$y=\frac{-v+\sigma+a-p}{(a-b+\beta\gamma\xi)(1-m)}c-\frac{a\delta+\rho+\beta\gamma\xi\varepsilon}{(a-b+\beta\gamma\xi)(1-m)} \tag{74}$$

由于 $v>\sigma+\beta\gamma\xi$，$b>a+\beta\gamma\xi$，$m<1$，$\frac{\dot{y}}{y}=0$ 的轨迹如附图 1.2 所示，与 y 轴相交于 $y_A\equiv-\frac{a\delta+\rho+\beta\gamma\xi\varepsilon}{(a-b+\beta\gamma\xi)(1-m)}>0$。在 $\frac{\dot{y}}{y}=0$ 轨迹上方，y 值是减少的，而在 $\frac{\dot{y}}{y}=0$ 轨迹下方，y 值是增加的。证明得到

$$\frac{\sigma}{\sigma-m}>\frac{-v+\sigma+a-p}{(a-b+\beta\gamma\xi)(1-m)} \tag{75}$$

也就是说，$\frac{\dot{c}}{c}=0$ 轨迹的斜率大于 $\frac{\dot{y}}{y}=0$ 轨迹的斜率。说明只有唯一的一条最优轨迹 SS 通过点（c_s，y_s），如附图 1.2 所示。

由式（49）得到 $\frac{\dot{u}}{u}=0$ 的轨迹方程为

$$u=\frac{\beta\gamma\eta}{-\delta(a-b+\beta\gamma\xi)}c+\frac{a\delta+\rho+\varepsilon\xi\beta\gamma}{\delta(a-b+\beta\gamma\xi)} \tag{76}$$

式（76）只包含变量 c、u，可以用附图 1.3 中的直线表示。

由于 $b>a+\beta\gamma\xi$，该直线为一条斜率大于 0 的直线，且与横坐标相交于 $c=(a\delta+\rho+\varepsilon\xi\beta\gamma)/(\beta\gamma\eta)>0$。在 $\frac{\dot{u}}{u}=0$ 轨迹的上方，u 是增加的；而在轨迹下方，u 是减少的。

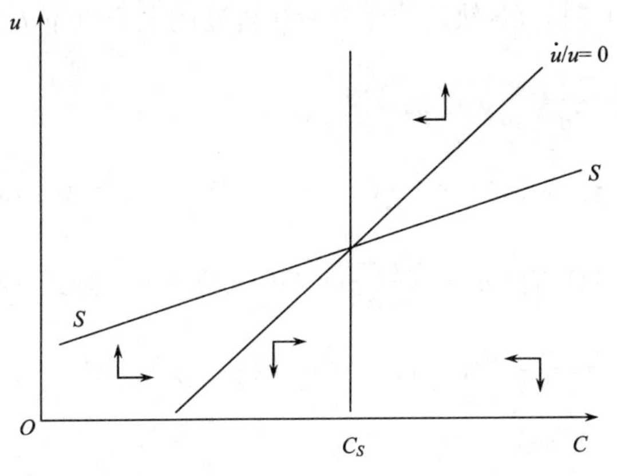

附图 1.3　(c，u) 空间的相图

由于 $u_s>0$，所以 $\frac{\dot{u}}{u}=0$ 的轨迹与 $c=c_s$ 相交于正的象限。当 (c，y) → (c_s，y_s) 时，需按附图 1.2 中的直线 SS 取最优，这就要求 c 单调趋向于 c_s。说明只有唯一的轨迹 SS 趋向于点 (c_s，u_s)，如附图 1.3 所示。

由式 (50) 得到 $\frac{\dot{\omega}}{\omega}=0$ 的轨迹方程为

$$\omega=\frac{\beta\gamma\eta}{-\varepsilon(a-b+\beta\gamma\xi)}c+\frac{a\delta+\rho+\beta\gamma\xi\varepsilon}{\varepsilon(a-b+\beta\gamma\xi)} \tag{77}$$

式 (77) 只包含变量 c、ω，可以用附图 1.4 中的直线表示。由于 $b>a+\beta\gamma\xi$，该直线为一条向上的直线，且与横坐标相交于 $c=(a\delta+\rho+\varepsilon\xi\beta\gamma)/(\beta\gamma\eta)>0$。在 $\frac{\dot{\omega}}{\omega}=0$ 轨迹的上方，ε 是增加的；而在轨迹下方，ω 是减少的。由于 $\omega_s>0$，所以 $\frac{\dot{\omega}}{\omega}=0$ 的轨迹与 $c=c_s$ 相交于正的象限。当 (c，y) → (c_s，y_s) 时，需按照附图 1.2 中的直线 SS 取最优，这就要求 c 单调趋向于 c_s。说明只有唯一的轨迹 SS 通过点 (c_s，ω_s)，如附图 1.4 所示。

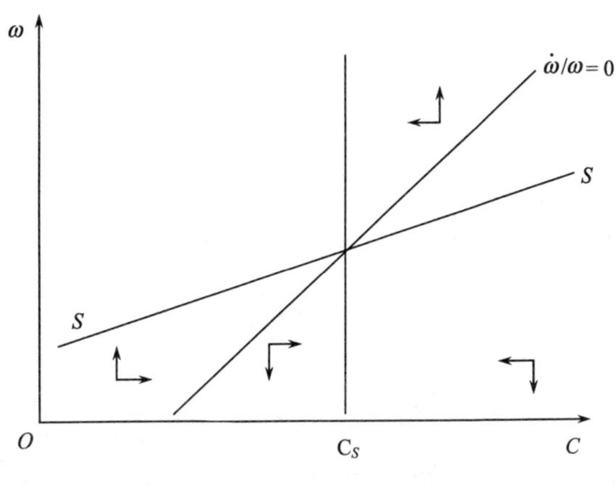

附图 1.4　(c，ω) 空间的相图

当 $c-c_s>$（$<$）0 时，SS 轨迹位于 $\frac{\dot{c}}{c}=0$ 轨迹的上方（下方），如附图 1.2 所示。由于 $\frac{\dot{c}}{c}=0$ 轨迹的斜率为 $\frac{\sigma}{\sigma-m}$，也就是说

$$y-y_s>(<)\frac{\sigma}{\sigma-m}(c-c_s)\quad \text{当 } c-c_s>(<)0 \text{ 时} \tag{78}$$

又 $y_s-c_s=g$，由式（62）有 δu_s+（$\frac{p+v}{a}$）（y_s-c_s）$=\delta$，则式（41）可以写成

$$\frac{\dot{h}}{h}=\frac{p+v}{a}(c-c_s)-\frac{p+v}{a}(y-y_s)-\delta(u-u_s) \tag{79}$$

将式（78）代入式（79）得到

$$\frac{\dot{h}}{h}<(>)\frac{-m}{\sigma-m}\cdot\frac{p+v}{a}(c-c_s)-\delta(u-u_s)\quad \text{当 } c-c_s>(<)0 \text{ 时} \tag{80}$$

说明沿着 SS 轨迹，$c-c_s$ 和 $u-u_s$ 的符号一致，如附图 1.3 所示。因此当 $c-c_s>$（$<$）0 时，$\frac{\dot{h}}{h}<$（$>$）0。由于 c 沿着 SS 轨迹单调趋向 c_s，那么沿着 SS 轨迹 c 和 h 会同时增加或同时减少至稳态解。同理，可以证明 c 和 τ 也会同时增加或同时减少至稳态解。

现在来确定常数 θ_2，θ_3。假设 h 的初始值为 $h_0=\frac{H_0}{K_0^{\frac{(p+v)}{a}}}$。已知 h_0，则由 c 和 h 的关系可以确定 c 的初始值 c_0，由附图 1.2 中的 SS 直线可以确定 y 的初始值 y_0，由附图 1.4 中的 SS 直线可以确定 ω 的初始值 ω_0，由 c 和 τ 的关系可以确定 τ 的初始值 τ_0，则由式（40）可以确定 θ_2，即由下式

$$y_0=A_1\theta_2^{a/(a-b)}c_0^{\sigma(1+a)/(a-b)}K_0^{(v+a\sigma-\beta\gamma\xi)/(a-b)}e^{a(\delta-\rho)t/(b-a)}(\omega_0\tau_0)^{a\xi(1-\eta)/(b-a)} \tag{81}$$

可以确定常数 θ_2。

同理，由式（43）可得到

$$\omega_0\tau_0=\frac{\beta\xi c_0^{-\sigma}K_0^{-\sigma}y_0}{\theta_3(\beta+1)}e^{(\varepsilon-\rho)t} \tag{82}$$

由该式可以确定常数 θ_3。

证毕。

4）经济可持续增长分析

为了考察经济是否可持续增长，将式（36）、式（42）、式（44）和式（48）写成

$$\frac{\dot{K}}{K}=(y-y_s)-(c-c_s)+g \tag{83}$$

$$\frac{\dot{c}}{c}=c-c_s+\frac{m-\sigma}{\sigma}(y-y_s) \tag{84}$$

$$\frac{\dot{\tau}}{\tau}=\varepsilon-\rho-\varepsilon(\omega-\omega_s)-(y-y_s)+(c-c_s)-\sigma g \tag{85}$$

$$\frac{\dot{y}}{y}=\frac{\sigma+a-p-v}{a-b+\beta\gamma\xi}(c-c_s)+(m-1)(y-y_s) \tag{86}$$

对式（34）、式（37）和式（5）求微分，并将式（79），式（83）～式（86）代入，简化得到

$$\frac{\dot{C}}{C}=\frac{\dot{c}}{c}+\frac{\dot{K}}{K}=\frac{m}{\sigma}(y-y_s)+g \tag{87}$$

$$\frac{\dot{Y}}{Y}=\frac{\dot{y}}{y}+\frac{\dot{K}}{K}=\frac{\beta\gamma\eta}{a-b+\beta\gamma\xi}(c-c_s)+m(y-y_s)+g \tag{88}$$

$$\begin{aligned}\frac{\dot{X}}{X}&=\frac{1}{r}\left[\frac{\dot{y}}{y}-\sigma\frac{\dot{c}}{c}+(1-\sigma)\frac{\dot{K}}{K}\right]=\frac{1}{\gamma}\left[\frac{\dot{Y}}{Y}-\sigma\frac{\dot{C}}{C}\right]\\&=\frac{\beta\eta}{a-b+\beta\gamma\xi}(c-c_s)+\frac{1-\sigma}{\gamma}g\end{aligned} \tag{89}$$

$$\frac{\dot{H}}{H}=\frac{\dot{h}}{h}+\frac{p+v}{a}\frac{\dot{K}}{K}=-\delta(u-u_s)+(\frac{p+v}{a})g \tag{90}$$

$$\frac{\dot{T}}{T}=\frac{\dot{\tau}}{\tau}+\frac{\dot{K}}{K}=-\varepsilon(\omega-\omega_s)+\varepsilon-\delta+(\frac{p+v}{a})g \tag{91}$$

$$\begin{aligned}\frac{\dot{z}}{z}&=\frac{1}{\beta\eta}\left[\frac{\dot{X}}{X}-\frac{\dot{Y}}{Y}\right]\\&=\frac{1}{\beta\eta}\left[\frac{\beta\eta}{a-b+\beta\gamma\xi}(c-c_s)+\frac{1-\sigma}{\gamma}g-m(y-y_s)-\frac{\beta\gamma\eta}{a-b+\beta\gamma\xi}(c-c_s)-g\right]\\&=\frac{1-\gamma}{a-b+\beta\gamma\xi}(c-c_s)-\frac{m}{\beta\eta}(y-y_s)+\frac{1-\sigma-\gamma}{\beta\gamma\eta}g\end{aligned} \tag{92}$$

因此，当沿着最优轨迹（c，y，u，ω）→（c_s，y_s，u_s，ω_s）时，有以下不等式成立：

$$\begin{gathered}\frac{\dot{K}}{K}\to g,\frac{\dot{C}}{C}\to g,\frac{\dot{Y}}{Y}\to g,\frac{\dot{X}}{X}\to\frac{1-\sigma}{\gamma}g,\frac{\dot{z}}{z}\to\frac{1-\sigma-\gamma}{\beta\gamma\eta}g<0,\\ \frac{\dot{H}}{H}\to\frac{p+v}{a}g>g,\frac{\dot{T}}{T}\to(\varepsilon-\delta)+\frac{p+v}{a}g\end{gathered} \tag{93}$$

当$\varepsilon-\delta>0$，即技术的生产率参数大于人力资本的生产率参数时，$\frac{\dot{T}}{T}\to(\varepsilon-\delta)+\frac{p+v}{a}g>g$；当$\frac{\beta\gamma\xi-v}{a}g<\varepsilon-\delta<0$，即技术的生产率参数小于人力资本的生产率参数，但两者之差不超过$\frac{\beta\gamma\xi-v}{a}g$时，仍然有$\frac{\dot{T}}{T}>g$；当$\varepsilon-\delta<\frac{\beta\gamma\xi-v}{a}g$时，$\frac{\dot{T}}{T}\to(\varepsilon-\delta)+\frac{p+v}{a}g<g$。

由式（93）可以看出，消费和产出长期增长是可持续的。由于最终产品的生产过程会产生污染，而人力资本和技术的生产过程是清洁的，不产生污染，用物质资本治理污

染可以使污染减少，因此用清洁生产得到的人力资本和技术代替物质资本用于最终产出的生产，可以腾出更多的物质资本用于污染治理。

与 Hartman 等（2005）的观点不同的是，本书发现，将技术进步与资本积累进行区分，可以分析技术进步在经济可持续增长中所起的作用。技术在生产过程中的作用取决于技术的生产率的大小，当技术的生产率与人力资本生产率满足关系式 $\varepsilon-\delta>\frac{\beta\gamma\xi-v}{a}g$ 时，长期来看，技术和人力资本将可以代替物质资本用于最终产品的生产；反之，当技术的生产率与人力资本生产率满足关系式 $\varepsilon-\delta<\frac{\beta\gamma\xi-v}{a}g$ 时，说明最终在保障产品的生产上，人力资本的贡献比技术大。技术的产生和发展依赖于人力资本及其生产率，这也说明了人力资本的重要性，因为人力资本存量、人力资本的生产率都将直接影响对研发成果的吸收、学习和模仿，现实经济中的创新活动所产生的新技术往往都需要大量受过良好教育的员工来完成。人力资本的水平不但可以直接影响国内的技术自主创新率，而且人力资本存量还可以影响从国外吸收、学习新技术的速度。最终用于产出生产的物质资本比例将减少至 0，而用于污染治理的比例 $1-z$ 将增为 1，用于最终产品生产过程的实际物质资本 zK 的大小取决于模型中的参数。在这里，我们更多地关注技术进步的作用，技术进步至少可以从提高资源利用率和改变生产力水平两个方面保证可持续发展。Zivkovic（1992）通过实证研究发现，技术进步会降低经济活动的资源使用强度，从而减轻单位经济活动的环境影响。Smulders（2001）认为，人们对环境质量的关注促进了相关技术的进步，这些技术进步提高生产的效率、减少污染的排放，使经济增长过程中的污染水平下降。面对环境污染，经济可持续增长的关键原因是技术和人力资本的生产过程更清洁一些。

污染量多少的变化取决于 σ 的大小。如果 $\sigma>1$，由式（93）可知，最后污染量将以不变的速率减少。此时，经济体在 H、K、T 的初始值较小的情况下会产生一条环境 EKC 曲线。实际上，当污染不受治理时，在初始阶段污染随着产出而增加，但长期来看，一旦开始治理污染，污染量就得到有效消减。可以看出 σ 的大小起着关键的作用，$\frac{1}{\sigma}$ 表示不同时期消费之间的替代弹性。如果 $\sigma>1$，也就是替代弹性小，相对来说代表性个人不愿用当期消费代替未来消费。在这种情况下，相对牺牲消费来说，代表性个人更愿意用当期严重的污染代替未来轻度的污染。这与 Stokey（1998）、Hartman 等（2005）的观点是一致的。

现在假设 $\sigma>1$，且不等式 $-\frac{\beta\eta}{b-a}<0$ 成立，在开始治理污染时 c 的值可以大于也可以小于 c_s。如果 $c>c_s$，根据 $\frac{\dot{X}}{X}$ 的表达式和附图 1.2 可知，一旦开始污染治理，X 就开始一直减少。这时候环境库兹涅茨曲线呈倒 V 形。然而，如果在开始治理污染时 $c\leqslant c_s$，那么在开始污染治理后，X 仍将继续增加，但它最终会减少。

在生产函数中，与人力资本不同的是弹性 η 衡量了物质资本的重要性。当 $\eta\to1$ 时，人力资本部门的作用变得微不足道。在参数或变量上面添加一个波浪线，表示 $\eta=1$ 时这些参数或变量的值。由式（7）、式（35）、式（56）、式（57）可以得到

$$\tilde{a}=0,\tilde{g}=0,\tilde{m}=\frac{\beta}{\beta+1},\tilde{c_s}=\tilde{y_s}=\frac{(\beta+1)\rho}{\beta} \tag{94}$$

从而得到

$$\lim_{t\to\infty}\frac{\dot{\tilde{K}}}{\tilde{K}}=\lim_{t\to\infty}\frac{\dot{\tilde{C}}}{\tilde{C}}=\lim_{t\to\infty}\frac{\dot{\tilde{Y}}}{\tilde{Y}}=\lim_{t\to\infty}\frac{\dot{\tilde{X}}}{\tilde{X}}=0 \tag{95}$$

如果 $\eta=1$，那么 K、C、Y、X 将趋向稳定值$\tilde{K}_s$、$\tilde{C}_s$、$\tilde{Y}_s$、$\tilde{X}_s$。又因为$\lim\limits_{\eta\to1}(1-\eta)^{a}=[\lim\limits_{\eta\to1}(1-\eta)^{(1-\eta)}]^{\beta\gamma}=1$，所以由式（35）得到$\lim\limits_{\eta\to1}A_1=[(\beta+1)\varphi]^{\frac{-1}{b}}$，这样就可以将$\tilde{c}_s$和$\tilde{y}_s$代入式（40），得到

$$\lim_{t\to\infty}\tilde{K}=\tilde{K}_s=[\frac{(\beta+1)\rho}{\beta}]^{\frac{-(b+\sigma)}{(p+v)}}[(\beta+1)\phi]^{\frac{-1}{(p+v)}} \tag{96}$$

由式（34）得到

$$\tilde{C}_s=\lim_{t\to\infty}\tilde{C}_s=\frac{(\beta+1)\rho}{\beta}\tilde{K}_s,\tilde{Y}_s=\lim_{t\to\infty}\tilde{Y}_s=\frac{(\beta+1)\rho}{\beta}\tilde{K}_s \tag{97}$$

由式（37）得到

$$\tilde{X}_s=[(\beta+1)^{-\sigma}\tilde{K}_s^{1-\sigma}\rho^{1-\sigma}\beta^{\sigma-1}\phi^{-1}]^{\frac{1}{\gamma}} \tag{98}$$

正如 Hartman 等（2005）论证的一样，当 $\eta=1$ 时，X、Y 均趋向为正的有限稳定值；当 $0<\eta<1$ 时，Y 最后的值不能确定，但只要 $\sigma>1$，X 最后将趋于 0。由于在 $\eta=1$ 和 $0<\eta<1$ 两种情况下 Y 取不同的值，所以在这两种情况下环境 EKC 曲线是不同的。

由于长期消费是不断增加的，而当 $\sigma\geqslant1$ 时，污染要么减少，要么保持不变。不管 $\sigma\geqslant1$是否成立，瞬时效用的长期增长也是可持续的。由式（23），即

$$U^*=\frac{C^{1-\sigma}-1}{1-\sigma}-\phi\frac{X^{\gamma}}{\gamma}$$

对其求微分，得到

$$\dot{U}^*=C^{1-\sigma}[\frac{\dot{C}}{C}-\frac{Y}{(\beta+1)C}\cdot\frac{\dot{X}}{X}] \tag{99}$$

由式（99）可以看出，$\dot{U}^*$ 和$\frac{\dot{C}}{C}-\frac{Y}{(\beta+1)C}\cdot\frac{\dot{X}}{X}$的符号是一致的。又

$$\begin{aligned}\lim_{t\to\infty}\left[\frac{\dot{C}}{C}-\frac{Y}{(\beta+1)C}\cdot\frac{\dot{X}}{X}\right]&=g-\frac{y_s(1-\sigma)g}{(\beta+1)c_s\gamma}\\&=\frac{g[(\beta+1)\gamma(\rho+\sigma g-mg)-(1-\sigma)(\rho+\sigma g)]}{(\beta+1)c_s\gamma m}\end{aligned} \tag{100}$$

又由式（8）可知$-(1-\sigma)(\rho+\sigma g)>-\rho$，且$(\beta+1)\gamma>1$，$\sigma>\frac{\beta\eta}{\beta+1}$，从而得到

$\lim\limits_{t\to\infty}\left[\frac{\dot{C}}{C}-\frac{Y}{(\beta+1)C}\cdot\frac{\dot{X}}{X}\right]>\frac{(\sigma-m)g^2}{(\beta+1)\gamma c_s m}>0$，也就是说

$$\lim_{t\to\infty}\dot{U}^*>0 \tag{101}$$

这就证明了不管$\sigma \geqslant 1$是否成立，瞬时效用的长期增长都是可持续的。

5. 小结

在分析经济发展与环境质量之间的关系时，避免了前人研究中对人力资本或技术进步的忽视，将技术进步与资本积累进行区分，考察技术进步在增长可持续中所起的作用。充分考虑内生的技术进步和人力资本的作用，并根据技术性质的不同，将技术分为基础性技术和应用性技术。在新建模型中将部分物质资本用于最终产出，余下的物质资本用于污染控制；将部分人力资本用于最终产出，余下的部分用于人力资本的增长；基础性技术用于技术存量的增长，而应用性技术用于最终产品的生产过程。对于实际的参数值来说，这个模型从理论上证明了环境库兹涅茨曲线的存在。研究得到的定理说明，在（c，y，u，ω）=（c_s，y_s，u_s，ω_s）附近，有唯一的轨迹接近并通过该稳态点，经济的增长是可持续的。经济可持续增长的关键原因是技术和人力资本的生产过程更清洁一些，用人力资本和技术资本代替物质资本用于生产活动，从而可以腾出更多的物质资本用于治理污染，就消费的边际效用弹性的实际值来说，污染是不断减少的。

在保障经济的可持续增长过程中，人力资本和技术的作用是不一样的。沿着最优轨迹，最终人力资本的增长速度比物质资本、产出和消费快，而技术的增长速度取决于技术生产率ε和人力资本生产率δ的大小。当技术生产率满足关系式$\varepsilon-\delta>\frac{\beta\gamma\xi-v}{a}g$时，技术的增长速度比物质资本、最终产出和消费的增长速度快，最后可以用无污染的技术和人力资本代替物质资本用于最终产品的生产，从而技术和人力资本都保障着经济增长的可持续性；反之，当技术的生产率满足关系式$\varepsilon-\delta<\frac{\beta\gamma\xi-v}{a}g$时，技术的增长速度会比物质资本、最终产出和消费的增长速度慢，说明最后在保障最终产品的生产上，人力资本的贡献比技术大。这主要是因为技术的产生和发展依赖于人力资本的存量及其生产率，这也从另一角度说明了人力资本在经济增长中的重要性。

附录二　面向气候保护的CGE模型的变量及参数意义表

附表 2.1　面向气候保护的CGE模型的变量意义对应表

变量名	变量意义	变量名	变量意义
X	国产品供给	E	国外对国产品需求（出口）
L	劳动力需求	M	国内对进口品需求
K	资本需求	I	投资需求
r	资本回报率	I^{tot}	总投资需求
w	工资率	Q	国内复合品需求
IT	中间需求	PE	出口品国内价格
D	国内对国产品需求	PWE	出口品世界价格
PWM	进口品世界价格	ER	汇率
PD	国内产品价格	ST	存货
PN	国内产品的净价格	G	政府消费需求
PM	进口品价格	G^{tot}	政府总消费
C^{h}	居民（城镇、农村）消费	$\bar{P}$	总价格水平
DI^{h}	居民（城镇、农村）可支配收入	TM	进口关税
TE	出口退税	TD^{e}	企业所得税
TX	间接税	TD^{h}	居民（城镇、农村）个人所得税
W^{h}	居民（城镇、农村）工资收入	ET^{h}	居民（城镇、农村）财产性收入
Y^{g}	政府收入	DI^{g}	政府可支配收入
Y^{e}	企业收入	DI^{h}	居民可支配收入
NFN^{u} NFN^{r}	国外向城镇、农村居民的转移支付	S^{u}，S^{r}	城镇、农村居民储蓄
S^{g} S^{e} S^{f}	政府、企业、国外储蓄	K^{s}	资本总供给
td^{e}	企业所得税率	td^{u}，td^{r}	城镇、农村居民所得税率
tm	进口关税率	te	出口退税率
t	间接税率	ugu ugr	政府向城镇、农村居民转移支付比例
ueu，uer	企业向城镇、农村居民转移支付比例	uef	企业向国外转移支付比例
$\gamma^{u}\gamma^{r}$	城镇、农村居民的基本消费需求		

附表 2.2　面向气候保护的 CGE 模型的参数意义对应表

参数名	参数意义	参数名	参数意义
α	劳动产出弹性	ω	出口需求规模参数
ξ	复合需求的规模参数	η	出口需求弹性系数
δ	复合需求的分配系数	σ	进口需求弹性系数
ρ	复合需求的弹性系数	a	直接消耗系数
β^{I}	投资分配系数	β^{u}，β^{r}	城镇、农村居民消费边际倾向
β^{G}	政府消费分配系数	κ	存货产出比率
λ	农民工工资水平	Ω	商品价格权重
τ	农民工比例	π	国外储蓄投资国内的比例

附录三　各树种自然死亡率及采伐情景设置

附表 3.1　各树种采伐情景取值表

树种	林龄/年	自然死亡率	采伐强度	树干用作原木比例	树干用作纸浆木比例	树枝用作原木比例	树枝用作纸浆木比例	采伐残落物用于薪材比例
冷杉	0	0.03	—	—	—	—	—	—
	15	0.02	0.4	0.2	0.7	0.0	0.5	0.2
	30	0.01	0.4	0.3	0.6	0.0	0.6	0.2
	45	0.01	0.3	0.5	0.4	0.0	0.6	0.3
	60	0.02	1.0	0.6	0.3	0.2	0.6	0.3
云杉	0	0.03	—	—	—	—	—	—
	10	0.02	0.3	0.2	0.7	0.0	0.5	0.2
	20	0.01	0.3	0.3	0.6	0.0	0.6	0.2
	35	0.01	0.2	0.5	0.4	0.0	0.6	0.3
	50	0.01	0.2	0.6	0.3	0.1	0.6	0.3
	70	0.02	1.0	0.6	0.3	0.2	0.6	0.3
柏木	0	0.03	—	—	—	—	—	—
	10	0.02	0.5	0.2	0.7	0.0	0.4	0.1
	20	0.01	0.4	0.4	0.5	0.0	0.5	0.2
	37	0.01	1.0	0.6	0.3	0.2	0.6	0.3
落叶松	0	0.03	—	—	—	—	—	—
	10	0.02	0.3	0.2	0.7	0.0	0.5	0.2
	20	0.01	0.3	0.3	0.6	0.0	0.6	0.2
	30	0.01	0.2	0.5	0.4	0.0	0.6	0.3
	40	0.01	1.0	0.6	0.3	0.2	0.6	0.3
油松	0	0.03	—	—	—	—	—	—
	10	0.02	0.3	0.2	0.7	0.0	0.5	0.2
	20	0.01	0.3	0.3	0.6	0.0	0.6	0.2
	30	0.01	0.2	0.5	0.4	0.0	0.6	0.3
	40	0.01	1.0	0.6	0.3	0.2	0.6	0.3
马尾松	0	0.03	—	—	—	—	—	—
	8	0.02	0.4	0.2	0.7	0.0	0.5	0.2
	14	0.01	0.4	0.3	0.6	0.0	0.6	0.2
	20	0.01	0.3	0.5	0.4	0.0	0.6	0.3
	30	0.01	1.0	0.6	0.3	0.2	0.6	0.3

续表

树种	林龄/年	自然死亡率	采伐强度	树干用作原木比例	树干用作纸浆木比例	树枝用作原木比例	树枝用作纸浆木比例	采伐残落物用于薪材比例
云南松	0	0.03	—	—	—	—	—	—
	15	0.02	0.4	0.2	0.7	0.0	0.5	0.2
	30	0.01	0.4	0.3	0.6	0.0	0.6	0.2
	45	0.01	0.3	0.5	0.4	0.0	0.6	0.3
	60	0.02	1.0	0.6	0.3	0.2	0.6	0.3
思茅松	0	0.03	—	—	—	—	—	—
	15	0.02	0.4	0.2	0.7	0.0	0.5	0.2
	30	0.01	0.4	0.3	0.6	0.0	0.6	0.2
	45	0.01	0.3	0.5	0.4	0.0	0.6	0.3
	60	0.02	1.0	0.6	0.3	0.2	0.6	0.3
高山松	0	0.03	—	—	—	—	—	—
	15	0.02	0.4	0.2	0.7	0.0	0.5	0.2
	30	0.01	0.4	0.3	0.6	0.0	0.6	0.2
	45	0.01	0.3	0.5	0.4	0.0	0.6	0.3
	60	0.02	1.0	0.6	0.3	0.2	0.6	0.3
杉木	0	0.03	—	—	—	—	—	—
	7	0.02	0.5	0.2	0.7	0.0	0.4	0.1
	15	0.01	0.4	0.4	0.5	0.0	0.5	0.2
	25	0.01	1.0	0.6	0.3	0.2	0.6	0.3
水杉	0	0.03	—	—	—	—	—	—
	8	0.02	0.4	0.5	0.4	0.0	0.4	0.2
	18	0.01	1.0	0.7	0.2	0.2	0.6	0.3
栎类	0	0.03	—	—	—	—	—	—
	10	0.02	0.4	0.1	0.7	0.0	0.4	0.1
	20	0.01	0.3	0.2	0.6	0.0	0.5	0.2
	30	0.01	0.2	0.4	0.5	0.0	0.5	0.2
	45	0.01	1.0	0.5	0.4	0.1	0.6	0.2
桦木	0	0.03	—	—	—	—	—	—
	10	0.02	0.3	0.2	0.7	0.0	0.5	0.2
	18	0.01	0.3	0.3	0.6	0.0	0.6	0.2
	25	0.01	0.2	0.5	0.4	0.0	0.6	0.3
	35	0.01	0.2	0.6	0.3	0.1	0.6	0.3
	45	0.01	1.0	0.6	0.3	0.2	0.6	0.3
硬阔类	0	0.03	—	—	—	—	—	—
	18	0.02	0.4	0.2	0.6	0.0	0.5	0.1
	35	0.01	1.0	0.5	0.4	0.1	0.6	0.2
桉树	0	0.03	—	—	—	—	—	—
	4	0.02	0.4	0.5	0.4	0.0	0.4	0.2
	10	0.01	1.0	0.7	0.2	0.2	0.6	0.3

续表

树种	林龄/年	自然死亡率	采伐强度	树干用作原木比例	树干用作纸浆木比例	树枝用作原木比例	树枝用作纸浆木比例	采伐残落物用于薪材比例
杨树	0	0.03	—	—	—	—	—	—
	10	0.02	0.3	0.2	0.7	0.0	0.5	0.2
	20	0.01	0.3	0.3	0.6	0.0	0.6	0.2
	30	0.01	0.2	0.5	0.4	0.0	0.6	0.3
	40	0.01	1.0	0.6	0.3	0.2	0.6	0.3
软阔类	0	0.03	—	—	—	—	—	—
	7	0.02	0.4	0.0	0.7	0.0	0.5	0.2
	16	0.01	0.2	0.3	0.5	0.1	0.5	0.3
	20	0.01	1.0	0.6	0.3	0.2	0.6	0.3
针阔混	0	0.03	—	—	—	—	—	—
	10	0.02	0.4	0.0	0.7	0.0	0.4	0.1
	20	0.01	0.3	0.2	0.6	0.0	0.5	0.2
	30	0.01	0.2	0.4	0.5	0.0	0.5	0.2
	45	0.01	1.0	0.5	0.4	0.1	0.6	0.2
阔叶混	0	0.03	—	—	—	—	—	—
	10	0.02	0.3	0.2	0.7	0.0	0.5	0.2
	20	0.01	0.3	0.3	0.6	0.0	0.6	0.2
	30	0.01	0.2	0.5	0.4	0.0	0.6	0.3
	40	0.01	1.0	0.6	0.3	0.2	0.6	0.3